现代科技创新管理系列丛书

科技成果转移转化管理实务

科学技术部人才中心　编

科学技术文献出版社
SCIENTIFIC AND TECHNICAL DOCUMENTATION PRESS

·北京·

图书在版编目（CIP）数据

科技成果转移转化管理实务 / 科学技术部人才中心编. —北京：科学技术文献出版社，2020.9（2025.8重印）
ISBN 978-7-5189-7126-8

Ⅰ. ①科… Ⅱ. ①科… Ⅲ. ①科技成果—成果转化—研究 Ⅳ. ① G311

中国版本图书馆 CIP 数据核字（2020）第 171586 号

科技成果转移转化管理实务

策划编辑：李 蕊　责任编辑：赵 斌　责任校对：文 浩　责任出版：张志平

出 版 者	科学技术文献出版社
地　　址	北京市复兴路15号　邮编 100038
编 务 部	（010）58882938，58882087（传真）
发 行 部	（010）58882868，58882870（传真）
邮 购 部	（010）58882873
官方网址	www.stdp.com.cn
发 行 者	科学技术文献出版社发行　全国各地新华书店经销
印 刷 者	北京虎彩文化传播有限公司
版　　次	2020年9月第1版　2025年8月第6次印刷
开　　本	710×1000　1/16
字　　数	347千
印　　张	24.5
书　　号	ISBN 978-7-5189-7126-8
定　　价	98.00元

版权所有　违法必究

购买本社图书，凡字迹不清、缺页、倒页、脱页者，本社发行部负责调换

编委会

主　　任：李　普
副 主 任：程家瑜　陈宝明
委　　员：（按姓氏笔画排序）
　　　　　王　莹　牛　萍　李　兵　杨善友
　　　　　陈　萍　林芬芬　明正杰　胡　峻
　　　　　秦全胜　郭丽峰

编写组

主　　编：吴寿仁　陈宝明
副 主 编：胡　峻
成　　员：林芬芬　杨善友　陈　萍

序 言

党的十九大报告指出,创新是引领发展的第一动力,是建设现代化经济体系的战略支撑。改革开放40多年来,我国科技发展日新月异,科技实力伴随经济发展不断壮大,为我国综合国力的提升提供了重要支撑。特别是党的十八大以来,在党中央、国务院的正确领导和广大科技工作者的共同努力下,我国科技创新事业蓬勃发展、加速跨越,实现了历史性、整体性、格局性重大变化。随着创新驱动发展战略加快实施,创新型国家建设成果丰硕,天宫、蛟龙、天眼、悟空、墨子、大飞机、高铁等重大科技创新成就相继问世,通过发挥科技创新的支撑引领作用,推动经济发展质量变革、效率变革、动力变革,我国经济已由高速增长阶段进一步转向高质量发展阶段。

科技成果转化是加强科技与经济紧密结合、发挥科技创新在现代化经济体系建设中战略支撑作用的关键环节,是实施创新驱动发展战略的重要方面。特别是当前世界新一轮科技革命和产业变革正在兴起,全球科技竞争更加激烈,以数字化、网络化、智能化为主要特征的科技发展与应用正在加速推动经济发展方式转变。科技成果向经济、产业和社会发展转移转化的速度和效果,已经成为决定国家和产业竞争优势的关键。党中央高度重视科技成果转化工作,习近平总书记在2014年两院院士大会上的讲话指出:"科技成果只有同国家需要、人民要求、市场需求相结合,完成从科学研究、实验开发、推广应用的三级跳,才能真正实现创新价值、实现创新驱动发展。"习近平总书记在2018年两院院士大会上的讲话指出:"要加大应用基础研究力度,以推动重大科技项目为抓手,打通'最后一公里',拆除阻碍产业化的'篱笆墙',疏通应用基础研究和产业化连接的快车道,促进创新链和产业链精准对接,加快科研成果从样品到产品再到商品的转化,把科技成果充分应用到现代化事业中去。"习近平总书记关于科技创新和科技成果转化的重要论述,为我们加快促进科技成果转移转化、支撑经济高质量发展指明了方向。

近年来,我国促进科技成果转移转化的法律法规和政策体系逐步完善。2015年以来,全国人大修订了《中华人民共和国促进科技成果转化法》,国务院发布了《关于印发实施〈中华人民共和国促进科技成果转化法〉若干规定的通知》,国务院办公厅发布了《关于印发促进科技成果转移转化行动方案的通知》,形成了新时期推动科技成果转化"三部曲",带动了科技创新领域一系列突破性改革政策的出台,形成了有利于科技成果转移转化的政策体系。但是在科技成果转移转化的管理实践上,仍然存在对政策把握不深入、不透彻,市场机制发挥作用不充分,服务不到位等问题,迫切需要通过加强培训和政策解读,来提升政府、企业、高校、科研院所及各类机构和人员的科技成果转移转化管理水平。

加强科技成果转移转化服务与管理是推进科技治理体系和治理能力现代化的重要方面。各级科技行政管理部门要按照习近平总书记"抓战略、抓规划、抓政策、抓服务"的要求,加快转变政府科技管理职能,发挥好组织优势,构建现代化科技成果转化治理体系,提升科技成果转移转化治理水平。重点考虑以下几个方面。

第一,以系统思维促进科技成果转移转化。要从战略高度深刻认识和把握科技成果转移转化在实施创新驱动发展战略中的重要作用,加强整体政策安排,突破科技体制机制障碍,促进创新链和产业链精准对接,推动形成基础研究、技术创新、成果转化和产业化的全链条设计。要促进政产学研用等各类创新主体协同互动,努力构建有利于成果转化的创新生态和政策环境。要坚持以全球视野谋划和推动科技创新,推动国际技术转移和成果转化,积极主动融入全球科技创新网络。

第二,在把握规律的基础上促进科技成果转移转化。要遵循科学与技术、技术与市场的基本规律,完善有利于激发各类创新主体活力的服务与管理体系，提升创新成果供给能力。要遵循市场规律，发挥市场对技术研发方向、路线选择、要素价格、各类创新要素配置的导向作用，使市场在创造、配置和利用资源中起决定性作用。要遵循科技成果转移转化自身规律，促进科技政策与财政、投资、税收、人才、产业、金融等政策的协同，为科技成果转移转化营造良好环境。

第三，增强促进科技成果转移转化的服务能力。要强化科技成果转移转化市场化服务，搭建公共研发平台和专业化服务平台，从信息沟通、价值发现、协商对接、检验测试、资金融通等各个方面全方位提升科技成果转移转化的服务功能，促进科技成果流动，更好地发挥市场的价值实现功能。要以人为本，充分激发科技人员的主动性和创造性，引导广大科技工作者"把论文写在祖国的大地上"，把科技成果应用在实现现代化的伟大事业中。

第四，提升相关从业者的科技成果转移转化专业素质。科技成果转移转化是一项专业化的活动，涉及面十分广泛，包括研究、开发、工程化、产业化等创新链的各个环节，也涉及人才、资金、技术、成果管理、政策制定等各个方面，要求各类科技成果转移转化从业者既要有战略眼光、系统思维、国际视野和研判能力，又要具备多方面的知识和素养，掌握国际通用规则和惯例，做到"专""博"结合，真正让"专业的人做专业的事"。

《科技成果转移转化管理实务》一书是科学技术部人才中心主持编写的现代科技创新管理系列丛书的重要组成部分，该书以科技成果转移转化政策法规为主线，按照科技成果管理、科技成果转移管理、科技成果转化管理及科技成果转移转化行政管理与政策法规体系这样的逻辑链条，系统深入地阐述了与科技成果转移转化相关的管理知识和政策细节，围绕各个环节对我国促进科技成果转移转化的政策体系进行全面阐释，希望对各级科技管理工作者和相关人员开展科技成果转移转化工作有所帮助。

面向未来，我国已踏上步入创新型国家前列、建设世界科技强国的新征程，科技成果转移转化工作任重而道远。广大科技管理工作者和科技成果转移转化相关人员，要深入学习贯彻习近平新时代中国特色社会主义思想和习近平总书记关于科技创新重要论述，实干担当、加倍努力，积极促进科技成果转移转化，推动科技与经济深度融合，为发挥科技创新作用、支撑经济社会高质量发展做出突出贡献。

科学技术部党组成员

2020 年 8 月

前 言

自 2015 年新修订的《中华人民共和国促进科技成果转化法》实施以来，国家出台了一系列相关配套制度和文件，地方也加强立法工作并出台一系列政策措施，完善科技成果转移转化政策环境，加大科技成果转移转化激励力度，深入推进科研院所、高等学校（以下简称"高校院所"），以及企业等各类创新主体的科技成果转移转化。在国家法律和政策的推动下，我国高校院所纷纷行动起来，建立和完善内部管理制度，建立健全奖酬金分配办法和科技人员兼职、离岗创业管理办法，科技成果转移转化流程日益完善，并取得了积极成效。企业对科技成果的需求进一步加大，特别是 2018 年以来，广大企业认识到，只有加强科技创新，促进科技成果转移转化，不断提升科技创新能力，增强核心竞争力，才能在激烈的市场竞争中发展壮大。广大的科技中介服务机构对科技成果转移转化的市场前景更加看好，不断提升专业化水平，改善科技成果转移转化服务，推动科技成果转移转化市场更加成熟完善。学术界加强了科技成果转移转化方面的研究，相关研究报告、学术专著不断涌现。可以说，科技成果转移转化已经成为各方关注的热点。在这种情况下，各级政府部门需要定好位，按照习近平总书记"抓战略、抓规划、抓政策、抓服务"的要求，做好科技创新管理工作，引导并推进科技成果转移转化健康发展。

抓战略，就是要在充分把握科技创新规律、技术交易市场规律和科技成果转化规律的基础上，认识科技成果转移转化在政府各项工作及在创新驱动发展战略实施中的地位和作用，摆正位置，树立正确的观念，制定正确的战略。制定科技成果转移转化的清晰战略，是做好规划、政策和服务的基础。

抓规划，就是落实战略所需完成的任务及应采取的措施和步骤，即在制定科技创新规划时，要充分考虑影响科技成果转移转化的各种内外部因素和面临的机遇挑战，认清科技成果转移转化面临的形势，从而采取有效的策略和步骤。地方的科技创新工作，一个重要的方面就是促进科技成果转移转化，而地方的科技创新规划，就不可避免地要对科技成果转移转化进行系统的规划。

抓政策，就是落实科技成果转移转化的战略和规划所需采取的政策措施。政策措施是否精准、有效，取决于战略定位是否清晰、战略任务是否明确、对科技成果转移转化的"瓶颈"问题是否有充分的认识。地方政府制定科技成果转移转化政策，既要吃透中央精神、深刻领会国家政策法规规定、遵循科技创新规律和科技成果转化规律、学习借鉴其他地方的经验做法，又要把握本地科技成果转移转化的难点问题和薄弱环节。只有这样，才能精准施策。

抓服务，就是以战略为指导、以规划落实为目标、以政策为抓手，充分发挥政府的作用，协调研究开发机构、高等院校、企业、社会组织的关系，搭建服务平台，完善信息沟通机制，调动各类市场中介服务组织及其他各方面力量为科技成果转移转化提供良好的服务。

本书是基于已有的研究成果，针对政府部门工作人员、承接政府延伸职能的事业单位工作人员、高校院所等学校及企业的科技管理人员做好科技成果转移转化工作的需求，帮助他们学习相关知识、掌握相关技能而编著的。本书分为4篇22章。

第一篇：科技成果及其管理。本篇由第一至第七章构成，主要介绍我国科技成果概念与科技成果管理，包括科技成果管理沿革与主要内容、知识产权、科技成果评价、科技成果资产管理、科技成果权属及其改革和科研诚信等。其中，科技报告与科技成果信息系统是近年来推出的新的管理举措；科技成果权益改革是科技成果转移转化领域的热点，是破解科技成果转移转化难题的突破口之一；科研诚信是取得优秀科技成果的前提，是科研活动应当坚守的底线。

第二篇：科技成果转移管理。本篇由第八至第十三章构成，主要介绍技术转移的概念及基本理论、方式与通道、科技成果定价、技术转移人才管理、技术转移体系建设和技术市场等。技术转移应遵循科技创新知识传播规律和技术商品交易的市场规律，同时要遵循自身规律。对各自规律及相互关系的清晰认识是推进技术转移的基础。技术转移政策性强，但仍存在堵点多、环节薄弱等诸多问题，也是实操中最容易碰到问题和障碍的，需要政府出台相关政策措施来排除堵点，更需要政府提供良好的服务为高校院所和企业解疑释惑、保驾护航。

第三篇：科技成果转化管理。本篇由第十四至第十九章构成，主要介绍科技成果转化概念及模型解析、科技成果转化方式及其选择、科技成果转化过程管理、科技成果转化人才管理、科技成果奖酬金分配管理和科技成果转化宏观管理等。科技成果转化主体是企业，科技成果能否转化取决于企业的技术能力和经济实力，更需要良好的市场环境和政策环境。

第四篇：科技成果转移转化行政管理与政策法规体系。本篇由第二十至第二十二章构成，主要采用全新的视角，从行政管理体系到政策法规体系再到政策法规的落实，还将有关争议进行了摘录。政府不仅要制定好的政策，加强政策执行和对执行结果的评估，实现政策的迭代创新，而且需要加强政策宣传与普及，确保已经制定的政策得到有效的落实。

本书力求体现引领性、针对性、时代性和实用性等特点，以"四抓"为要求，从科技成果转移转化应知应会入手，系统性地介绍了科技成果管理和科技成果转移转化的相关知识、理论模型等，目的是方便政府科技管理人员把握科技成果转移转化规律，了解科技成果转移转化中的"瓶颈"问题和薄弱环节，以及实操中遇到的各种问题，以便采取针对性的政策措施，打通科技成果转移转化的整个链条。从这个角度讲，本书具有引领性。本书内容紧贴"四抓"要求，主要读者对象是政府机构、事业单位、高校院所的科技管理人员，特别是直接从事科技政策法规和科技成果转移转化管理的人员，对企业科技管理人员也有一定的指导作用，体现出了本书的针对性。本书紧贴时代脉搏，以国家最新出台的政策为依据，立足于高校院所、企业、中介服务机构、科技人员等在科技成果转移转化的实践经验和做法，具有较强的时代性和实用性。

本书编写时间较为仓促，难免存在疏漏和不足之处，敬请读者批评指正。

目 录

第一篇 科技成果及其管理

第一章 科技成果概念及分类 …………………………………… 003
  第一节 科技成果概念 …………………………………………… 003
  第二节 科技成果分类及表现形式 ……………………………… 008
  第三节 科技成果构成要素 ……………………………………… 011

第二章 科技成果管理 …………………………………………… 014
  第一节 科技成果管理沿革 ……………………………………… 014
  第二节 科技成果登记 …………………………………………… 018
  第三节 科技保密 ………………………………………………… 021
  第四节 科技奖励 ………………………………………………… 023
  第五节 科技报告制度 …………………………………………… 025
  第六节 科技成果信息系统 ……………………………………… 029

第三章 知识产权 ………………………………………………… 033
  第一节 知识产权概念与特征 …………………………………… 033
  第二节 《国家知识产权战略纲要》 …………………………… 038
  第三节 知识产权创造与保护 …………………………………… 040

第四章 科技成果评价 …………………………………………… 044
  第一节 科技成果评价概念及沿革 ……………………………… 044
  第二节 科技成果评价原则 ……………………………………… 051

第三节　科技成果评价主体与对象 053
第四节　科技成果评价类型 056
第五节　科技成果评价结果使用 060
第六节　科技成果评价政策法规摘编 063

第五章　科技成果资产管理 068
第一节　科技成果资产及其管理概念 068
第二节　企业科技成果资产管理 072
第三节　科研事业单位科技成果资产管理 080

第六章　科技成果权属及其改革 088
第一节　职务科技成果 088
第二节　科技成果权利归属 093
第三节　科技成果权属改革 094

第七章　科研诚信 098
第一节　科研道德与科研诚信 098
第二节　科研诚信建设历程 103
第三节　科研诚信政策法规摘编 108

第二篇　科技成果转移管理

第八章　技术转移概念及基本理论 115
第一节　技术转移概念解析 115
第二节　技术转移基本理论 118

第九章　技术转移方式与通道 124
第一节　技术转移方式 124
第二节　技术转移通道 129
第三节　科学普及与科技教育 139
第四节　技术转移通道政策法规摘编 141

第十章　科技成果定价 145
第一节　科技成果定价方式 145

第二节 科技成果定价过程 ·· 149
第三节 科技成果资产评估及其方法 ·································· 153
第四节 科技成果资产评估备案 ··· 161
第五节 科技成果定价政策法规摘编 ·································· 164

第十一章 技术转移人才管理 167
第一节 技术转移人才分类及其职能 ·································· 167
第二节 技术转移人才培养 ··· 173
第三节 技术转移人才管理政策法规摘编 ··························· 179

第十二章 技术转移体系建设 182
第一节 科技成果输出主体（供给主体）···························· 182
第二节 科技成果接受主体（需求主体）···························· 186
第三节 科技成果中介服务体系（渠道主体）····················· 190
第四节 技术转移体系建设政策法规摘编 ··························· 195

第十三章 技术市场 199
第一节 技术市场发展沿革 ··· 199
第二节 技术市场概念与作用 ·· 204
第三节 技术市场建设 ·· 212
第四节 技术市场政策法规摘编 ··· 214

第三篇 科技成果转化管理

第十四章 科技成果转化概念及模型解析 221
第一节 科技成果转化概念 ··· 221
第二节 科技成果转化模型 ··· 225
第三节 科技成果转化效率测算 ··· 240

第十五章 科技成果转化方式及其选择 243
第一节 科技成果转化方式及其比较 ·································· 243
第二节 影响科技成果转化方式选择的因素 ······················· 251

第十六章　科技成果转化过程管理 ………………………………… 260
第一节　科技项目立项管理 ……………………………………… 260
第二节　发明披露及其处理 ……………………………………… 266
第三节　科技项目验收 …………………………………………… 270
第四节　科技成果转化评价 ……………………………………… 273

第十七章　科技成果转化人才管理 ………………………………… 279
第一节　科技人员在岗实施科技成果转化 ……………………… 279
第二节　科技人员兼职实施科技成果转化 ……………………… 282
第三节　科技人员离岗创业转化科技成果 ……………………… 288
第四节　科技人员实施科技成果转化政策法规摘编 …………… 293

第十八章　科技成果转化奖酬金分配管理 ………………………… 298
第一节　奖酬金分配类型 ………………………………………… 298
第二节　奖酬金受益人管理 ……………………………………… 305
第三节　奖酬金分配方式 ………………………………………… 310
第四节　奖酬金分配监督管理 …………………………………… 316
第五节　奖酬金政策法规摘编 …………………………………… 320

第十九章　科技成果转化宏观管理 ………………………………… 324
第一节　政府促进科技成果转化的主要策略 …………………… 324
第二节　加强科技成果转化情况年度报告管理 ………………… 330

第四篇　科技成果转移转化行政管理与政策法规体系

第二十章　科技成果转移转化行政管理体系 ……………………… 337
第一节　中央科技成果转移转化行政管理体系 ………………… 337
第二节　地方科技成果转移转化行政管理体系 ………………… 346

第二十一章　科技成果转移转化政策法规体系 …………………… 349
第一节　科技成果转移转化法律法规体系 ……………………… 349

第二节　科技成果转移转化政策体系 ……………………………… 352
　　第三节　科技成果转移转化政策法规之间的关系 …………………… 355

第二十二章　科技成果转移转化政策法规落实 ……………………… 357
　　第一节　从高校院所角度落实政策法规 ……………………………… 357
　　第二节　从企业角度落实政策法规 …………………………………… 362
　　第三节　从政府角度提供政策法规服务 ……………………………… 366

参考文献 ……………………………………………………………………… 371

第一篇
科技成果及其管理

科技成果管理是科技成果转移转化的基础和前提。无论是研究开发机构、高等院校，还是企业、其他组织，都需要加强科技成果管理。科技成果管理包括知识产权管理、科技成果资产管理、科技成果评估评价、科技成果权属等内容。

本篇共7章，围绕科技成果及其管理依次展开。第一章对科技成果概念及表现形式进行详解；第二章对我国科技成果管理内容及其发展沿革进行梳理；第三章简要介绍知识产权概念、类型；第四章对科技成果评价原则、评价主体、评价对象和评价结果的运用等进行梳理；第五章对科技成果资产进行解析，对企业和科研事业单位科技成果管理措施及其政策规定进行导读；第六章对科技成果权属规定及其改革举措进行解析；第七章对科研诚信进行分析，对我国科研不端行为的治理情况进行梳理。

第一章 科技成果概念及分类

无论是科技成果管理还是科技成果转移、科技成果转化,首先要弄清楚科技成果的概念及其范围。促进科技成果转移转化需要适用相关政策,要建立在准确把握科技成果概念和范围基础之上。界定科技成果的范围,就要对科技成果进行分类。

第一节 科技成果概念

科技成果,顾名思义,是指科技活动(即通过调查研究、实验研究、观察试验、设计和辩证思维活动等)所产生的具有学术意义或实用价值的创造性结果,而科技活动又是指在所有科学技术领域内,与科技知识的产生、发展、传播和应用密切相关的活动。

一、科技活动类型

联合国教科文组织于1978年在《关于科学和技术统计国际标准的建议》中提出,科技活动(STA)是指在科学和技术的所有领域内,与科学和技术知识的产生、发展、传播及应用密切相关的系统性活动,包括研究与开发(R&D)、科技教育与培训(STET)和科技服务(STS),如图1-1所示。其中,研究与开发活动又包括基础研究、应用研究和试验发展3类活动,研究与开发活动的结果也称科研成果。

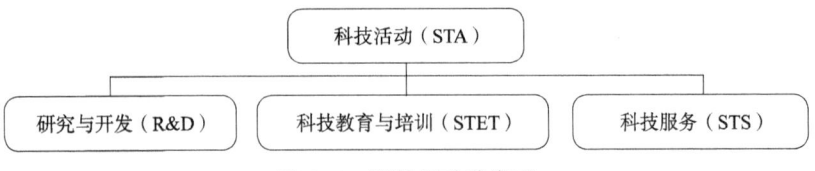

图 1-1 科技活动的类型

科技活动与技术创新活动是有区别的,如图 1-2 所示。技术创新活动是指将设想转变为一种全新的或改进的产品并推向市场(即产品创新),或者转变为一种全新的或改进的工艺并用于工业及商业(即工艺创新),或者转变为一种为社会服务的新方法[①](即方法创新)。也就是说,技术创新包含科学、技术、组织、财务和商业的一系列活动,包括研究开发、工装装备和工业工程、生产启动与产前开发、新产品营销、无形技术的获取、有形技术的获取和设计。

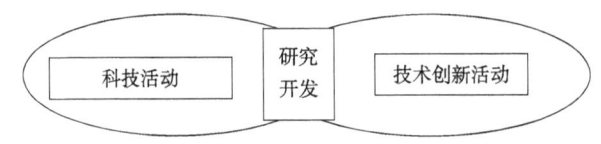

图 1-2 科技活动与技术创新活动的关系

二、政策法规中的科技成果

科技成果是我国科技管理领域的一个专有名词,国外并没有相对应的概念。《现代科技管理词典》将科技成果定义为"科研人员在他所从事的某科学技术研究项目或课题研究范围内,通过试验观察、调查研究、综合分析等一系列脑力、体力劳动所取得的,并经过评审或鉴定,确认具有学术意义和实用价值的创造性结果"。这一概念包含以下 5 层含义:一是科技成果源于科研项目或课题研究,而科研项目或课题研究都是目的性很强的系统性研究开发活动,需先进行科研项目立项,并根据项目预算进行人力、物力、财力的投入;二是科技成果是试验观察、调查研究、综合分析等脑力、体力劳动成果,即创造性劳动成果;三是科技成果应具有学术意

---

① 经济合作与发展组织(OECD),科学技术部发展计划司,中国科学技术指标研究会. 弗拉斯卡蒂丛书:研究与发展调查手册 [M]. 北京:新华出版社,2000:7.

义和实用价值，前者是指理论研究成果，后者是指应用技术成果；四是科技成果的价值经过专家评审或鉴定确认，即其价值通过某种形式和一定的程序得到第三方确认；五是科技成果比现有成果更有创造性，即有显著的进步，也可以用创新性、先进性来表明其创造性。我国的科技成果管理制度和体系是基于这一定义建立起来的。

不过，国家法律法规、司法解释、政策文件对科技成果的定义有所不同，即每种定义只适用于定义它的文件，因此在使用科技成果这一概念时，要注意它的适用场合。以下列出有关文件对科技成果的界定。

1.《最高人民法院关于审理技术合同纠纷案件适用法律若干问题的解释》（2004年11月30日最高人民法院审判委员会第1335次会议通过，法释〔2004〕20号，简称《最高法解释》）第一条对技术成果给出了定义，即"技术成果是指利用科学技术知识、信息和经验作出的涉及产品、工艺、材料及其改进等的技术方案，包括专利、专利申请、技术秘密、计算机软件、集成电路布图设计、植物新品种等"。这个定义有3层含义：一是技术成果是在已有科技成果的基础上做出的"技术方案"。换句话说，技术成果是科技成果转化的结果。二是技术成果是产品、工艺、材料及其改进等的技术方案，这个方案基于"科学技术知识、信息和经验"，又高于"科学技术知识、信息和经验"，是新创造的部分。三是技术成果包括专利、专利申请、技术秘密、计算机软件、集成电路布图设计、植物新品种等，是这些知识产权的一种或多种组合。这就将技术成果与知识产权结合起来了。这里的技术成果，实质上就是科技部印发《科技成果登记办法》（国科发计字〔2000〕542号）规定的应用技术成果。

2.《科技成果评价试点暂行办法》（国科办奖〔2009〕63号）第二条规定，"科技成果是指由组织或个人完成的各类科学技术项目所产生的具有一定学术价值或应用价值，具备科学性、创造性、先进性等属性的新发现、新理论、新方法、新技术、新产品、新品种和新工艺等"。这一定义与《现代科技管理词典》的定义相近，即科技成果都源于各类科技项目，都有学术价值或应用价值，都突出"新"。两个定义的不同之处在于：一是前者对学术价值或应用价值是客观描述，后者强调科技成果的价值得到确定；二是前者列举了成果的表现形式，后者只是强调创造性；三是后者突出了科技成果的取得方式，前者没有反映成果是如何取得的。值得注意的是，《科技成果评价试点暂行办法》已于2016年经科学技术部令第17号《科技部关于对部分规章和文件予以废止的决定》予以废止，原因是"该文件已不适应当前的发展形势"。

3.《中华人民共和国促进科技成果转化法》（2015年8月29日，以下简称《促进科技成果转化法》）第二条规定，"本法所称科技成果，是指通过科学研究与技术开发所产生的具有实用价值的成果"。这里规定的科技成果，与《现代科技管理词典》对科技成果的定义相比，范围更加宽泛，不强调是否是科研项目或课题研究所取得的，也不强调是否具有创造性，包括已有的不受法律保护的科技知识，也包括受法律保护的知识产权。

《促进科技成果转化法》规定的"科技成果"比《最高法解释》规定的"技术成果"更宽泛，强调通过科学研究与技术开发所产生的结果，更加客观，虽然该定义提出"具有实用价值的成果"，但是实用价值是对成果的具体特征描述，并不是成果的构成要件。一般来说，用于转化的科技成果都是具有实用价值的，但是是否具有实用价值，要由市场或用户来评判。显然，《最高法解释》更加强调科技成果的产权属性，这是由于不同文件使用的目的不同。

4.科技部、财政部、国家税务总局印发《关于修订印发〈高新技术企业认定管理工作指引〉的通知》（国科发火〔2016〕195号，以下简称《工作指引》）关于企业创新能力评价中给出了科技成果的定义，即"依照《促进科技成果转化法》，科技成果是指通过科学研究与技术开发所产生的具有实用价值的成果（专利、版权、集成电路布图设计等）"。表面上看，这一定义源于《促进科技成果转化法》第二条，实际上两者差异比较大，《工作指引》已将科技成果细分到知识产权层面。主要表现在以下3个方面：一是《工作指引》所称的科技成果是指专利、版权、集成电路布图设计等"有证技术成果"，不包括技术秘密、进入公共领域的科技成果等；二是任何一件专利、版权、集成电路布图设计等，都是一项科技成果；三是科技成果可以分解为若干子成果，子成果又可以细分下去，直到每一件知识产权。这一定义与《最高法解释》定义的技术成果有以下两点不同：一是《最高法解释》规定的专利申请和技术秘密是技术成果，但不属于《工作指引》规定的科技成果；二是《最高法解释》里列举的知识产权类型，是指由这些知识产权所构成的组合，而《工作指引》中所规定的知识产权，是按件计算的。两者存在差异，是因为这两个文件所要解决的问题不同，《最高法解释》用于处理当事人在技术合同履行中存在的纠纷，而《工作指引》则用于认定高新技术企业。用途不同，科技成果的概念自然也有差异。

5. 财政部、国家税务总局联合印发《关于完善股权激励和技术入股有关所得税政策的通知》（财税〔2016〕101号）第三条第（三）款规定，"技术成果是指专利技术（含国防专利）、计算机软件著作权、集成电路布图设计专有权、植物新品种权、生物医药新品种，以及科技部、财政部、国家税务总局确定的其他技术成果"。此处定义的技术成果是指各种技术类知识产权及其组合，这与《工作指引》定义的科技成果是技术类知识产权相比，有细微差异。国家税收优惠政策文件所定义的技术成果基本上都是各种技术类"有证知识产权"及其组合，只是所列举的技术类"有证知识产权"有细微差异。所谓"有证知识产权"，是指取得国家有关部门颁发证书的知识产权，不包括技术秘密。

从上述文件对科技成果的定义来看，可以得到以下三点认识：一是科技成果是一个宽泛的概念，其对象拥有共同的属性，这是对科技成果进行界定时所要把握的原则。二是科技成果是一个相对的概念，其相对性表现在：第一，一项科技成果可以包含若干项知识产权；第二，任何一件专利、计算机软件著作权、植物新品种权、集成电路布图设计专有权等，都可以认为是一项科技成果。换句话说，一项科技成果可以细分为若干项子成果，而子成果又可细分下去。三是在具体工具中对科技成果的使用，必须具体指明其内容和范围，还应该根据文件的定义及其所要解决的问题来判断科技成果的内涵及其适用范围。

从上述对科技成果概念的分析看，要从以下4个方面来把握科技成果概念：一是围绕国家战略需求进行科研布局，组织研究开发，并强化成果

转化,从战略上部署研发及其成果的转化;二是在制定科技规划时,要深化科技成果转移转化体制机制改革,打通从研究开发到科技成果转移转化的"瓶颈"障碍;三是在制定政策时,要针对科学研究、技术开发、成果转移转化的"瓶颈"问题精准施策,更好地发挥政府的作用;四是充分利用政府的特殊身份,发挥好组织协调作用,为科学研究、技术开发、成果转移转化提供便捷、周到的服务。

第二节 科技成果分类及表现形式

加强科技成果管理,推进科技成果转移转化,需弄清楚可以转移转化的科技成果的类型及其表现形式。

一、科技成果分类

科技成果有以下多种分类方式。

1.根据科研活动的不同类型,可将科技成果分为基础理论成果、应用技术成果和软科学成果等。基础理论成果是指在基础研究和应用研究领域取得的新发现、新学说,主要表现形式为科学论文、科学著作、原理性模型等。应用技术成果是指在科学研究、技术开发和应用中取得的新技术、新工艺、新材料、新产品等。软科学成果是指对科技发展战略、科技规划、科技政策、科技管理等研究所取得的理论、方法和观点,其主要形式是研究报告。

2.根据成果的价值属性[①],可将科技成果分为物质成果、精神成果和管理成果。物质成果是指能够带来经济社会效益、增加社会经济财富的成果。精神成果是指能促进教育、科学、文化发展的成果。管理成果是指能够提高组织运转和资源配置效率的成果。

3.根据项目研究的不同阶段(即成熟度),科技成果可以分为阶段

---

① 何浩、钱旭潮.科技成果及其分类探讨[J].科技与经济,2007(6):14-17.

性成果和最终成果。阶段性成果是指科技项目在研究开发过程中取得的，没有经过实践验证或其他形式验证是否成熟的成果。最终成果是指科技项目完成以后取得的，经过实践验证、市场检验或专家鉴定的成果。根据科技成果的成熟度，还可以将科技成果分为成熟的成果、不成熟的成果等。

4. 根据成果是否受法律保护，可将科技成果分为受法律保护的成果和不受法律保护的公共成果。受法律保护的成果，也被称为知识产权成果，是指依法受到国家法律法规保护的成果，包括经申请取得知识产权的成果和一经产生就得到法律法规保护的成果。由法律保护是有期限的，期满后就不再受法律保护，而成为社会公共成果，任何人均可以免费使用。

5. 根据成果取得的时间不同，可将科技成果分为积存成果、知识产权成果和目前不存在但将来会出现的成果。积存成果是人们已经取得的，通过教育、科普等途径学习、交流、传播，成为人们知识能力的重要部分，也是人们进行研究开发活动的技术基础，是已经不再受法律保护的成果。知识产权成果是当前取得的，仍受法律保护的成果。将来的成果是指目前还不存在，通过科技项目立项，经研发将来可以取得的科技成果。《促进科技成果转化法》分别规定了3种类型成果的转化。例如，新修订的《促进科技成果转化法》第十条规定的科技成果是指应用型科技项目经过立项、研发取得的成果，强调项目承担者应履行科技成果转化义务。

二、科技成果表现形式

科技成果反映的是科技活动的创造性结果，这种结果可以是一种知识、技术、设备或软件等，可以有财产权，也可没有财产权。科技成果可通过以下多种形式或媒介表现出来，以方便人们感知、学习、交流、使用等。

1. 科技论文，一发表就取得了著作权。科技论文的内容是对试验、观察或其他方式所得到的结果进行分析和总结，形成一定的科学见解，并对已提出的科学见解进行论证、分析上升为科学理论，因而具有科学性、理论性、逻辑性等特点。科技论文刊载在科技期刊上，时效性较强，其目的是同行交流，质量可由被引频次衡量，而不是由所发表期刊的影响因子决定。在影响因子不高的科技期刊上发表论文，同样可以获得很高的关注度和被引频次。

2. 科技专著，是科技成果的一种重要呈现载体，可以对科技知识进行系统性呈现，进而可以对科技知识进行有效传承与传播，是科技信息传播的重要媒介。科技专著以图书形式由出版社出版。相对科技论文而言，科技专著所呈现的科技知识是对一个专题的体系性思考，因而系统性强。有的科研人员先发表科技论文，再整合成科技专著。

3. 科技报告，是指按照国家科技报告的编写规则写成的科技文献，翔实记载了科技项目研究的全过程，既包括原理、方法的论述，又包括组织管理环节的描述，既有成功的经验，又有失败的教训。

4. 以音像形式表现出来，一经发表就取得了著作权，如将科技成果拍摄成电影，或者以动漫形式展示。以动漫展示科学发现、技术原理等科技成果，比较直观，容易理解。

5. 以设计图纸、模型、原型、流程图等形式呈现。

6. 以新产品、新设备、新工具等实物形态呈现。

7. 申请知识产权，取得法律法规的保护。

8. 科技信息，即由专业技术人员在零散而不系统的第一手数据之间建立科学的联系，即具有科学性的信息。运用分析、推理、验证等科学方法将科技信息的相互作用关系，特别是因果关系建立起来，形成比较系统的科学知识，以科技论文的形式发表出来。从中可以看出科技专著、科技论文和科技知识三者之间的关系。

无论以哪种形式或载体表现出来，都可以知识产权形式得到法律保护。以专利形式表现的，获得授权就取得了专利权；提出了专利申请，但还没有获得授权，就表现为专利申请。科技论文、科技专著、科技报告等未发表，其中的技术信息以技术秘密形式存在并采取了相应的保密措施，就取得了技术秘密权。

以技术标准形式表现的，虽然目前不存在标准权，但技术标准是行业共同遵守的规范，与利益相关方密切相关，技术标准的制定者拥有标准中的技术要素、指标及其衍生的知识产权。谁主导了标准的制定，谁就掌握了这个行业发展的主动权，就取得了行业发展的竞争优势。

第三节　科技成果构成要素

一项科技成果由以下要素构成。

一、主体

即科技成果的所有权人，可以是单位和自然人，也可以是多个单位、个人共同拥有，可以通过研究开发取得，也可以通过受让取得。

二、完成人

通过对科技项目进行立项，并投入人力、物力、财力进行研究开发取得科技成果的单位和个人。如果是职务科技成果，组织科技人员并投入资金、物质技术条件进行项目研发的组织，是职务成果完成单位。对科技成果的完成做出创造性贡献的人是科技成果完成人。完成人可以获得科技成果财产收益和相关精神权利。

三、内容

可以由以下多个指标来衡量科技成果的内容。

1. 主要技术指标，即定量反映科技成果的技术水平、与现有技术相比的创新程度等，都是以相关技术指标来衡量的。
2. 主要技术特征，即定性反映科技成果的创新性、先进性、难易程度等。
3. 技术水平，是指与现有技术相比的程度。
4. 知识产权，即取得法律法规保护的内容与范围。如果无知识产权保护，则意味着该成果进入了公共领域。

5. 价值，是指科技成果的学术价值、应用价值等。习近平总书记在2018年5月28日两院院士大会上强调，要正确评价科技创新成果的科学价值、技术价值、经济价值、社会价值、文化价值。任何一项科技成果都不同程度地存在上述5种价值。

四、类型

主要指基础理论成果、应用技术成果和软科学成果。国家财税政策规定的科技成果类型是指专利、计算机软件著作权、植物新品种等知识产权类型。

五、表现形式

包括研制报告、样品、样机、样件、动漫作品、计算机软件、文档等，并以申请专利、发表科技论文、科技专著等形式公开。一般来说，一项科技成果既有学术价值，又有商业价值（经济价值与知识产权保护的耦合所形成的价值）。学术价值主要以发表科技论文呈现出来，实用价值主要通过申请专利呈现出来。由于申请专利有新颖性要求，因此两者之间有先后顺序，即先申请专利，再发表论文。这两者之间并不产生替代关系，学术论文的数量与知识产权的数量之间应该存在较大的相关性。如果两者之间的相关性偏低，或者数量失衡，表明过于重视发表论文，或者过于重视申请知识产权。

例如，上海科学技术情报研究所发布的《2019国际大都市科技创新能力评价》报告显示，在沪机构申请、2018年公开的PCT（专利合作条约）专利中，数量排名前三的热点技术领域是医药配制品、抗肿瘤药、突变或遗传工程，与在沪机构2018年发表的SCI（科学引文索引）、CPCI（科技会议录索引）论文中数量排名前三的热点学科——材料科学、工程电子与电气、化学，两者不匹配，反映出上海学术研究热点与技术研发热点的一致性偏低。这需要引起关注，并分析其中的原因所在，进而找到解决办法，要通过科技成果转移转化的规划、政策和服务来加以有效引导。这种不一致也有可能是专利与论文数的量级不同产生的。

无论科技成果是以论文、专著还是专利，或者其他知识产权类型表现出来，论文的学术水平、知识产权的质量都可以在一定程度上反映科技成果的水平和质量。但论文发表在什么杂志上，申请了多少知识产权，与科技成果的水平与质量之间并不能画等号。科技成果的水平与质量，应该以其解决了什么问题、多大的问题、多复杂的问题来衡量。

目前，由于职称评审、绩效考核、反映科技创新能力与水平的指标设定及统计等方面普遍采用论文、专利等形式，加之论文、专利等比较直观且容易衡量，使论文、专利严重偏离了其原本价值，出现了唯论文、唯专利、唯奖项、唯人才帽子的问题。为此，中共中央办公厅、国务院办公厅印发的《关于深化项目评审、人才评价、机构评估改革的意见》（中办发〔2018〕37号）提出"克服唯论文、唯职称、唯学历、唯奖项倾向，推行代表作评价制度，注重标志性成果的质量、贡献、影响"。其中的代表作，就突出成果的质量，目的是引导科技人员发表高水平论文、申请高质量的专利。

六、成果取得的依据

主要包括科学数据、实验记录等。

七、证明材料

反映科技成果技术水平、创新性和实用价值的证明材料，如用户使用报告、第三方机构出具的检测报告等。

第二章　科技成果管理

科技成果管理是科技成果转移转化的基础性工作，管理的目的是使科技成果适宜转移和转化。新中国成立以后，国家很重视科技成果管理，并形成了一整套管理制度与做法。

第一节　科技成果管理沿革

科技成果管理是指对科技成果进行鉴定（评价）、登记、奖励、统计、分析、应用推广等活动。国家历来重视科技成果管理，虽然在不同的历史时期其管理的重点和方式有所不同，但基本上是按照科技成果的鉴定、登记、奖励、保密、交流、应用推广，以及知识产权管理、科技评估（评价）等主线进行，并形成科技成果管理体系。

一、改革开放前的科技成果管理

新中国成立后，国家实行计划经济体制，科技成果作为公共品由国家有计划、有组织地统一安排。我国科技成果管理制度是从科技奖励起步的。

1.科技奖励。新中国一成立就很重视通过奖励激发人民群众的创造性。

1949年9月，中国人民政治协商会议第一届全体会议通过的《中国人民政治协商会议共同纲领》提出了要"奖励科学的发现和发明"。

1954年，国家颁布了《有关生产的发明、技术改进及合理化建议的奖励暂行条例》，按照发明、技术改进、合理化建议采用后的12个月内所节约的价值计算奖金数额。其中，发明奖金按规定的标准奖励3~5年，每年计算一次；技术改进及合理化建议奖励期限均为一年，奖金一次性计算。

1955年，国务院发布了《中国科学院科学奖金暂行条例》，规定在学术上有重大成就或对国民经济、文化发展具有重大意义的科学研究工作或著作，均可授予科学奖金。此时，已经形成了比较完整的科技奖励体系。1957年后，因主管机构的变动，《中国科学院科学奖金暂行条例》没有得到有效执行。

1962年，国家科委发明局成立以后，恢复了科技奖励工作，并将《有关生产的发明、技术改进及合理化建议的奖励暂行条例》拆分，分别制定了《发明奖励条例》和《技术改进奖励条例》。在1978年召开的全国科学大会上，对1966—1977年取得的7657项优秀科技成果进行了表彰及奖励。

2. 知识产权。新中国一成立就非常注重保护人民群众的发明创造权。1950年，政务院公布了《保障发明权与专利权暂行条例》，对根据该条例规定取得发明证书者，按其对生产作用的大小给予通报表扬，发给奖章、奖状或其他荣誉奖励。这是新中国成立后第一个知识产权管理的制度性文件，同年，政务院财政经济委员会发布了《保障发明权与专利权暂行条例实施细则》。到1957年，因我国社会主义改造基本完成，该条例停止执行。为适应改革开放的需要，中央于1978年决定建立专利制度，并于1984年颁布了《专利法》。

3. 科技普及。1951年，我国开始利用电影宣传科学技术。随着声像技术的发展和普及，科技普及手段从利用电影发展到利用有线和无线广播。进入20世纪80年代，又增加了电视、录像等手段。

科技普及与科技成果的传播密切相关，而科技成果的传播是指科技成果通过商品形式进入消费领域的过程，是一种特殊的商品流通活动。在科技成果传播和扩散过程中，高技术产品既要通过一定的中介渠道在潜在使用者之间传播，实现其价值和使用价值，又要遵循技术转移的规律和商品流通的规律。科技成果传播既包括高新技术硬件的传播，又包括高新技术意识的传播。通常科技成果的传播可分为4个方面：一是企业之间的扩散，即高技术产品在企业内扩大应用范围的过程；二是企业内部扩散，即企业采用科技成果；三是总体传播，即企业之间的传播和企业内部扩散的叠加，其表示科技成果在产业中被采用的总体水平的增长变化过程；四是个人消费之间的传播，即消费者个人购买和使用高新技术产品的过程。其中，企业之间的扩散和传播力度是最大的。

4.科技成果鉴定。1958年，科技成果鉴定工作启动。由于"大跃进"，科技成果数量迅猛增长，但质量良莠不齐，急需建立一套有效的评判标准和方法来加以辨别。为此，国家科委发布了《关于总结鉴定新产品新技术的通知》。

1961年，国务院通过了国家科委拟订的《新产品新工艺技术鉴定暂行办法》，标志着我国正式建立了科技成果鉴定制度。该办法规定，科技成果鉴定就是对新产品或新工艺在技术上的成熟程度、经济上的合理性，及其应用范围和条件等作出结论，提出可否推广的建议。

5.科技成果推广。1958年，科技成果推广工作同时启动。当时的国务院副总理兼国家科委主任聂荣臻在全国地方科技工作会议上强调，在抓紧科技成果鉴定的同时要抓科技成果的推广。同年，中国科学院首次在北京举办了科技成果展览会。

自1959年起，国家科委把采用和推广新技术列入科学技术发展规划。之后，国家建立了科技成果推广体系和农业技术推广体系。

1964年，国家科委、国家计委、国家经贸委在北京联合举办全国工业新产品展览会。

在20世纪50年代，政府各级部门和机构通过举办科技成果的展览会、交流会和报告会，以及出版成果专刊和声像制品等多种形式促进科技成果的交流。"文化大革命"期间，尽管奖励、鉴定等科技成果管理工作处于停顿状态，但科技成果的交流和推广活动并未完全中断。在这一时期，科技成果实行无偿使用，各单位和个人均可通过展览会了解到展出项目的技术细节，获得所需要的技术资料（国防项目除外），为科研单位、厂矿企业提供了掌握科技信息的良好机会，对推广应用科技成果起到了很好的媒介作用。

6. 科技成果登记。1963年，为及时反映科技发展规划和年度计划的执行情况，更好地组织科技成果的交流和推广，国家科委发布了《关于上报和登记科学技术研究成果的若干规定（试行草案）》，要求高校院所、科学调查考察队将所取得的科技成果，经组织审查或鉴定以后，按隶属关系及时上报和登记。为此，国家科委设立了国家科学技术研究成果登记办公室，主管全国科技成果登记工作。"文化大革命"期间，科技成果登记工作基本中断，1977年后开始恢复并进一步健全。

7. 科技保密。1966年，国家科学技术交流与保密小组成立，办公室设在国家科委。

1977年，国家科委发明局撤销，改设科研成果管理局，主管全国科研成果和发明创造的鉴定、奖励和推广工作。

1978年11月11日，国家科委印发了《关于科学技术研究成果的管理办法》，规定了以下内容：一是完成科学技术研究成果的单位或个人，必须及时地按组织系统上报所取得的科学技术研究成果；二是科学技术研究成果必须经过严格的鉴定；三是应用科学技术研究成果进行大量生产，由国务院有关部、委、局负责安排；四是科学技术研究成果属于全民所有，全国一切单位（包括集体所有制单位）都可利用其所必需的科学技术研究成果。另外，还规定了科技保密、档案、宣传推广等。

从上述历程来看，新中国成立以后，科技成果管理是从科技奖励开始的，基本形成了一整套科技成果管理制度，设立了科技成果管理的专门机构，但受"文化大革命"的影响，这些制度和机构没有得到有效的贯彻实施。

二、改革开放以后的科技成果管理

自改革开放以后，科技成果管理制度不断深化和完善。

1982年3月，国务院重新修订和颁布了《合理化建议和技术改进奖励条例》，提高了奖金额度，简化了审批管理，奖励工作由国家科委划归国家经贸委管理。

1984年2月22日，为加强科研成果的管理，组织好科技成果的交流、应用和推广，国家科委发布了《关于科学技术研究成果管理的规定》（国科发成字〔84〕141号），该办法于2000年被废止。同年，《专利法》颁布，国家科技奖励政策迈上新的轨道。也是这一年，国务院发布了《中华人民共和国科学技术进步奖励条例》，并对《中华人民共和国发明奖励条例》和《中华人民共和国自然科学奖励条例》进行了再次修订，大幅提高了奖金额度，改革了发明奖励的奖评程序。至此，我国形成了以国家自然科学奖、国家技术发明奖、国家科学技术进步奖为主体的国家科技奖励体系。

改革开放以后，随着科技成果管理制度的不断完善，科技成果鉴定逐渐从辨别真伪扩大到对科技成果水平的评价认定，以及对科研人员工作业绩的肯定，同时鉴定证书成为科技奖励申报的必备附件之一。国家科委先后于1987年10月26日和1994年10月26日发布了《中华人民共和国国家科学技术委员会科学技术成果鉴定办法》和《科学技术成果鉴定办法》，不断规范科技成果鉴定办法。

2000年科技部印发的《科技成果登记办法》（国科发计字〔2000〕542号）是为增强财政科技投入效果的透明度，避免重复研究，规定自2001年起实行科技成果登记制度。此后，科技成果鉴定逐步被弱化，科技部于2016年正式取消了科技成果鉴定，被科技评估评价所取代。

第二节　科技成果登记

科技成果登记是指科技行政管理机关按照规定的形式和程序对科技成果进行审查，并对符合条件的科技成果予以登记的制度。科技部于2000年12月7日印发了《科技成果登记办法》（国科发计字〔2000〕542号），对科技成果登记工作予以规范。该办法的主要内容包括以下几个方面。

一、科技成果登记的宗旨

科技成果登记的宗旨有以下4个方面。

1. 增强财政科技投入效果的透明度。有投入就应当有产出，对于财政科技投入所产生的成果，必须进行登记。《科技成果登记办法》第二条规定，"执行各级、各类科技计划（含专项）产生的科技成果，必须办理登记"。对于非财政投入产生的科技成果，实行自愿登记。涉及国家秘密的科技成果，按照国家科技保密的有关规定进行管理。涉密成果，因不能公开，不适合办理登记。

2. 保证及时、准确和完整地统计科技成果。凡是进行登记的科技成果，都可以及时、准确和完整地进行统计。统计的目的就是从总体上掌握科技成果的情况。

3. 为科技成果转化和宏观科技决策服务。登记的目的是应用推广，即通过登记，促进科技成果的应用、推广，为经济社会发展服务。

4. 促进科技成果信息的交流。科技成果交流可促进科技成果的应用，也可避免重复研究。

综上，科技成果登记是一项重要的科技成果管理制度。

二、分类登记

科技成果分为应用技术成果、基础理论成果和软科学成果 3 种类型，因此，科技成果登记也应按照上述 3 种类型进行登记。因每种科技成果的体现形式不同、价值不同、衡量标准不同，其登记要求也有所不同。《科技成果登记办法》第八条规定了 3 种类型科技成果登记所需提交的资料。

1. 应用技术成果登记。应用技术成果应具有实用价值，在登记时需提交能够反映其实用价值的资料，即《科技成果登记办法》第八条第（一）项规定的"相关的评价证明（鉴定证书或鉴定报告、科技计划项目验收报告、行业准入证明、新产品证书等）和研制报告；或者知识产权证明（专利证书、植物品种权证书、软件登记证书等）和用户证明"。研制报告、知识产权证明是成果的表现形式，而行业准入证明、新产品证书、知识产权证明、用户证明等资料可反映应用技术成果的实用价值。

2. 基础理论成果登记。基础理论成果应具有学术价值，并主要通过发表学术论文、学术专著等形式，得到同行认可。根据《科技成果登记办法》第八条第（二）项规定，办理基础理论成果登记，需要提交"学术论文、学术专著、本单位学术部门的评价意见和论文发表后被引用的证明"。学术论文、学术专著是成果的表现形式，而评价意见、被引证明反映了其学术价值。

3. 软科学成果登记。软科学研究是以辅助决策为根本目的，运用现代科学技术方法和手段，采用定性分析与定量分析相结合的方法进行的综合性、系统性的研究活动。研究成果是为决策服务的，而被有关党政部门采纳并解决问题，是软科学研究的根本目的。根据《科技成果登记办法》第八条第（三）项规定，办理软科学成果登记，需要提交"相关的评价证明（软科学成果评审证书或验收报告等）和研究报告"。其中，研究报告是成果的表现形式，而评价证明可反映其价值。

三、职责分工与登记机构

科技成果登记按直属和属地关系进行，《科技成果登记办法》对此做出了具体规定。

1. 职责分工。科技部指导全国的科技成果登记工作。省、自治区、直辖市科技行政部门负责本地区的科技成果登记工作，国务院有关部门、直属机构、直属事业单位负责本部门的科技成果登记工作。

2. 登记机构。省、自治区、直辖市科技行政部门和国务院有关部门、直属机构、直属事业单位科技成果管理机构授权的科技成果登记机构为登记机构，对符合登记条件的科技成果予以登记。

3. 科技成果完成人办理登记手续。科技成果完成人（含单位）可按直属或属地关系向相应的科技成果登记机构办理科技成果登记手续，不得重复登记。一般来说，科研项目与科技成果登记相挂钩。科研项目是通过直属渠道申请并得到资助的，最好向直属的科技成果登记机构办理登记。如果是从属地渠道即地方科技部门的渠道申请并得到资助的，最好向属地的科技成果登记机构办理登记。

两个或两个以上完成人共同完成的科技成果，由第一完成人办理登记手续。

四、登记条件与登记证明

科技成果登记是科技成果管理的一项活动，登记机构对办理登记的科技成果进行形式审查，对符合《科技成果登记办法》规定条件的予以登记，出具登记证明。

1. 科技成果登记条件。办理科技成果登记的科技成果应符合以下条件：一是登记材料规范、完整；二是持肯定性意见的评价结论；三是不违背国家的法律、法规和政策。对于申请登记的科技成果，应不存在争议，也不存在知识产权侵权行为。

2. 科技成果登记证明。科技成果登记证明不作为确认科技成果权属的直接依据，是登录国家科技成果数据库的前置程序。

总体来讲，科技成果登记只是科技成果管理的一项基础性工作，只能反映科技成果的基本信息，不能作为科技成果学术水平或技术水平、知识产权权属的证明。

第三节　科技保密

科技保密是指为了维护国家或某方面权益，在一定时空条件下，按照规范程序，对科技成果有针对性地采取保护措施和活动。2015年11月16日，科技部、国家保密局发布了修订后的《科学技术保密规定》（科学技术部、国家保密局令第16号）。该规定所称国家科学技术秘密，是指科学技术规划、计划、项目及成果中，关系国家安全和利益，依照法定程序确定，在一定时间内只限一定范围的人员知悉的事项。这一定义基本涵盖了科技保密的主要内容。

1. "关系国家安全和利益"是指泄露后可能造成下列后果之一的科学技术事项："（一）削弱国家防御和治安能力；（二）降低国家科学技术国际竞争力；（三）制约国民经济和社会长远发展；（四）损害国家声誉、权益和对外关系。"对于这些事项，高校院所、企业和其他组织一般来说是

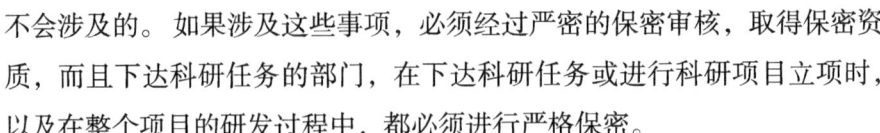

不会涉及的。如果涉及这些事项，必须经过严密的保密审核，取得保密资质，而且下达科研任务的部门，在下达科研任务或进行科研项目立项时，以及在整个项目的研发过程中，都必须进行严格保密。

2. 所谓"法定程序"，是指《科学技术保密规定》第三章规定的程序（略）。

3. "一定时间"是指保密期限，在定密时应该确定保密期限。期满自动解密。根据《科学技术保密规定》第二十条规定，可以由原定密机关、单位，或者其上级机关、单位决定变更保密期限。

4. "限一定范围的人员知悉"是指涉密人员，在定密时就应当确定涉密人员范围及其知悉范围。涉密人员必须遵守保密要求，包括执行保密制度、接受保密教育和监督检查、产生涉密科技事项时及时报告、发表论文等公开行为前应履行保密审查手续、在离岗离职时接受脱密期保密管理等。根据《科学技术保密规定》第二十条规定，要变更涉密范围的，可由原定密机关、单位决定，也可由其上级机关、单位决定。

5. 这里的"事项"是指保密要点，即必须确保安全的核心事项或信息，根据《科学技术保密规定》第十九条规定，主要涉及以下内容："（一）不宜公开的国家科学技术发展战略、方针、政策、专项计划；（二）涉密项目研制目标、路线和过程；（三）敏感领域资源、物种、物品、数据和信息；（四）关键技术诀窍、参数和工艺；（五）科学技术成果涉密应用方向；（六）其他泄露后会损害国家安全和利益的核心信息。"

产生保密事项的活动或事项是"科学技术规划、计划、项目及成果"，而且往往有先后关系，即国家、地方、部门在编制科学技术规划、计划的过程中，应该会"关系国家安全和利益"，应该秘密进行，因此在编制过程中的规划稿、计划稿，应当保密。"关系国家安全和利益"的科学技术项目，自立项起，直至取得成果，都应该保密。

一般高校院所、企业所从事的科研活动，如果没有上升到国家安全和利益，不涉及国家秘密，只是本单位的技术秘密或商业秘密。对于本单位的技术秘密或商业秘密，由本单位采取保密措施，并及时进行定密，确定该秘密的名称、密级、保密期限、保密要点和知悉范围。如果涉及国家秘密，应当在编制科学技术规划、制订科学技术计划、科学技术项目立项、科学技术成果评价与鉴定和科学技术项目验收环节中及时做好定密工作，同时确定其名称、密级、保密期限、保密要点和知悉范围。

另外要注意，绝密、机密、秘密是国家秘密密级的专用称谓，高校院所、企业等单位的商业秘密不要擅自使用，以免引起不必要的麻烦。

第四节　科技奖励

科技奖励是指对科技人员和组织在科学技术研究和开发中所做出的重要贡献进行积极肯定的社会评价，并予以物质上、精神上的表彰，包括政府奖励和社会力量奖励。奖励对象主要是自然人，也有组织，科学技术进步奖、国际科学技术合作奖既奖励自然人，又奖励组织。对自然人的奖励，包括对科技人员取得的重大成就予以奖励和对取得的科技成果予以奖励。前者包括国家最高科学技术奖、国际科学技术合作奖，后者包括国家自然科学奖、技术发明奖和科学技术进步奖。对科技成果进行奖励的，科技奖励申报的前提是通过科技成果鉴定、评审、评估、登记等对科技成果的实用价值或学术价值进行确认和评价。

1985年，国务院批准设立国家科学技术奖励工作办公室，1999年，国务院发布了《国家科学技术奖励条例》（国务院令第265号），2003年和2013年先后进行了两次修订，2017年，国务院办公厅印发了《关于深化科技奖励制度改革方案的通知》（国办函〔2017〕55号），提出"坚持公开提名、科学评议、公正透明、诚实守信、质量优先、突出功绩、宁缺毋滥，改革完善国家科技奖励制度，进一步增强学术性、突出导向性、提升权威性、提高公信力、彰显荣誉性"。同时，引导省部级科学技术奖高质量发展，鼓励社会力量设立的科学技术奖健康发展。

国家科学技术奖励体系从奖项设置上，设国家最高科学技术奖、国家自然科学奖、国家技术发明奖、国家科学技术进步奖、中华人民共和国国际科学技术合作奖5个奖项。

国家最高科学技术奖授予在当代科学技术前沿取得重大突破，或者在科学技术发展中有卓越建树，或者在科学技术创新、科学技术成果转化和高技术产业化中创造巨大经济效益或社会效益的科技工作者。

国家自然科学奖授予在基础研究和应用基础研究中做出重大科学发现的个人。

国家技术发明奖授予运用科学技术知识做出产品、工艺、材料及其系统等重大技术发明的个人。

国家科学技术进步奖授予在应用推广先进科学技术成果，完成重大科学技术工程、计划、项目等方面，做出突出贡献的个人、组织。

中华人民共和国国际科学技术合作奖授予对中国科学技术事业做出重要贡献的外国人或外国组织。

在奖励等级设置上，国家最高科学技术奖、中华人民共和国国际科学技术合作奖不分等级。国家自然科学奖、国家技术发明奖、国家科学技术进步奖分为一等奖、二等奖2个等级；对做出特别重大科学发现或技术发明的个人，对完成具有特别重大意义的科学技术工程、计划、项目等做出突出贡献的个人、组织，可以授予特等奖。

从奖励的层次上，除国家科学技术奖励外，省、自治区、直辖市人民政府可以设立一项省级科学技术奖，国务院有关部门根据国防、国家安全的特殊情况，可以设立部级科学技术奖。

除省部级科学技术奖外，社会力量设立的科学技术奖也是国家科学技术奖励体系的重要组成部分。《关于深化科技奖励制度改革方案的通知》（国办函〔2017〕55号）提出，"鼓励社会力量设立的科学技术奖健康发展。坚持公益化、非营利性原则，引导社会力量设立目标定位准确、专业特色鲜明、遵守国家法规、维护国家安全、严格自律管理的科技奖项，在奖励活动中不得收取任何费用"。也就是说，社会力量设立的科学技术奖应当满足"目标定位准确、专业特色鲜明、遵守国家法规、维护国家安全、严格自律管理"5个方面的要求，以提升社会力量科技奖励的整体实力和社会美誉度。

国家科技奖励制度改革就是要坚持正确价值导向，不将科技奖励与各类科技计划项目立项、职称评定、岗位聘用、薪酬待遇等挂钩，使科技奖励回归学术性、荣誉性本质。

第五节 科技报告制度

科技报告是指以积累、传播和交流为目的，由科研人员按照规定格式编写的，能完整地反映科研活动的过程、进展、结果和经验的科技文献，具有内容翔实完整、时效性强、便于交流的优点。做好科技报告，可以及时沟通科技进展情况，进而提高科研起点，减少科研重复劳动，节省科研投入，也有利于科技成果的转化。《中共中央 国务院关于深化科技体制改革加快国家创新体系建设的意见》（中发〔2012〕6号）提出，对财政资金资助的科技项目，加快建立统一的科技报告制度。科技部于2013年10月11日印发了《国家科技计划科技报告管理办法》（国科发计〔2013〕613号），决定在国家科技计划中开展科技报告工作。为建立科技报告制度，《国务院办公厅转发科技部关于加快建立国家科技报告制度指导意见的通知》（国办发〔2014〕43号，以下简称《指导意见》）对科技报告的内涵、建立科技报告制度的目的、组织机制、开放共享等事项作出规定。

一、内涵

《指导意见》提出，"科技报告是描述科研活动的过程、进展和结果，并按照规定格式编写的科技文献，包括科研活动的过程管理报告和描述科研细节的专题研究报告"。从该定义可知，科技报告有以下3个特点。

1.科技报告是科技成果的一种表现形式，一种反映科技成果内容与水平的载体。通过科技报告，可以了解该成果的创造性内容，以及该成果是如何取得的。

2.科技报告应按规定格式进行编写，即按照科技部发布的科技报告格式进行编写，便于交流共享。

3. 科技报告是一种与图书、期刊、档案等类型文献不同的科技文献,可以传播和查阅。《国家科技计划科技报告管理办法》提出,"项目(课题)呈交的科技报告类型包括:(一)项目(课题)年度报告、中期报告及验收(结题)报告;(二)项目(课题)实施过程中产生的实验(试验)报告、调研报告、工程报告、测试报告、评估报告等蕴含科研活动细节及基础数据的报告"。前者是科研活动的过程管理报告,后者是描述科研细节的专题研究报告。

二、目的意义

建立国家科技报告制度,将科技报告纳入科研管理,有以下3点意义。

1. 有利于加强各类科技计划协调衔接,避免科技项目重复部署。
2. 有利于广大科研人员共享科研成果,提高国家科技投入效益。
3. 有利于社会公众了解科技进展,促进科技成果转化应用。

《国家科技计划科技报告管理办法》提出,"目的是促进科技知识的积累、传播交流和转化应用",并将科技报告定位为"国家基础性、战略性科技资源,是国家科技实力的重要体现"。

三、科技报告的组织管理机制

《指导意见》明晰了科技部、地方和部门科技管理机构、项目承担单位和科研人员四方主体的职责。

1. 科技部的职责。科技部承担以下职责:一是牵头拟订国家科技报告制度建设的相关政策;二是制定科技报告标准和规范;三是对各地、各有关部门科技报告工作进行业务指导;四是委托相关专业机构承担国家科技报告日常管理工作。科技部将国家科技计划科技报告的接收、保存、管理和服务职能交给了中国科学技术信息研究所。《国家科技计划科技报告管理办法》规定了其主要职责:"(一)编制科技报告标准规范,协助开展科技报告宣传培训工作;(二)开展科技报告的集中收藏、统一编码、加工处理和分类管理等日常工作;(三)建设和维护科技报告共享服务系统,开展科技报告的共享服务;(四)对国家科技计划科技报告产出进行统计分析,推动科技报告资源的开发利用。"

2.地方和部门科技管理机构的职责。地方和部门应将科技报告工作纳入本地区、本部门管理的科技计划、专项、基金等科研管理范畴,并承担以下3项职责:一是在科研合同或任务书中明确项目承担单位须呈交科技报告的具体要求;二是依托现有机构对科技报告进行统一收藏和管理;三是定期向科技部报送非涉密和解密的科技报告。对于涉及国家安全等不宜公开的科技报告,项目承担单位应提出科技报告密级和保密期限建议,由项目主管机构按照国家有关保密规定进行确认,并负责做好涉密科技报告管理工作。

3.项目承担单位的职责。项目承担单位应建立科技报告工作机制,并承担以下3项职责:一是组织科研人员撰写科技报告;二是对本单位拟呈交的科技报告进行审核;三是及时向项目主管机构呈交科技报告。

《国家科技计划科技报告管理办法》着重强调了项目承担单位的职责,要求国家科技计划项目(课题)承担单位"充分履行法人责任,切实做好本单位的科技报告工作",并规定项目承担单位要承担3项主要职责:"(一)将科技报告工作纳入本单位科研管理程序,指定专人负责本单位科技报告工作,并提供必要的条件保障;(二)督促项目(课题)负责人按要求组织科研人员撰写科技报告,统筹协调项目(课题)各参与单位共同推进科技报告工作;(三)负责本单位所承担项目(课题)的科技报告审查和呈交工作。"概括起来就是组织编写、提供条件和审核呈交。

4.科研人员的职责。科研人员有撰写科技报告的责任,有使用科技报告的权利。科研人员应增强撰写科技报告的责任意识,根据科研合同或任务书要求按时保质完成科技报告,并对内容和数据的真实性负责。同时,科研人员在科研工作中享有检索和使用科技报告的权利。

四、奖惩机制

《指导意见》采取激励与约束并重的原则,推进科技报告工作机制的形成。

1. 从激励的角度,《指导意见》要求项目主管机构"将科技报告的呈交和共享使用情况作为对项目负责人和项目承担单位后续滚动支持的重要依据"。《国家科技计划科技报告管理办法》还规定了以下两项激励:一是"科技部对科技报告撰写和管理工作的先进单位和个人适时给予表彰和奖励";二是"科技报告的共享使用情况将作为对项目(课题)承担单位申报成果奖励和后续滚动支持的重要依据之一"。

2. 从约束的角度,《指导意见》提出,"对未按时按标准要求完成科技报告任务的科技项目,按不通过验收或不予结题处理"。《国家科技计划科技报告管理办法》还规定,"科技报告用户应严格遵守知识产权管理的相关规定,在论文发表、专利申请、专著出版等工作中注明参考引用的科技报告,确保科技报告完成人的合法权益"。《国务院印发关于深化中央财政科技计划(专项、基金等)管理改革方案的通知》(国发〔2014〕64号)规定,"分散在各相关部门、尚未纳入国家科技管理信息系统的项目信息要尽快纳入,已结题的项目要及时纳入统一的国家科技报告系统。未按规定提交并纳入的,不得申请中央财政资助的科技计划(专项、基金等)项目"。

3. 从监管和惩戒的角度,《指导意见》提出,"对科技报告存在抄袭、数据弄虚作假等学术不端行为的,纳入项目负责人和项目承担单位的科研信用记录并依据相关规定向社会公布"。

另外,为确保科技报告所需经费有保障,《国家科技计划科技报告管理办法》规定,"科技报告撰写、呈交与管理所需费用应统一纳入相应项目(课题)经费预算"。

五、科技报告的运用

科技报告的价值在于共享、在于运用。对于科技报告的运用,《指导意见》提出了4项措施:一是做好立项查重,即"科技部和项目主管机构应组织相关单位开展科技报告资源深度开发利用,做好立项查重,避免科技项目重复部署";二是加强科研项目的过程管理,即"实时跟踪科技项目的阶段进展、研发产出等情况,服务项目过程管理";三是科技态势监测,即"对相关领域科技发展态势进行监测,为技术预测和国家关键技选择提供支撑";四是公布成果以促转化,即"梳理国家重大科技进展和成果并向社会公布,推动科技成果形成知识产权和技术标准,促进科技成果转化和产业化"。

六、科技报告服务系统

《指导意见》提出,科技部"委托相关专业机构承担国家科技报告日常管理工作,负责全国范围内科技报告的接收、收藏、管理和共享服务,开展国家科技报告服务系统的开发、运行、维护和管理工作"。从这一规定并结合《国家科技计划科技报告管理办法》的规定看,"相关专业机构"应是中国科学技术信息研究所,由该所负责国家科技报告服务系统的开发、运行、维护和管理工作。同时,科研人员在国家科技报告服务系统上撰写科技报告,项目承担单位在国家科技报告服务系统上审核并呈交,地方、部门也通过该系统向科技部报送科技报告。科研人员也可登录科技报告服务系统,检索和使用该系统上的科技报告。

科技报告制度是近年来新推出的一项科研管理制度,从科技成果登记的末端管理转向科研项目过程管理,其主要目的是提高财政科技投入效果的透明度。

第六节 科技成果信息系统

《促进科技成果转化法》第十一条规定,"国家建立、完善科技报告制度和科技成果信息系统,向社会公布科技项目实施情况以及科技成果和相关知识产权信息,提供科技成果信息查询、筛选等公益服务"。从这一规定看,科技成果信息系统与科技报告都是科技信息公开的途径和手段。前者是信息公开的"路",是平台;后者是信息公开的"车",是在科技成果信息系统上公开的科技信息。科技成果信息系统有两项重要的功能:一是"向社会公布科技项目实施情况以及科技成果和相关知识产权信息";二是为社会"提供科技成果信息查询、筛选等公益服务"。

一、科技成果信息来源渠道

科技成果信息系统上的信息从何而来？根据国家有关规定，有以下4种来源途径。

1. 利用财政资金设立的科技项目承担者汇交的科技成果和相关知识产权信息。《促进科技成果转化法》第十一条第二款规定，利用财政资金设立的科技项目的承担者应"将科技成果和相关知识产权信息汇交到科技成果信息系统"，这是项目承担者的法定义务。如果项目承担者不履行该义务，就要承担《促进科技成果转化法》第四十六条规定的不利后果，即"由组织实施项目的政府有关部门、管理机构责令改正；情节严重的，予以通报批评，禁止其在一定期限内承担利用财政资金设立的科技项目"。《国务院办公厅关于印发促进科技成果转移转化行动方案的通知》（国办发〔2016〕28号）进一步提出，"开展应用类科技项目成果以及基础研究中具有应用前景的科研项目成果信息汇交"。

2. 非财政资金设立的科技项目承担者自愿汇交的科技成果信息。《促进科技成果转化法》第十一条第三款规定，国家鼓励利用非财政资金设立的科技项目承担者"将科技成果和相关知识产权信息汇交到科技成果信息系统"。科技成果信息汇交有助于该成果信息的共享和转化应用。

3. 科技成果在线登记。《国务院办公厅关于印发促进科技成果转移转化行动方案的通知》提出"推广科技成果在线登记汇交系统，畅通科技成果信息收集渠道"。实现科技成果在线登记，凡是登记的科技成果均进入该系统。这大大丰富了该系统的成果信息来源。

4. 与其他系统互联互通可获得大量的成果信息。《国务院办公厅关于印发促进科技成果转移转化行动方案的通知》提出，"推动中央和地方各类科技计划、科技奖励成果存量与增量数据资源互联互通"。

二、科技成果信息系统的功能

《国务院办公厅关于印发促进科技成果转移转化行动方案的通知》提出，"完善科技成果信息共享机制，在不泄露国家秘密和商业秘密的前提下，向社会公布科技成果和相关知识产权信息，提供科技成果信息查询、筛选等公益服务"，"加强科技成果、科技报告、科技文献、知识产权、标准等的信息化关联"。从这一规定可知，科技成果信息系统主要有以下3项功能。

1.信息公开功能。通过科技成果信息系统公开科技成果信息。信息公开有3个重要的作用：一是接受公众的监督，公众监督有利于科研人员加强自律；二是可以反映科研人员的成长轨迹，有助于客观评价科研人员的科研水平；三是有助于科技成果信息共享，信息共享有助于科技创新，进而促进高水平的研发。

有了科技成果信息系统，中共中央办公厅、国务院办公厅印发《关于深化项目评审、人才评价、机构评估改革的意见》（中办发〔2018〕37号）第五条提出的"将诚信监管关口前移，推动高校、科研院所、医院等单位建立完善学术管理制度，对科研人员学术成长轨迹和学术水平进行跟踪评价"才能有效实施。科研人员的学术成长轨迹能真正地反映其学术成就和学术水平，比单个项目的评价更客观、更全面，也有助于开展诚信监管，引导科研人员潜心研究。

2.信息查询、筛选等服务功能。有助于公众获取科技成果信息，并从中获得启发，因而有助于提升科研水平。在科研项目立项前查询相关信息，可防止重复研发，进而提高科研效率及科研资金的使用效率。

3.共享共用功能。与其他信息系统互通，可以方便利用科技成果资源。归根到底就是科技成果信息的共享共用。

三、科技成果信息系统的开发与利用

《国务院办公厅关于印发促进科技成果转移转化行动方案的通知》提出"建立国家科技成果信息系统"，而开发该系统需先"制定科技成果信息采集、加工与服务规范"。为用好科技成果信息系统，该通知提出了以下2项措施。

1.开发。"鼓励各类机构运用云计算、大数据等新一代信息技术，积极开展科技成果信息增值服务，提供符合用户需求的精准科技成果信息"。开发才是科技成果信息系统利用的最好方式。科技成果信息系统积少成多，是科技资源的宝库，开发是利用这一宝库的最好方式。

2. 利用。要求"各地方、各部门在规划制定、计划管理、战略研究等方面要充分利用科技成果资源"。规划制定、计划管理、战略研究等的水平如何，取决于其站在哪一个起点上。充分利用好科技成果资源，就是站在现实的基础上，避免脱离现实。

科技成果信息系统属于科技成果管理的基础设施范畴，建设主体是各级政府，也是各级政府及其部门服务于科技成果转移转化的重要手段。其功能是更好地发挥科技成果登记和科技报告的作用，打通科技成果信息流动的渠道，加快科技成果信息流动的速度，进而有助于加快科技成果的转移转化。

第三章 知识产权

科技研发、科技成果与知识产权保护是密不可分的,在科研过程中就要注重知识产权的申请与保护,才能更好地保护科技成果,而知识产权保护又是做好科技成果转移转化的基础。

第一节 知识产权概念与特征

科技成果与知识产权是不同的概念,却又密切相关。这可从知识产权的概念与特征看出两者的不同。

一、知识产权概念

1791年,法国专利法的起草人德布孚拉提出了"工业产权"的概念,之后逐步被各国所接受,并成为专利、商标、商号、原产地标记、反不正当竞争等工商领域的权利总称。德国学者科勒看到了工业产权和著作权之间的共同本质属性(即非物质性)而提出了无形财产的概念。人们一般将基于创造性智力成果所获取的民事权利称为"无形财产权"。无形是一个与有形相对的泛概念,即强调客体的非物质形态。20世纪初,皮卡尔提出了知识权利的概念,但没有成为国际上广泛使用的法律概念。1967年在斯德哥尔摩签订的《建立世界知识产权组织公约》(以下简称"WIPO公约")中正式使用"知识产权"概念。此后,"知识产权"一词才真正在世界范围内被广泛接受和普遍使用，并逐渐形成具体的知识产权法律制度。

知识产权是指民事主体（自然人和法人）基于创造性智力成果所依法享有的民事权利的统称，主要包括专利权、商标权和著作权（版权）。这一概念需把握以下要点：客体是创造性智力成果；其产生必须依据法律规定；它是一种民事权利。

二、知识产权范围

知识产权的范围有广义和狭义2种划分方法。

根据WIPO公约的有关规定，广义的知识产权包括下列权利：①与文学、艺术及科学作品有关的权利（主要指著作权）；②与表演艺术家的表演活动、与录音制品及广播有关的权利（主要指邻接权）；③与发明有关的权利（主要指发明专利、实用新型专利，以及非专利发明享有的权利）；④与科学发现有关的权利（指发现权）；⑤与工业品外观设计有关的权利（指外观设计专利权）；⑥与商品商标、服务商标、商号及其他商业标记有关的权利（主要指商标权、商号权或厂商名称权）；⑦与防止不正当竞争有关的权利；⑧一切其他来自工业、科学及文学艺术领域的智力创作活动所产生的权利。

根据《与贸易有关的知识产权协议》（以下简称"TRIPS协议"）的有关规定，知识产权应包括下列权利：①版权与邻接权；②商标权；③地理标志权（即原产地名称、货源标记权）；④工业品外观设计权；⑤专利权；⑥集成电路布图设计（拓扑图）权；⑦未披露过的信息专有权（主要指商业秘密权）。

狭义的知识产权范围包括专利权、商标权与著作权（含邻接权）3个主要组成部分。其中，专利权、商标权合称工业产权（Industrial Property），即工业、商业、农业、林业和其他产业中具有实用意义的一种无形财产权；著作权、邻接权合称文学产权（Literature Property），即关于文学、艺术、科学作品的创作者和传播者所享有的权利，将具有原创性的作品及传播这种作品的媒介纳入其保护范围。

三、知识产权特征

知识产权具有以下特征。

1. 无形性。知识产权客体是创造性智力成果,是一种不具有实体的存在,客观上难以被人们实际占有和控制,能够为多数人同时拥有并为多数人同时使用而获取利益,对其反复使用不会带来自然损耗,权利人只能通过行使权利控制他人对其创造性智力成果的使用。无形性是知识产权首要的、也是最重要的特征。因此,国家需要对知识产权实行区别于有形财产权的法律保护。

2. 法定性。知识产权的产生、使用、保护、管理和灭失等都由法律法规作出严格规定,与其他民事权利相比有更严格的法定性。著作权、专利权等权利除由权利人行使外,法律法规还规定了法定许可、强制实施等制度。

3. 知识产权大多具有人身权与财产权的双重特性。知识产权的财产权利是指其权利主体通过对创造性智力成果行使占有、使用和处分的权能而获取经济利益的权利。知识产权还表现为一种身份权利,主要表现为署名权、发表权、修改权、荣誉权等。其他民事权利,有的只有财产权,有的只有人身权,往往只具有单一性的特性。

4. 专有性。知识产权的权利人对其创造性智力成果享有独占、垄断和排他的权利,在其权利受到侵害时可以获得相应的法律救济。对于同一项创造性智力成果,不允许有两个或两个以上同一属性的知识产权并存。例如,对于同一项发明创造,有两个或两个以上专利申请人,只能将该发明创造的专利权授予其中一个申请人。

5. 地域性。在一国境内根据该国法律取得的知识产权,原则上只受该国法律的保护,其他国家没有保护的义务。如果权利人要在其他国家受到法律保护,必须根据其他国家的法律规定取得知识产权。

6. 时间性。知识产权仅在一个法定的有效期限内受到保护,一旦超过法定的有效期限,其权利就自行灭失,而有形财产权不受时间限制。

并非所有的知识产权都具备上述全部特征。例如,地理标志权、商业秘密权、集成电路布图设计权等,基本上都是财产权,而发现权主要是人身权;地理标志权不专属于某一特定主体,凡在该产地范围内生产该同类产品的企业或公民个人均可使用；商业秘密权、商号权没有法定保护期间的限制。在理解知识产权的特征时，应力求避免绝对化、简单化。

四、知识产权法摘编

知识产权法是调整在取得、利用、管理和保护知识产权过程中发生的各种社会关系的法律规范的总和。狭义的知识产权法是指《专利法》《商标法》《著作权法》；广义的知识产权法还包括其他调整基于创造性智力成果而产生的社会关系的法律规范，如《反不正当竞争法》《植物新品种保护条例》《刑法》中有关知识产权的条款等。

1.《中华人民共和国民法典》（2020年）：

"第一百二十三条　民事主体依法享有知识产权。

知识产权是权利人依法就下列客体享有的专有的权利：

（一）作品；

（二）发明、实用新型、外观设计；

（三）商标；

（四）地理标志；

（五）商业秘密；

（六）集成电路布图设计；

（七）植物新品种；

（八）法律规定的其他客体。"

2.《专利法》（2008年）：

"第二条　本法所称的发明创造是指发明、实用新型和外观设计。

发明，是指对产品、方法或者其改进所提出的新的技术方案。

实用新型，是指对产品的形状、构造或者其结合所提出的适于实用的新的技术方案。

外观设计，是指对产品的形状、图案或者其结合以及色彩与形状、图案的结合所作出的富有美感并适于工业应用的新设计。"

3.《著作权法》（2010年）：

"第三条　本法所称的作品，包括以下列形式创作的文学、艺术和自然科学、社会科学、工程技术等作品：

（一）文字作品；

（二）口述作品；

（三）音乐、戏剧、曲艺、舞蹈、杂技艺术作品；

（四）美术、建筑作品；

（五）摄影作品；

（六）电影作品和以类似摄制电影的方法创作的作品；

（七）工程设计图、产品设计图、地图、示意图等图形作品和模型作品；

（八）计算机软件；

（九）法律、行政法规规定的其他作品。"

4.《计算机软件保护条例》（2013年）：

"第二条　本条例所称计算机软件（以下简称软件），是指计算机程序及其有关文档。"

"第四条　受本条例保护的软件必须由开发者独立开发，并已固定在某种有形物体上。"

5.《植物新品种保护条例》（2014年）：

"第二条　本条例所称植物新品种，是指经过人工培育的或者对发现的野生植物加以开发，具备新颖性、特异性、一致性和稳定性并有适当命名的植物品种。"

6.《集成电路布图设计保护条例》（2001年）：

"第四条　受保护的布图设计应当具有独创性，即该布图设计是创作者自己的智力劳动成果，并且在其创作时该布图设计在布图设计创作者和集成电路制造者中不是公认的常规设计。

受保护的由常规设计组成的布图设计，其组合作为整体应当符合前款规定的条件。

第五条　本条例对布图设计的保护，不延及思想、处理过程、操作方法或者数学概念等。"

7.《反不正当竞争法》（2017年）：

"第九条　经营者不得实施下列侵犯商业秘密的行为：

（一）以盗窃、贿赂、欺诈、胁迫或者其他不正当手段获取权利人的商业秘密；

（二）披露、使用或者允许他人使用以前项手段获取的权利人的商业秘密；

（三）违反约定或者违反权利人有关保守商业秘密的要求，披露、使用或者允许他人使用其所掌握的商业秘密。

第三人明知或者应知商业秘密权利人的员工、前员工或者其他单位、个人实施前款所列违法行为，仍获取、披露、使用或者允许他人使用该商业秘密的，视为侵犯商业秘密。

本法所称的商业秘密，是指不为公众所知悉、具有商业价值并经权利人采取相应保密措施的技术信息和经营信息。"

"第二十一条　经营者违反本法第九条规定侵犯商业秘密的，由监督检查部门责令停止违法行为，处十万元以上五十万元以下的罚款；情节严重的，处五十万元以上三百万元以下的罚款。"

8.《中共中央关于深化人才发展体制机制改革的意见》（中发〔2016〕9号）：

"（二十）加强创新成果知识产权保护。完善知识产权保护制度，加快出台职务发明条例。研究制定商业模式、文化创意等创新成果保护办法。"

第二节　《国家知识产权战略纲要》

知识产权已成为国家发展的战略性资源和国际竞争力的核心要素，越来越多的国家制定和实施知识产权战略。为全面加强知识产权工作，大力提升我国知识产权创造、运用、保护和管理能力，为增强自主创新能力、建设创新型国家提供强有力支撑，2008年6月5日，国务院印发了《国家知识产权战略纲要》（国发〔2008〕18号）。纲要的主要内容可以概括为"112579"。

第一个"1"是指以"以制度促能力，以能力促发展"为一条主线，即纲要指导思想提出的"着力完善知识产权制度，积极营造良好的知识产权法治环境、市场环境、文化环境，大幅度提升我国知识产权创造、运用、保护和管理能力，为建设创新型国家和全面建设小康社会提供强有力支撑"。

第二个"1"是指一个方针，即"激励创造、有效运用、依法保护、科学管理"的十六字方针。

"2"是指两个阶段的目标：近5年目标和到2020年的目标。纲要提出了"到2020年，把我国建设成为知识产权创造、运用、保护和管理水平较高的国家"的战略目标。

"5"是指5个战略重点：一是完善知识产权制度，"强化知识产权在经济、文化和社会政策中的导向作用""加强产业政策、区域政策、科技政策、贸易政策与知识产权政策的衔接"；二是促进知识产权创造和运用，纲要提出"推动企业成为知识产权创造和运用的主体""充分发挥高等学校、科研院所在知识产权创造中的重要作用""鼓励群众性发明创造和文化创新""促进自主创新成果的知识产权化、商品化、产业化，引导企业采取知识产权转让、许可、质押等方式实现知识产权的市场价值"；三是加强知识产权保护，纲要提出"提高权利人自我维权的意识和能力。降低维权成本，提高侵权代价，有效遏制侵权行为"；四是防止知识产权滥用；五是培育知识产权文化。

"7"是指专利、商标、版权、商业秘密、植物新品种、特定领域知识产权和国防知识产权7项专项任务。为平衡知识产权权利人与社会公众的利益关系，纲要提出"制定和完善与标准有关的政策，规范将专利纳入标准的行为""妥善处理保护商业秘密与自由择业、涉密者竞业限制与人才合理流动的关系，维护职工合法权益"。纲要将地理标志、遗传资源、传统知识、传统医药、传统工艺和集成电路布图设计纳入特定领域知识产权，提出完善地理标志保护制度，完善遗传资源保护、开发和利用制度，建立健全传统知识保护制度，完善传统医药知识产权管理、保护和利用协调机制，加强对传统工艺的保护、开发和利用，加强集成电路布图设计专有权的有效利用。

"9"是指提升知识产权创造能力、鼓励知识产权转化运用、加快知识产权法制建设、提高知识产权执法水平、加强知识产权行政管理、发展知识产权中介服务、加强知识产权人才队伍建设、推进知识产权文化建设、扩大知识产权对外交流合作9项战略措施。纲要提出"建立以企业为主体、市场为导向、产学研相结合的自主知识产权创造体系",支持企业"通过原始创新、集成创新和引进消化吸收再创新,形成自主知识产权,提高把创新成果转变为知识产权的能力","引导支持创新要素向企业集聚,促进高等学校、科研院所的创新成果向企业转移"。

纲要有利于增强全社会知识产权保护意识,有利于推动技术创新和发明创造,有利于平衡知识产权权利人与社会公众的利益,有利于促进科技成果的转化,进而有利于国家知识产权布局优化,增强国际竞争力和我国的话语权。

第三节　知识产权创造与保护

知识产权源于发明创造,用于保护发明创造,但发明创造能否得到良好的保护,取决于知识产权申请。在知识产权申请时,需要在发明创造的公开与权利保护之间进行权衡。在取得知识产权以后,需要对其加强管理与保护。

一、知识产权申请

知识产权有多种类型,彼此间差异较大,因此要区别具体情况。

发明创造符合申请专利的,应当按照《专利法》及其实施细则的规定,向国家专利局提出专利申请;是计算机软件且符合《计算机软件保护条例》规定条件的,应当向计算机软件登记机构申请办理计算机软件登记;是植物新品种且符合《植物新品种保护条例》规定条件的,应当向国务院农业、林业部门申请植物新品种权;是集成电路布图设计且符合《集成电路布图设计保护条例》规定条件的,应当向国务院知识产权行政部门办理登记。

上述各种知识产权，虽然彼此之间差异较大，但都有各自的条件和侧重点，也都有各自的局限性。例如，计算机软件著作权主要保护文档和程序，但对该软件的技术方案却不保护；而技术方案却是软件的灵魂，是核心，对于技术方案，必须申请发明专利。

一项发明创造，若同时符合两种或两种以上的知识产权，则可以根据各自的要求分别提出申请。因此，可以采取若干类型的知识产权组合方式，合力保护一项技术水平高、商业价值大的发明创造。

当然，一项发明创造，也许需要提出两件或两件以上的同一种类型的知识产权。例如，某发明创造，可以申请发明专利对产品、方法或其改进所提出的新的技术方案予以保护；可以申请实用新型专利对产品的形状、构造或其结合进行保护；可以申请外观设计专利对产品的形状、图案或其结合，以及色彩与形状、图案的结合所做出的富有美感并适于工业应用的新设计加以保护。通过这样的专利组合，对发明创造形成全方位、多角度的保护方案。

二、知识产权申请后争取更大的保护范围

一旦申请了知识产权，就要与相关单位沟通，争取更大的保护范围。对于专利申请，会涉及两个比较大的方面：一是说明书对发明创造的说明是否达到要求，即技术方案的公开程度，如果公开不充分，就可能得不到授权；二是权利要求书对发明创造的保护范围是否足够大，如果收缩保护范围，是比较容易得到授权的，但其商业价值就会大打折扣。

三、知识产权组合保护

需要注意的是，专利和技术秘密均用于保护科技成果中具有创造性的技术方案，两者具有较强的互补性。对于某一技术方案，科技成果完成单位（完成人）是采取申请专利，以公开技术信息为代价换取法律对其的保护，还是通过采取保密措施加以保护，是一项很重要的决策，特别是如何

把握其中的尺度显得很重要。如果不充分公开技术信息，则该专利有可能会被诉无效；如果充分公开技术信息，可能会给竞争对手以启发，竞争对手会开发替代技术，或者在该技术的基础上做出进一步的改进，包括更优性改进或限缩性改进，则科技成果完成单位（完成人）将失去对该科技成果的主导权。

然而，科技成果完成单位（完成人）对科技成果只采用技术秘密形式加以保护，也存在风险。技术秘密一旦泄露，拥有该技术秘密的单位或个人将失去对该技术的独占使用权。如果技术秘密泄露后被他人申请专利，并取得了专利权，则拥有该技术秘密的单位或个人可能要退出市场，从而完全失去该项技术。

比较恰当的做法是，将专利与技术秘密有机结合起来，充分发挥两种方式的优势，避免各自的不足。有的科技成果，可以采取以专利保护核心技术、以技术秘密保护外围技术的方式，也可以采取以技术秘密保护核心技术、以专利保护外围技术的方式。当然还有其他的结合方式。

另外，也可以将技术秘密与著作权、集成电路布图设计权、植物新品种权、生物医药新品种等结合起来。以作品形式呈现的，适用于《著作权法》保护；以集成电路布图设计、植物新品种或生物医药新品种呈现的，分别以相应的条例予以保护。

因此，为有效保护科技成果的权益，往往要采用多种知识产权形态分别从不同的角度加以保护，任何单一的方式往往是不充分的。高校院所、企业、其他组织和科技人员，在进行科研活动的同时，要注意加强知识产权保护，建立健全知识产权保护制度，保证知识产权法律制度的贯彻实施，维护自身的合法权益，使科技成果发挥最大的经济效益和社会效益。

科技成果的创造性越强，越需要通过知识产权组合保护方式进行严密的保护，即申请更多的知识产权数量与类型。对于原创性强的科技成果，要加强专利布局，扩大保护主题。例如，山东理工大学毕玉遂教授完成了"无氯氟聚氨酯新型化学发泡剂"的研发，为强化专利保护，该校向国家知识产权局写信请求支持。国家知识产权局为此派出调研组，并专门成立知识服务团队,撰写了4件国内核心发明专利和1项国际专利。

四、知识产权管理

科技成果的知识产权管理,要避免科技成果的质量不高,或者有成果却无知识产权保护,或者知识产权质量不高或保护不力等情形出现,保证对原创性强的科技成果形成完整的知识产权保护格局。

高水平的科研需要高水平的知识产权保护,而知识产权又是专业性很强的工作。要将知识产权工作贯穿到科研的全过程中。各级政府科技部门和知识产权部门要贯彻落实《国家知识产权战略纲要》,运用合适的政策手段,加大知识产权服务力度,增强全社会知识产权保护意识。引导、支持高校院所、企业在科研项目立项前进行知识产权的分析评议,制定知识产权保护策略;在科研过程中,检索该领域知识产权的发展变化,并根据知识产权的发展变化调整技术路线;取得发明创造时,做好知识产权布局,及时提出知识产权申请;强化知识产权成果的转移转化。

目前知识产权领域问题比较突出的是专利。1999年上海市首次出台专利政策以来,各种类型的专利资助政策,一般集中在申请环节、授权环节的程序性费用,也包括荣誉、奖金、酬金等方面,在全国遍地开花。20年来,这些专利资助政策极大地刺激了专利申请量、授权量的攀升,但专利总体质量下降、专利成果转化利用率不高、重复申请资助等问题比较突出,甚至出现专利资助金额比专利申请费、授权费高的倒挂现象。要解决这些问题,必须调整专利资助政策,实施精准服务,促进专利成果的转化利用。为此,教育部、国家知识产权局、科技部于2020年2月3日发布了《教育部 国家知识产权局 科技部关于提升高等学校专利质量促进转化运用的若干意见》,提出"始终把高质量贯穿高校知识产权创造、管理和运用的全过程",并提出4个方面10项任务,包括逐步建立职务科技成果披露制度、建立专利申请前评估制度和优化专利资助奖励政策等。

第四章 科技成果评价

科技成果评价历来都是政府加强科技成果管理的重要内容、重要措施。国家先后出台多个政策文件强化科技成果评价管理,加强对科技成果转移转化的服务。政府的职责在于制定科技成果评价制度、委托第三方机构对科技成果进行评估评价、运用好评估评价结果。

在科技成果转移转化中,涉及对拟转化的科技成果的评估评价,包括评价科技成果的价值、科技成果转移转化的前景等。

第一节 科技成果评价概念及沿革

新中国成立以来,科技成果评价作为科技成果管理的一个重要环节,从科技成果鉴定转移到科技成果评价。

一、概念解析

科技成果鉴定和科技成果评价尽管在功能上比较相近,在做法上却有很大的不同,因而效果也不同。

1.科技成果鉴定,是指有关科技行政管理机关聘请同行专家按照规定的形式和程序,对科技成果进行审查和评价,并做出相应的结论。这一定义包含以下 5 个层次的意思。

一是科技成果鉴定由科技行政部门组织，性质上是政府的行政行为。因为是政府的行政行为，有关科技行政部门会在科技成果鉴定证书上加盖该部门的鉴定专用章，因而科技成果鉴定证书具有比较高的权威性。

二是科技行政部门聘请同行专家对科技成果进行鉴定，同行专家利用专业知识对科技成果进行评价。这里有一个假设——同行专家有较高的技术水平，其知识水平比科技成果完成人更高，能够做出鉴定。但实际上，同行专家的技术水平不一定比科技成果完成人的水平更高，存在"矮子"评"高子"的现象，因此，鉴定结论不一定科学，也不一定很客观。

三是同行专家按照规定的形式和程序对科技成果进行鉴定。这是由科技部印发的科技成果鉴定办法规定的形式和程序。"形式"主要是召开专家会议，面对面地对科技成果进行评审。"程序"一般是科技成果完成人完成科技项目取得成果以后，向科技成果完成单位提交申请，科技成果完成单位审查同意后，向科技行政部门提出鉴定申请，科技行政部门召集同行专家组织鉴定会，推选一名专家担任鉴定会的专家组组长，并由专家组组长主持专家鉴定会，先听取科技成果完成人介绍科技成果的情况，提交相关材料，之后各位专家发表评议意见，并对科技成果提出质询，最后按照规定的格式形成鉴定意见。由于是面对面评审，基本上都会做出通过鉴定的结论。

四是同行专家对科技成果进行审查和评价，即审查由组织科技成果鉴定的科技行政部门根据有关规定，要求科技成果完成单位提交科研项目计划任务书、技术研究报告、技术总结报告、样品样机、用户使用报告、第三方机构检测报告、查新报告、知识产权证书、论文发表等，并进行评价。

五是必须做出鉴定结论。这个结论按照规定的格式做出，一般要写明在何时何地由谁组织的鉴定会，经过什么样的鉴定过程，审查了哪些鉴定资料，做出一个有关技术水平和参考价值的评价意见，在此基础上做出是否通过鉴定的结论。专家组可能还会提出相关建议，最后专家组长在鉴定结果上签名。同时，专家名单及其签名作为科技成果鉴定证书的一部分。

从上述 5 个方面可以看出科技成果鉴定的基本情况，也可以看到科技成果鉴定的局限性，主要是由政府组织、监管和背书。

2. 科技成果评估。评估，从字面意思来理解就是评价估量，通常是指人们对事物及他人的主观评价、品评。

根据《科技评估管理暂行办法》（国科发计字〔2000〕588 号）第二条规定，科技成果评估，是指由科技评估机构根据委托方明确的目的，遵循一定的原则、程序和标准，运用科学、可行的方法对科技成果所进行的专业化咨询和评判活动。从这一规定看，评估就是第三方机构进行的专业化咨询和评判活动。其中有 3 个主体：一是委托方，主要是政府，或者说是下达科技项目的部门或科技项目的立项部门；二是科技成果完成单位，即被评估对象；三是第三方机构，即评估的受托方，或者说是专业的评估机构。无论是委托方还是受托方，抑或科技成果完成单位，对科技评估的原则、程序、标准、方法等都是知悉的，委托方基于这些原则、程序、标准和方法进行委托，受托方以此为准进行评估，被评估单位基于此提供评估资料并接受评估。

《建设部科技成果评估工作管理暂行办法》（建科成〔98〕014 号）第二条规定，"建设科技成果评估（以下简称科技成果评估）是综合采用科技成果鉴定和无形资产评估等评价方法，对科技成果的技术水平、经济价值、市场效益、市场风险等方面进行评估"。这里没有对"评估"做出解释，其实就是评定、估算等，采用的评估方法是综合采用科技成果鉴定和无形资产评估等评价方法。严格来讲，这一定义采取了循环定义方式。

科技部于 2003 年 3 月 20 日印发的《科学技术部关于印发〈科学技术评价办法〉（试行）的通知》（国科发基字〔2003〕308 号）第三条规定，"科学技术评价是指受托方根据委托方明确的目的，按照规定的原则、程序和标准，运用科学、可行的方法对科学技术活动以及与科学技术活动相关的事项所进行的论证、评审、评议、评估、验收等活动"。因科技成果属于科学技术评价范畴，也就是说，科技成果评价是"指受托方根据委托方明确的目的，按照规定的原则、程序和标准，运用科学、可行的方法"对科技成果所进行的"论证、评审、评议、评估、验收等活动"。这一定义包括以下 5 层内涵。

一是科技成果评价是第三方活动。第一方是委托方，一般是政府相关部门，即科技活动的资助方；第二方是被评价方，即科技成果的完成者，或者接受科技活动的资助者；第三方是受托方，即评价方，是专业的科技评估机构。

二是按照规定的原则、程序和标准。这些原则、程序和标准都是委托方、受托方和被评价方知悉且共同遵守的，即《科学技术部关于印发〈科学技术评价办法〉（试行）的通知》（国科发基字〔2003〕308 号）规定的原则、程序和标准。

三是评价方运用科学、可行的方法，即对被评价方提供的有关科技成果的数据、素材进行处理的方法应是科学的、可行的。

四是评价对象是科技成果，即该办法规定的中央或地方财政资金资助的科学技术计划、项目所取得的科技成果。

五是评价活动包括论证、评审、评议、评估、验收等，或者说，评价包含了评估，涉及面比较广。

3.科技成果鉴定与科技成果评估评价的比较。尽管科技成果鉴定、科技成果评估、科技成果评价都是给科技计划项目"画上句号"，但从科技成果鉴定到科技成果评估、科技成果评价，具有显著的进步，其进步之处在于以下几个方面。

一是政府的角色不同。科技成果鉴定是由政府有关部门直接组织，是政府的行政行为，对鉴定结果直接予以认可；而在科技成果评估评价中，政府有关部门的角色发生了较大变化，是评估评价的委托方，并对评估评价过程和结果进行监督。

二是专家作用不同。科技成果鉴定是由同行专家做出判断，由专家对鉴定结论负责；而科技成果评估评价虽然也是聘请同行专家进行判断，但由评估机构根据专家的意见做出结论，由评估机构对评估评价结论负责。

三是所做出结论的科学性不同。科技成果鉴定是由专家组评议以后做出结论，带有较强的主观性；而科技成果评估评价强调运用科学的方法，所得出的结论尽管也有较大的主观性，但相对要客观一些，更具科学性。

四是用途不同。科技成果鉴定结果应用于与科技成果管理有关的其他事项,如科技计划验收、科技奖励、科技成果登记、科技成果推广应用等;而科技成果评估评价结论主要用于促进科技成果转移转化。

科技成果评估与科技成果评价都是政府有关部门委托第三方机构对科技成果的技术水平、经济社会效益等作出评判,从国家有关文件的规定来看,两者的差别不大。不过,科技成果评估侧重于对科技成果的价值做出估计,而科技成果评价是对科技成果的技术水平、经济社会效益、潜在风险等方面做出评判。

科技成果评估评价的目的较强,其目的主要有:一是对科技成果能否进行转化及产业化做出判断;二是审查科技成果资料是否齐全完整,为后续试验、开发、应用、推广提供指导;三是对存在的问题提出建议,以便制订改进科技成果转化及产业化的计划。

二、从科技成果鉴定到科技成果评估评价的演变

我国从 20 世纪 50 年代开始实行科技成果鉴定制度。之所以实行科技成果鉴定,主要原因是 1958 年全国各行各业开展"大跃进",科技成果的数量增长迅猛,但质量参差不齐,为此,采取科技成果鉴定的方式来辨别科技成果的真伪。

根据国务院 1961 年发布的《新产品新工艺技术鉴定暂行办法》规定,科技成果鉴定的功能发生了一些变化,主要鉴定新产品新工艺在技术上的成熟程度、经济上是否合理、应用的范围和条件等并做出结论,提出可否推广的建议。也就是说,科技成果鉴定由辨别真伪,扩大为对科技成果水平的评价认定,再之后发展到对科研人员业绩的肯定等。

根据国家科委 1987 年制定的《科学技术成果鉴定办法》规定,科技成果鉴定引入了市场化的新理念。1994 年修订的《科学技术成果鉴定办法》缩小了鉴定范围,扩大了鉴定形式。

20 世纪 90 年代中期,科技评估工作开始起步。1997 年,国家科委批准成立国家科技评估中心。1998 年,科技部发布了《建立科技评估机构应

具备的基本条件》（国科发计字〔1998〕052号）。

2000年12月28日，科技部发布了《科技评估管理暂行办法》（国科发计字〔2000〕588号），将科技成果的技术水平、经济效益列为评估对象和范围。2001年，科技部发布了《科技评估规范》，作为《科技评估管理暂行办法》的重要配套文件。

为顺应社会主义市场经济体制的不断发展和科技体制改革的不断深化，政府职能持续转变，从对科技成果鉴定进行直接组织和管理逐步转向宏观监督和指导。2001年，在深圳市进行科技成果鉴定改革试点。2002年，科技部办公厅发布了《关于进一步扩大科技成果鉴定改革试点的通知》（国科办计字〔2002〕240号），提出了科技成果鉴定改革的基本思路，主要内容包括：一是科技成果鉴定应以市场需求为导向，为科技成果转化应用服务；二是政府从"做鉴定"到"管鉴定"的职能转变；三是科技中介服务机构依法承担科技成果鉴定业务，逐步形成自我约束、专家参与、社会制约与行政监管相结合的运行机制。

2003年5月7日，科技部、教育部、中国科学院、中国工程院、国家自然科学基金委员会联合印发了《关于改进科学技术评价工作的决定》（国科发基字〔2003〕142号），提出"加强对科技成果评价工作的管理，树立国家科技成果评价的严肃性、权威性和公正性。改进现行成果评价方式，采用国际通行的同行评议和专家推荐制"。此处的"现行成果评价方式"主要是指科技成果鉴定。

为落实该决定提出的"改进现行成果评价方式"，2003年9月20日，《科学技术部关于印发〈科学技术评价办法〉（试行）的通知》（国科发基字〔2003〕308号），对科技成果的分类评价做出了具体规定。

2006年，国务院取消了政府部门科技成果鉴定的行政许可，并对科技成果鉴定制度进行了改革。除涉及机密或特别重要的科技成果仍由政府有关部门组织鉴定外，其他科技成果的鉴定职能转移到独立、第三方的行业学会和中介机构，通过第三方机构针对不同类型、不同学科的科技成果，研究制定科学、合理的评价指标体系，运用同行评议、市场、用户、社会实践、调研和案卷分析等多种手段对科技成果进行评估，做出相应结论，而政府有关部门的职能转变为对科技成果鉴定机构进行管理和监督。

2009年，科技部发布了《科技成果评价试点工作方案》，选择农业部科技司、河北和湖南两省科技厅、成都及青岛等地科技局自2009年9月到2010年年底开展了为期1年多的试点工作，并发布了《科技成果评价试点暂行办法》。试点的目的就是要探索建立科学规范、客观公正、职责明确、自律发展的科技成果评价体系。一期的科技成果评价试点取得了积极成效：一是对科技成果评价的认识得到了提高；二是科技成果评价为科技成果转化服务的能力得到增强；三是为加快转变政府职能、促进社会专业评价机构发展积累了有益的经验。为确保按期实现科技成果评价试点的总体目标，自2014年7月至2015年年底，国家科学技术奖励工作办公室选择一部分试点单位开展了二期科技成果评价试点。

2016年，科技部决定对《科学技术成果鉴定办法》等规章予以废止。《科学技术成果鉴定办法》被废止后，各级科技行政管理部门不得组织科技成果鉴定工作，科技成果评价工作由委托方委托专业评价机构进行。

从上述发展演变情况看，科技成果评价工作经历了以下发展变化过程：科技成果评价始于1958年，并以科技成果鉴定形式出现。科技成果鉴定是对科技成果进行公正、客观、科学的评价，主要是对科技成果进行质量审查、真伪辨别。科技成果鉴定又经历了从辨别科技成果的真伪，到对科技成果的认可，到检查科研任务完成及科研合同履行的情况，再到对科技成果水平进行评价等发展过程。

然而，科技成果鉴定的功能弱化为只是为了满足科研项目结题的需要，或者出于科研项目、科技奖励的申报，科技成果鉴定证书仅仅作为科技项目的结题验收、科技奖励申报的支撑材料；而科技成果完成单位申请科技成果鉴定，只是为了获取科技成果鉴定证书，其目的并不在于科技成果评价对科技成果转移转化的促进作用。

科技成果鉴定是科技成果评估评价的初级阶段，其主要特点是依靠专家意见进行评审，而不是通过市场、用户或社会实践对科技成果进行检验和评价，行政认可的色彩比较突出。其实，一些科技成果鉴定只是起到了为科技计划项目实施"画句号"的作用,对科技成果转移转化的促进作用不突出。正因为如此,科技成果鉴定被科技成果评估评价所取代。

第二节 科技成果评价原则

科技成果评价是通过科学合理的方法,对科技成果的质量、水平、成熟度和应用价值等进行分析判断并提出专业咨询意见的科技成果管理活动,是促进科技成果转移转化的关键环节。科技成果评价内涵包括以下4个方面:一是运用科学合理的方法,常用的方法有同行评议法、标准化评价法、知识产权分析评议法、无形资产评估相关方法等;二是评价对象是科技成果,这是由科技成果评价所决定的;三是评价内容是科技成果的质量、水平、成熟度和应用价值等,包括科技成果的科学价值、技术价值、经济价值、社会价值、文化价值、应用前景、技术可行性、经济合理性及其研究实施状况;四是提出专业咨询意见,出具评价报告,但委托人根据评价报告做出决策的风险由委托人承担;五是科技成果评价在性质上属于科技成果管理活动。

习近平总书记在2018年5月28日两院院士大会上提出,"改革科技评价制度,建立以科技创新质量、贡献、绩效为导向的分类评价体系,正确评价科技创新成果的科学价值、技术价值、经济价值、社会价值、文化价值"。根据这一指示精神,科技成果评价应坚持以下原则。

一、坚持目标导向

《科学技术部关于印发〈科学技术评价办法〉(试行)的通知》(国科发基字〔2003〕308号)第四十四条提出,"科学技术成果评价以鼓励创新、加快人才培养、促进科学技术成果转化和产业化、增进科学技术和经济、社会发展密切结合为导向"。这一规定明确了科技成果评价的目的,核心是以评价促转化,将促进科技创新和成果转化作为应用型科技成果评价的根本目标，通过评价分析科技成果转化的技术可实现性、商业价值、市场需求、知识产权保护力度、法律风险等，并根据评价结果做出相应的决策。

在科技项目评审、人才评价和机构评估中，科技成果评价是基础，也是关键环节。科技项目评审要预测项目的预期成果，并以科技成果评价作为项目结题的关键环节。人才评价要坚决克服"四唯"倾向，突出贡献、质量和绩效。也就是说，在人才评价中，实质上是评价该人才完成科技成果的质量、对科技成果完成所做出的贡献，以及该成果推广应用的绩效。机构评估实质上是评价该机构所取得的科技成果的贡献、质量和绩效，突出评价代表性成果的贡献、质量和绩效。因此，科技成果评价是项目评审、人才评价和机构评估的基础工作，也是关键环节。

二、坚持市场导向

《科学技术部关于印发〈科学技术评价办法〉（试行）的通知》（国科发基字〔2003〕308号）第四十四条规定，科技成果评价"以科学价值或技术水平、市场前景为评价重点""对成果的科学、技术和经济内涵进行全面分析"。科技成果评价的根本目的是科技成果转化，而科技成果转化必须以市场为导向，是实现科技成果经济价值和社会价值的经济活动，因此，科技成果评价必须以市场为导向。同时，科技成果转化具有较强的溢出效应，加之存在"死亡谷"现象，需要政府的引导和支持。因此，在科技成果评价活动中，既要发挥市场导向作用，又要更好地发挥政府的引导作用，充分调动各方主体的积极性和能动性，形成以市场应用为导向的科技成果评价机制。

三、坚持分类评价

科技成果的类型很多，涉及的领域也很多。不同类型和不同领域的科技成果都有其特殊性，评价的重点不同，需要采取不同的办法、不同的指标体系。对不同资金来源取得的科技成果，国家政策法规的管理要求不同，评价要求也不同。对于不同的成果，应尊重各自的特点，遵循各自的规律，不能用一把尺子去衡量。因此，有必要根据科技成果属性、资金来源、行业特征、评价目的和应用需求，建立健全分类评价指标体系和程序规范，采用相应的评价方法进行评价。

四、坚持客观诚信

科技成果评价一般要委托第三方机构进行。第三方机构的评价结果可否采信，取决于该机构能否坚持独立、客观和公正。所谓独立，是指评价机构在评价过程中，通过对科技成果相关信息的收集、确认与对比，依据评价准则对科技成果进行分析评判，不受委托方、被评价方及其他人的影响或干扰。所谓客观，是指评价机构对收集的信息，运用科学合理的方法进行分析判断，不带有个人的主观臆测。所谓公正，是指评价机构根据科技成果评价的技术标准、行业规范和工作流程进行评价。

独立、客观、公正是第三方评价机构的生命所在。这就要求第三方评价机构建立健全科技成果评价的工作流程，也要求政府部门、行业协会建立健全科技成果评价的技术标准、行业规范，加强科技成果评价诚信体系建设，加强行业自律。

第三节 科技成果评价主体与对象

科技成果评价的主体包括委托方、评价方和被评价方，评价对象是被评价方取得的科技成果。

一、委托方

科技成果评价的委托方是指提出评价需求的一方，即依据法律法规规定或合同约定，要求对科技成果进行评价的组织或个人。评价需求主要包括实施科技成果转化、反映科技投入绩效、加强对科技活动的监督管理、防止和惩治学术不端行为、科技奖励等。根据评价需求，科技成果评价的委托方主要为：一是科技项目管理部门（单位），主要是各级科学技术行政管理部门或其他负有管理科学技术活动职责的机构等，主要对其资助的科技计划项目所取得的科技成果进行评价。评价的目的是监督科技项目执行情况，对科技计划项目进行验收，了解其是否取得了预期科技成果及科技投入的绩效。二是科技成果完成单位，评价的目的是分析评价科技成果的成熟度，进而判断该成果能否转化、如何转化等，以便更好地制定科技成果转移转化方案，并为科技成果定价提供依据。三是科技成果使用方，评价的目的是分析判断一项科技成果是否符合其使用要求。

根据《科学技术部关于印发〈科学技术评价办法〉（试行）的通知》（国科发基字〔2003〕308号）规定，科技成果评价的委托方应履行以下职责或义务：一是提出评估需求和委托评估任务。该办法第九条规定，"委托方应对受托方的科技成果评价工作提出明确的规范性要求，并与受托方签订书面合同或任务书"。该办法第九条第二款规定了合同的主要条款应当包括以下7个方面："（一）评价对象与内容；（二）评价目标；（三）评价方法、标准与具体程序；（四）评价报告的要求；（五）评价费用及支付；（六）相关信息和资料的保密；（七）其他必要内容。"二是支付评价经费，并提供相应的条件保障。三是不得以任何方式干预评价方独立开展评价。该办法还规定，各级科学技术行政管理部门一般不对被评价方自行提出的要求组织成果评价。

二、评价方

评价方，即科技成果评价的受托方，是指受委托方委托，组织实施或实施科技成果评价的一方，包括专业的评价机构、评价专家委员会或评价专家组等。

根据《科学技术部关于印发〈科学技术评价办法〉（试行）的通知》（国科发基字〔2003〕308号）规定，评价方接受委托后，应做好以下工作：一是根据合同约定制定评价工作方案，在取得委托方认可后，独立开展评价工作；二是根据评价对象、内容及评价目标，遴选符合要求的评价专家进行评价活动；三是可以采取实地考察、专家咨询、信息查询、社会调查等方式，收集评价所需的信息资料，在充分的国内外对比数据或检索证明材料的基础上，对成果的科学、技术和经济内涵进行全面分析，形成科技成果评价结果；四是向评价的委托方提交评价结果并对评价结果负责。但委托方、被评价方根据评价方出具的评价结果和评价建议所做的决策行为，其责任由决策行为方承担。

评价机构进行科技成果评价，要注意以下事项：一是注重评价证据材料的可溯源性，实行信息化管理；二是充分利用知识产权信息、科研项目信息和科技成果转化年度报告等资源，探索利用大数据、人工智能等新技术手段，建立数据模型、模糊匹配等信息化评价工具，采取会议、通信、现场考察或现场评议等多种形式开展评价活动。

评价机构的人员应具备开展科技成果评价的专业能力，包括行业技术、财务会计、相关法律法规（包括国家科技成果管理规定及相关规定）、科技管理等专业能力，掌握对科技成果相关技术指标的验证、对科技成果完成方有可能未披露信息的挖掘、对科技成果的知识产权质量甄别等能力。

科技成果评价专家应对被评价成果所属专业领域有丰富的专业理论知识和实践经验，熟悉国内外相关领域的发展状况，具有敏锐的洞察力和较强的判断能力；具有良好的资信和科学道德，认真严谨，秉公办事，客观公正，敢于承担责任。评价专家负责对委托方和被评价方提交的科技成果材料进行全面认真的技术审查和评价，参与评价方案的制定，提出咨询意见。

三、被评价方（评价对象）

如果委托方是各级科技行政管理部门或其他负有管理科学技术活动职责的机构，则被评价方是指申请、承担或参与委托方所组织实施的科学技术活动的机构、组织或个人，即科技成果完成单位；如果委托方是科技成果使用方，则被评价方是科技成果持有人（或所有人）；如果委托方就是科技成果持有人（或所有人），则委托方也是被评价方。

根据《科学技术部关于印发〈科学技术评价办法〉（试行）的通知》

（国科发基字〔2003〕308号）规定，被评价方应承担以下责任（义务）：一是"被评价方应当提供完整、齐全的技术资料和相关文档，必要时，应提供专业检测、检索机构等专门机构出具的检测、检索报告或证明材料"；二是配合评价方搜集与被评价成果相关的信息资料；三是配合评价方制定评价方案，以及其他必要的协助；四是根据评价方出具的评价结果和建议，及时调整、改进科研工作。被评价方对评价结果有异议的，可以提出申诉。

科技成果评价对象就是科技成果。《科学技术部关于印发〈科学技术评价办法〉（试行）的通知》（国科发基字〔2003〕308号）规定，"一般科学技术项目结题验收后不再对成果另行评价，但重大项目或有重要创新、重大价值的成果应根据需要适时进行评价"。项目结题验收，实质上也是一种评价，所以不用另行评价，也可以进行科技成果评价，以评价结果作为项目结题的依据。

第四节　科技成果评价类型

科技成果评价要充分尊重科技创新规律、科技成果的性质和特点，按照科技成果属性、科技成果经费来源、科技成果所属行业或领域、科技成果成熟度等维度，对科技成果进行分类评价。

一、根据科技成果的属性进行分类评价

根据《科学技术部关于印发〈科学技术评价办法〉（试行）的通知》（国科发基字〔2003〕308号）第四十八条规定，科技成果评价应根据成果的性质和特点分为以下3类进行评价。

一是基础研究成果的评价。基础研究成果应突出原创导向，评价的重点应是成果的新发现、新理论等的科学水平、科学价值，并以在国内外有影响的学术期刊上发表的代表性论文及其被引用情况作为评价的重要参

考指标。

二是应用技术成果的评价。应用技术成果应突出转化应用情况及其在解决经济社会发展关键问题上的作用，评价的重点应是运用科学技术知识在科学研究、技术开发、后续开发和应用推广中取得新技术、新产品，获得自主知识产权，实现的经济和社会效益，并以应用技术成果的技术指标、投入产出比和潜在市场经济价值等作为评价的重要参考指标。

三是软科学研究成果（即战略规划科技成果）的评价。软科学研究成果应突出观点、方法和理论的创新性，评价的重点应是研究成果的科学价值和意义、对决策科学化和管理现代化的作用和影响，并以研究难度和复杂程度、经济和社会效益等作为评价的重要参考指标。

《国务院关于优化科研管理提升科研绩效若干措施的通知》（国发〔2018〕25号）提出"实行科研项目绩效分类评价"。对科研项目绩效进行评价，实质上是对科技成果及其转化或应用情况进行评价。不同类型的科研项目，所取得的科技成果不同，转化或应用情况不同，评价的重点不同，采用的评价方法也不同。

对于基础研究与应用基础研究类项目，所取得的成果应是新发现、新原理、新方法、新规律，并以发表学术论文形式发布其成果。对其进行绩效评价，重点评价成果的重大原创性和科学价值、解决经济社会发展和国家安全重大需求中关键科学问题的效能、支撑技术和产品开发的效果、代表性论文的质量和水平。评价方法以国际国内同行评议为主。

对于技术和产品开发类项目，所取得的成果应是新技术、新方法、新产品、关键部件等。对其进行绩效评价，应重点评价新技术、新方法、新产品、关键部件等的创新性、成熟度、稳定性、可靠性，突出成果转化应用情况及其在解决经济社会发展关键问题、支撑引领行业产业发展中发挥的作用。

对于应用示范类项目，其成果体现为技术的规模化应用和行业内推广。对其进行绩效评价，重点是评价技术的集成性、先进性、经济适用性、辐射带动作用及产生的经济社会效益。对这类项目的评价，更多采取应用推广相关方评价和市场评价方式。

中共中央办公厅、国务院办公厅印发《关于深化项目评审、人才评价、机构评估改革的意见》(中办发〔2018〕37号)提出了3种类型研究活动的评价导向及评价方法："基础前沿研究突出原创导向,以同行评议为主;社会公益性研究突出需求导向,以行业用户和社会评价为主;应用技术开发和成果转化评价突出企业主体、市场导向,以用户评价、第三方评价和市场绩效为主"。这3类研究活动的评价,实质上是对3类研究成果的评价。

《科技部印发〈关于破除科技评价中"唯论文"不良导向的若干措施(试行)〉的通知》(国科发监〔2020〕37号)提出了分类考核评价导向。

上述4个文件所列举的研究成果不完全相同,分类方式也有所不同,但应用技术成果,与技术及产品开发成果的内涵是差不多的。

二、根据科技成果经费来源的不同提出不同的评价要求

对于承担财政资金项目所形成的科技成果,根据《科学技术部关于印发〈科学技术评价办法〉(试行)的通知》(国科发基字〔2003〕308号)和《科技部 财政部 发展改革委关于印发〈科技评估工作规定(试行)〉的通知》(国科发政〔2016〕382号)规定,原则上应当开展科技成果评价。科技成果评价的目的是反映科技投入绩效。

对于非财政支持所完成的科技成果,科技成果完成单位可以根据其科技成果转化的需求,委托评价机构开展成果评价。科技成果转化的投资者和实施者,也可以委托评价机构对拟投资或转化的科技成果进行评价。

三、根据科技成果所属行业或领域进行评价

科技成果所属行业不同、领域不同、所要解决的问题不同,科技成果的表现形式和特征也会有所不同。为此,一些行业部门积极开展所属行业的科技成果评价工作。

《农业科技成果评价技术规范》于2016年2月1日开始实施,该规范由科技部农村中心牵头,中国标准化研究院、南京农业大学、中央财经大

学、中国社会科学院等13家单位参与制定,其推行目的就是要规范农业科技成果评价行为,为第三方机构开展农业科技成果评价活动提供技术依据。

建设部于1998年2月印发了《建设部科技成果评估工作管理暂行办法》(建科成〔98〕014号),将科技成果评估分为水平评估、综合评估和价值评估3种类型。此处的科技成果评估,也是科技成果评价,因为评估与评价基本上是同义的。

中共中国地质调查局党组于2015年9月印发了《关于加强地质调查成果评价的指导意见》,将地质调查成果产品分为两类:"一是项目直接形成的成果产品,包括区域地质认识、能源资源靶区、地质理论、技术方法与设备、基础数据、科研基地等;二是经过整合、集成及综合研究形成的成果产品,包括专项报告、综合性图件、决策建议、技术标准、信息服务平台、科普宣传品等。"该意见强调地质调查成果评价必须贯穿项目立项、实施、成果形成及持续服务的整个过程。

《交通运输部办公厅关于建立交通运输重大科技创新成果库的通知》(交办科技〔2018〕37号)提出建立交通运输重大科技创新成果库,入库科技成果主要包括科技项目、专利、科技论文和科技专著4类。这是交通运输部对科技成果的一种分类方式。对这些成果采取以下评价程序:一是经相关部门推荐;二是经交通运输部科技主管部门组织专家对推荐成果进行评审;三是由交通运输部专家委员会审定;四是经交通运输部部领导批准后入库。其实在上述4个步骤中,每一个步骤都是不同程度地对科技成果进行评价,只是评价的侧重点不同而已,但都承担了相应的评价责任。

四、评价科技成果的成熟度

在科技项目研究开发过程中,取得阶段性成果时,可以由科研人员对阶段性成果进行评价,根据评价结果进一步明确下一步的研发方向,以及是否需要调整研发方向或技术路线,并确认研发重点。

《国务院关于印发国家技术转移体系建设方案的通知》(国发〔2017〕

44号）提出建立职务发明披露制度。高校院所的科研团队在取得职务发明时，需要提出知识产权申请。知识产权申请是一项重要的决策，是在判断是否具有商业价值后做出的一项决策。这里的"判断"，其实就是对职务发明进行评价后做出的。职务发明是否申请知识产权，不是科研团队的事情，而是单位的事情。单位应该安排本单位的技术转移机构受理职务发明披露。技术转移机构受理后，应对职务发明进行评价，根据评价结果提出是否申请知识产权的建议，由单位按照决策程序进行决策。这样才能提升知识产权质量。

第五节 科技成果评价结果使用

科技成果评价结果可应用于以下几个方面。

一、技术交易

以评价促交易。在技术交易过程中，如果交易双方对拟交易的科技成果存在严重的信息不对称，将严重影响成交。对拟交易的科技成果委托评价机构进行评价，可以深入了解成果的创新性、先进性、应用前景等，评价结果有助于交易双方决策。技术买方可以从评价过程和评价结果加深对该成果的了解，并决定是否购买。技术卖方可以根据评价结果判断该成果是否适合转化，如果不适合转化，则继续进行研发，而且研发方向和目标明确，研发的针对性会更强；如果适合转化，技术卖方可以向有意向的买方提供更多的成果信息，有助于买方筛选项目，节约大量的项目考察时间。

二、科技成果转化

以评价促转化。充分发挥科技成果评价发现科技成果价值、揭示科技成果转化风险的作用，有效弥补成果供给方和需求方的信息"断层"，为企业转化应用科技成果提供参考依据和决策咨询。

对于科技成果转化的投资人来说，在投资科技成果时，要进行大量的考察活动。以投资科技成果转化为目标的科技成果评价结果，需要对拟转化科技成果的技术创新性、先进性、复杂性，知识产权保护的完整性及力度，市场价值需要的投入，以及开发风险程度等进行评价，并预测经济社会效益和投资回收期等，因而有助于投资人选择投资价值高、投资风险低的科技成果。

三、科技奖励

在国家和地方政府的科技奖励，以及社会力量设奖的科技奖励受理、评审等过程中，科技成果评价结果都可以作为科技成果奖励申报的依据、奖励机构受理的初步筛选依据和评审参考。成果完成单位可以根据评价结果决定是否申报奖励，只将质量高的科技成果申请科技奖励，可以提高报奖的针对性，减少不必要的工作量。在受理阶段，评奖机构可依据评价结果排除质量不高的成果申报奖励，可以提高奖励项目的质量和工作效率。在专家评审阶段，评价结果可以作为评审的重要参考，避免质量不高的成果得到奖励。2014年，国家科技奖励工作办公室开展科技成果评价试点，并下发了《关于开展二期科技成果评价试点工作的实施意见》，明确在试点范围内不再开展科技成果鉴定，全面推行科技成果评价，并规定科技成果评价报告可作为科技成果登记和推荐科技奖励的佐证材料。一些试点地区如青岛，科技成果评价工作取得了积极成效。

《交通运输部办公厅关于建立交通运输重大科技创新成果库的通知》（交办科技〔2018〕37号）规定，交通运输重大科技创新成果库是行业重大科技创新成果汇集和展示的部级平台，是交通运输部推荐各类国家级奖项的成果储备库。建立科技创新成果库，既是对科技成果的评价，又是对评价成果的运用。对于入库科技成果，享有以下权益。

一是交通运输部科技主管部门颁发入库证书。交通运输部每年组织一次科技成果入库评选，科技创新成果库实行动态管理，入库证书有效期为5年，有效期满将自动退出。

二是与交通运输部提名推荐各类国家级奖项挂钩。其中，交通运输部提名国家科学技术奖候选项目将从入库重大科技创新项目中产生；交通运输部年度《交通运输建设科技成果推广目录》候选项目将从入库科技成果推广项目中产生；交通运输部推荐中国专利奖候选项目将从入库专利中产生；交通运输部年度《交通运输科技丛书》出版计划候选图书将从入库科技专著（未出版书稿）中产生。交通运输部将在行业相关重大展会论坛上对入库科技论文进行展示交流。

三是入库科技成果完成人（单位）将作为国家及部相关科研项目、人才、团队、基地等评选的重点推荐对象。

对已入库科技成果发现有弄虚作假或剽窃他人成果等行为的，经查证属实，将撤销其入库资格，收回证书，对处理结果予以公布，并纳入相关诚信记录。

四、完善科技计划项目管理

科技计划项目管理过程包括项目立项、实施管理、项目验收3个主要阶段，与之相对应的科技评价称为事前评价、事中评价、事后评价，这些评价都是为了加强科技计划项目管理过程的管理。科技成果评价属于事后评价，虽然反映的是最终结果一个点的状态，但结果是过程的综合反映，评价结果可以用于：一是对项目管理者而言，可作为项目调整、后续支持的重要依据；二是对相关研发、管理人员和项目承担单位、项目管理专业机构而言，可作为业绩考核的参考依据；三是对项目资助机构而言，可以反映科技计划项目管理过程是否完善、是否到位、是否有改进的空间或余地，因而可以对完善科技计划项目过程管理提出建议。

五、促进"三评"改革

科技成果评价是项目评审、人才评价、机构评估（简称"三评"）的基础，也是"三评"的关键。按照"三评"改革的要求，需加大科技成果转化在其中的权重。要优化科技计划项目评审，加强事前、事中、事后科技成果评价，需严格项目成果的评价验收。人才评价要克服"四唯"评价标准，将科技成果推广应用的程度及影响力、成果原创性、成果转化效益等作为重要评价指标。机构评估要加大科技成果产出、技术创新与科技成果转化应用能力等评价指标的权重。

注重将科技成果评价与技术转移人才队伍建设工作相结合，互相促进、协同发展。

六、促进科技金融结合

推动科技成果评价与银行信贷、创业投资、上市融资结合，通过科技成果评价，为金融机构、社会资本投资科技成果转化提供专业评价报告，增强风险识别能力，防范投资风险。

第六节 科技成果评价政策法规摘编

1.《国务院关于全面加强基础科学研究的若干意见》（国发〔2018〕4号）：

"六（二十二）指导高校、科研院所等建立完善学术管理制度，对科研人员学术成长轨迹和学术水平进行跟踪评价，对重要学术成果发表加强审核和学术把关。"

2.《国务院关于优化科研管理提升科研绩效若干措施的通知》（国发〔2018〕25号）：

"三（十一）实行科研项目绩效分类评价。基础研究与应用基础研究类项目重点评价新发现新原理新方法新规律的重大原创性和科学价值、解决经济社会发展和国家安全重大需求中关键科学问题的效能、支撑技术和产品开发的效果、代表性论文等科研成果的质量和水平，以国际国内同行评议为主。技术和产品开发类项目重点评价新技术、新方法、新产品、关键部件等的创新性、成熟度、稳定性、可靠性,突出成果转化应用情况及其在解决经济社会发展关键问题、支撑引领行业产业发展中发挥的作用。应用示范类项目绩效评价以规模化应用、行业内推广为导向,重点评价集成性、先进性、经济适用性、辐射带动作用及产生的经济社会效益,更多采取应用推广相关方评价和市场评价方式。"

"(十三)加强绩效评价结果的应用。绩效评价结果应作为项目调整、后续支持的重要依据,以及相关研发、管理人员和项目承担单位、项目管理专业机构业绩考核的参考依据。对绩效评价优秀的,在后续项目支持、表彰奖励等工作中给予倾斜。要区分因科研不确定性未能完成项目目标和因科研态度不端导致项目失败,鼓励大胆创新,严惩弄虚作假。项目承担单位在评定职称、制定收入分配制度等工作中,应更加注重科研项目绩效评价结果,不得简单计算获得科研项目的数量和经费规模。"

3.《科技部 财政部 发展改革委关于印发〈科技评估工作规定(试行)〉的通知》(国科发政〔2016〕382号):

"第九条 按照科技活动的管理过程,科技评估可分为事前评估、事中评估和事后绩效评估评价。"

"第十二条 事后绩效评估评价,是在科技活动完成后进行的绩效评估评价。通过对科技活动目标完成情况、产出、效果、影响等评估,为科技活动滚动实施、促进成果转化和应用、完善科技管理和追踪问效提供依据。

有时效的科技规划、科技政策、计划、项目实施结束后,以及项目管理专业机构完成相关科技活动后,都应当开展事后绩效评估评价。科技项目的事后绩效评估评价可与项目验收工作结合进行。需要较长时间才能产生效果和影响的科技活动,可在其实施结束后开展跟踪评估评价。"

4.《关于改进科学技术评价工作的决定》(国科发基字〔2003〕142号):

"加强对科技成果评价工作的管理,树立国家科技成果评价的严肃性、权威性和公正性。改进现行成果评价方式,采用国际通行的同行评议和专家推荐制。"

5.《科学技术部关于印发〈科学技术评价办法〉(试行)的通知》(国科发基字〔2003〕308号):

"第四十四条 科学技术成果评价以鼓励创新、加快人才培养、促进科学技术成果转化和产业化、增进科学技术和经济、社会发展密切结合为导向,以科学价值或技术水平、市场前景为评价重点。

第四十五条 委托方应根据需要委托专业评价机构或评价专家委员会作为受托方对成果进行评价。各级科学技术行政管理部门一般不对被评价方自行提出的要求组织成果评价。

第四十六条 委托方应减少直接组织的成果评价数量,特别是面向市场的应用技术类成果的评价数量。一般科学技术项目结题验收后不再对成果另行评价,但重大项目或有重要创新、重大价值的成果应根据需要适时进行评价。

采用专家推荐制提交评价的成果,应当由三名以上熟悉该领域的专家联合或分别向委托方署名推荐产生。

第四十七条 成果评价应当遴选一定比例的同行专家作为评价专家。在不损害国家安全和利益的前提下,可视情况邀请境外同行专家参与成果评价。

第四十八条 成果评价应根据成果的性质和特点确定评价标准,进行分类评价。

(一)基础研究成果应以在基础研究领域阐明自然现象、特征和规律,做出重大发现和重大创新,以及新发现、新理论等的科学水平、科学价值作为评价重点。在国内外有影响的学术期刊上发表的代表性论文及被引用情况应作为评价的重要参考指标。

(二)应用技术成果应以运用科学技术知识在科学研究、技术开发、后续开发和应用推广中取得新技术、新产品,获得自主知识产权,促进生产力水平提高,实现经济和社会效益为评价重点。应用技术成果的技术指标、投入产出比和潜在市场经济价值等应作为评价的重要参考指标。

(三)软科学研究成果应以研究成果的科学价值和意义,观点、方法和理论的创新性以及对决策科学化和管理现代化的作用和影响作为评价重点。软科学研究成果的研究难度和复杂程度、经济和社会效益等应作为评价的重要参考指标。

第四十九条 被评价方应当提供完整、齐全的技术资料和相关文档，必要时，应当提供专业检测、检索机构等专门机构出具的检测、检索报告或证明材料。

提供给评价专家的与被评价成果相关的各项资料中应隐去成果完成单位名称和完成人的姓名。

第五十条 对申报国家或地方科学技术奖励的成果进行评价，应当遵守国家有关科学技术奖励法规及其他相关规定。

第五十一条 成果评价结果应在充分的国内外对比数据或检索证明材料的基础上，对成果的科学、技术和经济内涵进行全面分析，不得滥用"国内先进"、"国内首创"、"国际领先"、"国际先进"、"填补空白"等抽象用语。严禁弄虚作假和搞形式主义。"

6.《科技部印发〈关于破除科技评价中"唯论文"不良导向的若干措施（试行）〉的通知》（国科发监〔2020〕37号）：

"一、强化分类考核评价导向。实施分类考核评价，注重标志性成果的质量、贡献和影响。

（一）对于基础研究类科技活动，注重评价新发现、新观点、新原理、新机制等标志性成果的质量、贡献和影响。对论文评价实行代表作制度，根据科技活动特点，合理确定代表作数量，其中，国内科技期刊论文原则上应不少于1/3。强化代表作同行评议，实行定量评价与定性评价相结合，重点评价其学术价值及影响、与当次科技评价的相关性以及相关人员的贡献等，不把代表作的数量多少、影响因子高低作为量化考核评价指标。

（二）对于应用研究、技术开发类科技活动，注重评价新技术、新工艺、新产品、新材料、新设备，以及关键部件、实验装置/系统、应用解决方案、新诊疗方案、临床指南/规范、科学数据、科技报告、软件等标志性成果的质量、贡献和影响，不把论文作为主要的评价依据和考核指标。

（三）提高对高质量成果的考核评价权重。对于具有一定学术影响或取得实际应用效果的标志性成果可作为高质量成果，可增加到10%的权重；对于具有重要学术影响、对相关领域的科技创新具有带动作用的，可增加到30%的权重；对于已在实践中应用、对经济社会发展和国家安全作出重要贡献的，可增加到50%的权重。具体权重由相关科技评价组织管理单位（机构）根据实际情况确定。"

第五章　科技成果资产管理

科技成果是一种重要的资源，高校院所、企业等科技成果转化主体取得了科技成果的知识产权，就取得了其财产权。在科技成果转移转化中，科技成果资产管理覆盖了科研管理和科技成果转移转化的全过程。

第一节　科技成果资产及其管理概念

科技成果资产是近几年出现的一个政策术语，是科技成果与资产的复合词，首先出现在《财政部关于〈国有资产评估项目备案管理办法〉的补充通知》（财资〔2017〕70号）。该通知为将国有科技成果资产与其他国有资产区别开来，提出了"科技成果资产"这个术语。

一、科技成果资产内涵

本书第一章分析了"科技成果"概念，科技成果既不是一个资产术语，也不是一个经济术语，而是一个科技管理术语。一般来说，科技成果与资产相差比较大，大量的科技成果不具有资产属性，只有取得了知识产权的科技成果，才有可能具有资产属性。所谓资产属性，应同时具备以下两个特征：一是可以货币计量；二是能够带来经济利益。也就是说，可以货币计量且能够带来经济利益的科技成果才能算作科技成果资产。如果科技成果不能以货币计量，或者不能带来经济利益，则不能视作科技成果资产。例如，保护期已满的专利技术能够带来经济利益，但不可以货币计量，因而不能视作科技成果资产。尽管知识产权是一种财产权利，但并不是所有取得知识产权的科技成果都有资产属性，其中有商业价值且可以货币计量的科技成果才有资产属性。这是因为，不少单位对发明创造申请知识产权，并不是因为其有商业价值，而是因为国家政策赋予了知识产权太多的附加利益，包括科研项目验收、职称评聘、人才评价、高新技术企业认定、税收优惠政策享受等，都要用到知识产权。高校院所、企业等机构和科技人员不是因为科技成果有商业价值而申请知识产权，而是为了获得这些附加利益才去申请知识产权。为这些附加利益而申请的知识产权，本身并没有商业价值，也不具有其他的使用价值，拥有这样知识产权的科技成果，不能算作科技成果资产。

可称为资产的科技成果应当同时符合以下3个条件。

1.取得了一项或一项以上知识产权的授权。取得了知识产权，就取得了法律法规保护的权利，就具有了一定的垄断价值。这是科技成果成为资产的前提，也是科技成果资产的形式要件。

根据《民法总则》规定，商业秘密（含技术秘密）也是知识产权，高校院所、企业对技术秘密确定了密级并采取了保密措施，虽然没有得到国家有关部门颁发的证书，但也具有资产属性。

2.具有商业价值等价值体现。一般来说，知识产权都有价值，是可以转让的，但不一定有商业价值。价值是转化的基础，对于企业等市场主体来说，科技成果具有商业价值才有转化的价值。科技成果资产仅限于取得知识产权授权（含采取了保密措施予以保护的技术秘密）的那部分科技成果，并能够以某种形式体现出其价值。三者的关系如图5-1所示。

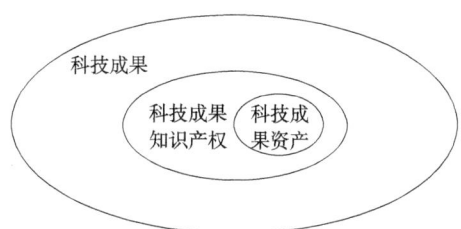

图5-1 科技成果、科技成果知识产权与科技成果资产的关系

3. 可以货币计量，目前，知识产权主要以取得权利所发生的费用或以研究开发费用结转为无形资产。不过，前者会导致科技成果资产价值较低，后者会导致资产价值虚增，因而与其价值发生较大的偏离。

二、科技成果是一种特殊资产

虽然科技成果取得了知识产权并具有商业价值等价值体现，但难以货币准确计量，因此，科技成果是一种具有特殊属性的资产，其特殊性主要体现在以下 2 个方面。

1. 难以以货币准确计量。科技成果资产价值是由其预期收益决定的，而不是由研发成本决定的。除非以交易获得的科技成果，自行研究开发所取得的科技成果，无论以研发成本计量，还是以申请知识产权的费用计量，都不能准确地反映科技成果的商业价值。

2. 科技成果的商业价值必须经过转移转化才能实现。科技成果的价值要以某种方式体现出来，转移转化是其存在实际价值的一般具体体现，只有转化为现实生产力，或者转移给他人并由他人转化，才能对经济发展及社会进步发挥作用，也才能体现出其所具有的经济属性，才具有使用价值，也就保证了科技成果资产属性的实现。除了转移转化外，科技成果还具有其他的价值体现形式。

将科技成果当作一种特殊资产，在转移转化前，不作为资产处理，不纳入国有资产管理范畴，为科技成果转移转化松绑。同时，通过强大的精神和物质激励，促进高校院所和科研人员高度重视并加强科技成果转化。

三、科技成果资产管理范围

很显然，科技成果资产属于无形资产。用科技成果资产来区别商标、商誉、著作权等无形资产，是因为《促进科技成果转化法》规定了科技成果转化的特别政策。为落实《促进科技成果转化法》及相关配套政策，只好使用"科技成果资产"这个术语。

1. 科技成果资产范围。凡是适用《促进科技成果转化法》及相关配套政策的无形资产，都是科技成果资产。例如，《财政部　国家税务总局关于居民企业技术转让有关企业所得税政策问题的通知》（财税〔2010〕111号）规定的"专利技术、计算机软件著作权、集成电路布图设计权、植物新品种、生物医药新品种，以及财政部和国家税务总局确定的其他技术"都是科技成果资产范畴。

2.科技成果资产管理主要内容。根据《事业单位国有资产管理暂行办法》（财政部令第100号）规定，资产管理包括以下几个方面。

（1）资产配置，是指"财政部门、主管部门、事业单位等根据事业单位履行职能的需要，按照国家有关法律、法规和规章制度规定的程序，通过购置或者调剂等方式为事业单位配备资产的行为"。调剂是指将一个单位长期闲置、低效运转或超标准配置的资产，转移给另一个需要的单位。

（2）资产使用，包括单位自用和对外投资、出租、出借、担保等方式。科技成果作价投资、科技成果许可，均属于资产使用。资产使用是指资产总量不改变，又使资产发挥作用、产生效益，其中对外投资是将资产变成股权。

（3）资产处置，是指"事业单位对其占有、使用的国有资产进行产权转让或者注销产权的行为"。处置的结果是资产从资产账户中灭失。处置方式包括出售、出让、转让、对外捐赠、报废、报损及货币性资产损失核销等。

（4）产权登记，是指"国家对事业单位占有、使用的国有资产进行登记，依法确认国家对国有资产的所有权和事业单位对国有资产的占有、使用权的行为"。产权登记的结果是取得《事业单位国有资产产权登记证》，即国家对事业单位国有资产享有所有权，单位享有占有、使用权的法律凭证。因此，产权登记就是确认国家和事业单位对国有资产拥有产权。高校院所以科技成果作价投资取得股权的，需办理产权登记。

（5）资产评估，是指事业单位发生《事业单位国有资产管理暂行办法》（财政部令第100号）第三十八条规定的7种情形之一的，应当对相关国有资产进行评估的行为。评估的目的是防止国有资产流失。

（6）资产清查，是指事业单位发生《事业单位国有资产管理暂行办法》(财政部令第100号)第四十三条规定的6种情形之一的,应当对国有资产进行清查的行为。

(7)资产信息管理与报告,即将资产变动信息录入管理信息系统,并对其占有、使用的国有资产状况定期做出报告。

3. 与其他资产管理的不同之处。科技成果资产的特殊性决定了科技成果资产管理与其他无形资产管理有所不同,不同之处就在于《事业单位国有资产管理暂行办法》(财政部令第100号)对科技成果资产的转让、许可和作价投资做出了与其他资产管理不同的规定。具体来说,主要有以下不同。

(1)高校院所等科研事业单位对科技成果资产可以自主决定转让、许可、作价投资,无须主管部门审批。其他资产的转让、许可、作价投资需要履行审批手续。

(2)科研事业单位转让、许可科技成果资产,或者以科技成果作价投资,可以决定不进行资产评估。其他资产的转让、许可、作价投资必须进行资产评估。

(3)科研事业单位处置科技成果资产所得收入留归单位。处置其他资产的收入归国家所有,实行"收支两条线"管理。

(4)科研事业单位转让、许可科技成果资产所得收入,或者以科技成果作价投资,必须给予为完成、转化职务科技成果做出重要贡献的科技人员奖励。其他资产的转让、许可、作价投资不涉及奖励问题。

科技成果资产及其管理的特殊性,源于《促进科技成果转化法》及相关配套政策对促进科技成果转化所做出的规定。只有深刻领会到这一点,才能更好地推进科技成果转化。

第二节 企业科技成果资产管理

《促进科技成果转化法》第三条规定科技成果转化活动应当"发挥企业的主体作用"。从科技成果转化定义可知,企业的研究开发活动基本上属于科技成果转化活动。政府研究制定政策措施并提供相关服务推进企业的科技成果转化，发挥企业的主体作用，需要了解企业科技成果转化的相关情况，包括科技成果资产管理。

企业取得科技成果资产，无非来源于以下两种途径之一：一是通过研究开发取得；二是通过受让、受赠等方式取得。前者是原始取得，后者是继受取得。《企业会计准则第6号——无形资产》第十二条第一款规定，"无形资产应当按照成本进行初始计量"。这里的"成本"分两种情形：如是自主研发取得的，是指研发成本；如是受让取得的，是指购买成果的成本。所谓"初始计量"是指在会计处理时的入账金额，即无形资产的原值。

一、研究开发取得的科技成果资产管理

《企业会计准则第6号——无形资产》对研究开发及其会计处理做出了具体规定。

1.研究开发概念。《企业会计准则第6号——无形资产》第七条规定，"企业内部研究开发项目的支出，应当区分研究阶段支出与开发阶段支出"。基于此，企业的研发活动分为研究活动与开发活动两种类型，而且一般存在先后次序，即先进行研究，再进行开发，因而分处两个阶段。

（1）研究。《企业会计准则第6号——无形资产》第七条第二款规定，"研究是指为获取并理解新的科学或技术知识而进行的独创性的有计划调查"。可以从以下4个方面来理解这一定义。

一是一般先通过基础研究获取新的科学知识，再通过应用基础研究获取新的技术知识。

二是理解新知识，实质上就是学习新知识，但不是一般性的学习，而是通过独创性的有计划调查来学习，包括通过实验、试验、试制等方式来学习。

三是独创性调查，不是一般性调查，而是为获得新的科技知识并理解它们所进行的调查，主要是指运用科学技术的方法和手段所进行的调查。

四是有计划调查，即目的性很强，应进行科研项目立项，有计划进度和阶段性目标，并投入人力和经费。

不过，企业的研究活动是为企业的生产经营服务的，一般不会是真正的基础研究和应用基础研究，但又不是具体为某项产品开发服务，主要包括以下4个方面。

一是成果评价。为应用已有研究成果或其他知识而进行的评价和选择。例如，进行市场调研活动，选择可以转化的科技成果等。

二是材料、设备等选型。为选用材料、设备、产品、工序、系统或服务而进行的配制、设计、评价、比较研究和最终选择。例如，企业为购买适用的机器设备，进行设备选型，在许多可供选择的机器设备中选择所需要的设备。

三是研究论证。针对要解决的问题进行可行性分析、方案设计和方案论证等。这种论证所发生的费用，很难摊入某个产品或服务。

四是检索分析。进行情报文献检索、科学实验、数据分析等。对某些产品的研发，在立项之前要进行文献检索，了解当前该领域的技术发展情况与态势等，应该归入研究活动。

研究的主要特征是探索性，是为进一步开发活动进行知识准备，以获得相关资料及确定的信息，其结果具有较大的不确定性，即不能确定能否转入开发，不能确定用于哪个具体的产品或服务，也不能用于销售，不可以直接获得收入。

（2）开发。《企业会计准则第6号——无形资产》第七条第三款规定，"开发是指在进行商业性生产或使用前，将研究成果或其他知识应用于某项计划或设计，以生产出新的或具有实质性改进的材料、装置、产品等"。这一定义可以从以下5个方面加以理解。

一是开发活动是在商业性生产或使用前，并为商业性生产服务的。

二是开发就是应用研究成果或其他知识，即对科技成果进行后续开发、应用。

三是开发活动是指将研究成果或其他知识应用于某项计划或设计，应用于某项计划主要是产品开发，应用于某项设计主要是工艺开发，即开发活动就是产品开发、工艺开发活动。

四是开发活动是创造性活动,即新的或具有实质性改进的材料、装置、产品等。

五是开发的结果是新的材料、装置、产品等,相对现有的材料、装置、产品等有显著的进步,即通常所说的新产品开发。

开发活动包括生产前或使用前的原型和模型的设计、建造和测试,小试、中试和试生产设施等。其主要特征是,开发结果是确定的,可以用于销售,获得相关收入,而且开发过程是透明的,与前面提到的产品开发、工艺开发相对应。

从理论上讲,开发是相对于研究而言的,是在研究阶段已完成工作的基础上进行的。然而在实践中,研究与开发是并行进行的,很难严格划分前后关系,而且要严格划分研究与开发有时是很困难的,当然也是不必要的。

2. 研发费用的会计核算。划分研究与开发阶段的意义在于会计核算。《企业会计准则第6号——无形资产》第八条规定,"企业内部研究开发项目研究阶段的支出,应当于发生时计入当期损益"。开发阶段的支出可以确认为无形资产,即对研发费用进行资本化处理。

(1)是否进行资本化处理的差异。是否确认为无形资产,根本区别在于,研发费用是一次性列支成本费用,还是分次摊销成本费用。一次性摊入的成本费用多了,则当期的利润就减少了,缴纳企业所得税也相应减少了。将成本或费用作为资产来处理,会存在资产虚高的问题。为防止资产虚高,对开发费用资本化处理要进行适当限制。

(2)开发费用资本化的意义。如果允许将开发费用进行资本化处理,当期的利润就会增加,但当期就要多缴纳企业所得税,即以多缴纳企业所得税为代价换取利润的增加。这是一种选择,即开发费用是否确认为无形资产,取决于企业自身。一般而言,亏损企业、免税企业、对利润很敏感的企业,如初创企业、上市公司和进行利润考核的国有企业等,很看重当期利润,因而比较倾向于将开发费用确认为无形资产。

3. 开发费用被确认为无形资产的条件。《企业会计准则第6号——无形资产》第九条规定，同时满足下列5个条件的开发支出，可以被确认为无形资产。

（1）"完成该无形资产以使其能够使用或出售在技术上具有可行性"，即在技术上可以使用或出售。企业已经完成了在立项时所设定的全部研发计划并达到预期的结果，包括能够实现研发计划书中设定的功能、达到了计划书提出的技术性能指标等，研发结果经过专家鉴定确认是成熟的，或者研制的产品符合用户的要求等。判断无形资产的开发在技术上是否具有可行性，应当以开发阶段的成果为基础，并提供相关证据和材料。

（2）"具有完成该无形资产并使用或出售的意图"。企业的开发项目应有明确的目的，在项目立项时就应当给予明确的回答。开发目的无非是用于销售的新产品、用于生产的新工艺、用于生产或销售的新材料、用于转让或新产品开发的新技术、制定新标准等5个方面之一。如果企业按照规范的操作，在开发之前进行立项，并根据立项进行开发，就能够说明完成无形资产，并达到使用或出售的意图。而要确认开发成果为无形资产，必须能够说明开发该无形资产的目的。

（3）"无形资产产生经济利益的方式，包括能够证明运用该无形资产生产的产品存在市场或无形资产自身存在市场，无形资产将在内部使用的，应当证明其有用性"。简而言之，就是具备产生经济利益的方式。运用无形资产产生经济利益的方式不外乎以下3种。

一是直接出售，如技术转让、新产品销售。例如，将技术以转让、许可或作价投资的方式实现经济利益，或者将开发的新产品销售变现。

二是直接物化到可以直接出售的产品或服务上，如利用新技术、新工艺、新材料生产的新产品，即技术物化为产品或服务。

三是间接物化到可以直接出售的产品或服务上，如采用新的技术标准生产新产品或服务。

无论采用哪种方式产生经济利益，都可以预期其市场情况，有充分的证据证明，运用无形资产生产的产品或提供的服务能够带来经济利益，或者能够证明市场上存在对该无形资产的需求。

（4）"有足够的技术、财务资源和其他资源支持，以完成该无形资产的开发，并有能力使用或出售该无形资产"。简而言之，就是具备使用或出售的能力。企业在对开发项目进行立项时，就要分析、判断企业有否足够的技术、财务资源和其他资源支持该项目的开发。在项目开发完成以后，还能够证明企业有足够的技术、财务资源和其他资源，或者有获得这些资源的计划，以支持该无形资产的使用或出售可以获得经济利益。例如，企业自有资金不足以提供支持的，应证明能从银行等金融机构获得资金支持，如银行声明愿意为该无形资产的开发提供所需资金等。

（5）"归属于该无形资产开发阶段的支出能够可靠地计量"。企业对开发的支出实行专项管理、单独核算，设立总账核算直接消耗的材料费、研发人员工资等。

在同时符合上述5个条件的，或者说从上述5个角度判断开发支出符合无形资产条件的，企业自行开发的技术成果，可以作为无形资产，在会计处理上列入资本化支出。

4. 自行开发技术的无形资产处理。《企业会计准则第6号——无形资产》对资本化处理做出了具体规定。该准则第十三条规定，"自行开发的无形资产，其成本包括自满足本准则第四条和第九条规定后至达到预定用途前所发生的支出总额，但是对于以前期间已经费用化的支出不再调整"。开发阶段的支出总额都可以结转为无形资产；如果在结转为无形资产之前已经费用化的，不能再转为无形资产。

开发费用资本化处理，除满足该准则第九条规定的5个条件外，还需满足该准则第四条规定。该准则第四条规定，"无形资产同时满足下列条件的，才能予以确认：（一）与该无形资产有关的经济利益很可能流入企业；（二）该无形资产的成本能够可靠地计量"。

5. 科技成果资产与开发费用之间的关系如下。

如果开发费用全部进行费用化处理，则科技成果资产原值为0，即不体现为科技成果资产。

如果开发费用全部进行资产化处理，则科技成果资产 = 开发费用支出总额。此时，科技成果资产的计税基础 = 开发费用支出总额。

如果有部分开发费用进行了费用化处理，这部分费用不能结转为无形资产，则科技成果资产小于开发费用支出总额。

二、企业购买科技成果的资产管理

《企业会计准则第 6 号——无形资产》第十二条第二款规定，"外购无形资产的成本，包括购买价款、相关税费以及直接归属于使该项资产达到预定用途所发生的其他支出"。企业购买科技成果，主要有以下 3 种情形。

1.转让。企业受让高校院所或其他企业的科技成果，可将企业支付的价款、税费，以及为取得该成果支付的评估费、中介费、交易手续费等费用总额计为该成果的资产。

2.许可。企业从高校院所或其他企业获得科技成果的使用权，应该以企业支付的使用费、税费，以及为取得该成果许可使用权而支付的评估费、中介费、交易手续费等费用总额计为该成果的资产。

企业以许可方式取得科技成果使用权，虽然支付了费用，应该计入成本，但该成果的使用权在许可使用年限内可为企业带来经济利益，具有资产的属性，因而也是可以计入无形资产的。

3.作价投资。企业从高校院所或其他企业以科技成果作价投资取得了该科技成果的所有权或使用权，应该以该成果的作价投资额、税费，以及为取得该成果的投资而支付的评估费、中介费、交易手续费等费用总额计为该成果的资产。

根据《企业会计准则第 6 号——无形资产》第十二条第一款规定，企业以获得该科技成果的成本作为初始计量，即为该成果的计税基础。

三、支持企业科技成果资产增值的政策措施

各级政府部门要贯彻落实国家促进企业实施科技成果转化政策，也可以出台政策措施，支持企业实施科技成果转移转化，实现科技成果资产增值。

1.支持企业建设开放式创新平台。企业实施开放式创新，包括通过

技术开发、技术转让、技术咨询和技术服务等方式，获得有关产品开发、工艺开发的知识、创意、成果等，可加快研究开发进程，降低研发成本，实现技术增值。企业也可通过开放式创新，将存量科技成果通过转让、许可、作价投资等方式进行技术经营，实现科技成果资产增值。《科技部 财政部 国家税务总局关于修订印发〈高新技术企业认定管理工作指引〉的通知》（国科发火〔2016〕195号）将企业"建立开放式的创新创业平台"情况列入企业创新能力评价指标。这也是支持企业实施开放式创新的政策措施。

2. 落实企业研发费用加计扣除政策，支持企业科技成果资产增值。《财政部 国家税务总局 科技部关于完善研究开发费用税前加计扣除政策的通知》（财税〔2015〕119号）规定的研发活动是指"企业为获得科学与技术新知识，创造性运用科学技术新知识，或实质性改进技术、产品（服务）、工艺而持续进行的具有明确目标的系统性活动"。其中，创造性运用科学技术新知识、实质性改进技术、产品（服务）、工艺均是科技成果转化活动。

该通知还规定，"企业开展研发活动中实际发生的研发费用，未形成无形资产计入当期损益的，在按规定据实扣除的基础上，按照本年度实际发生额的50%，从本年度应纳税所得额中扣除；形成无形资产的，按照无形资产成本的150%在税前摊销"。企业可以通过研究开发活动取得无形资产。无论是否形成无形资产，均可以享受税前加计扣除政策。因此，要落实好研发费用税前加计扣除政策，支持企业加大研究开发力度，实现无形资产增值。

3. 实行财政扶持政策支持企业加大研发力度，开展技术经营。有的地方在落实研发费用加计扣除政策的基础上，以税务部门核定的研究开发费用的一定比例给予企业财政资助。有的地方按照企业技术转让收入（包括科技成果转让、许可）的一定比例给予财政扶持，以支持企业以科技成果转让、许可等方式开展技术经营。

开放式创新和技术经营都是企业实现科技成果资产增值的有效方式。政府可通过培训、政策支持等方式，促进企业转变观念，加快科技成果资产的流转，在流转中实现增值。

第三节 科研事业单位科技成果资产管理

科研事业单位科技成果资产有其特殊性,因此要采取与其特性相适应的政策措施,提供相应的服务,促进科研事业单位加强科技成果转化,实现科技成果资产的价值。

与企业一样,科研事业单位的科技成果资产主要来源于内部研发和从外部购买两种渠道。《政府会计准则第4号——无形资产》(财会〔2016〕12号)对科研事业单位科技成果资产的来源及会计处理做出了规定。科研事业单位应适用《科学事业单位会计制度》(财会〔2013〕29号)。

一、科研事业单位与企业的科研活动比较

科研事业单位的研究开发支出也分为研究支出和开发支出,《政府会计准则第4号——无形资产》(财会〔2016〕12号)对研究与开发的定义与《企业会计准则第6号——无形资产》的定义是一样的。尽管如此,因科研事业单位的科研与企业的科研有很大的不同,在资产管理和会计处理上也会有较大的差别。

1. 项目来源不同。高校院所等科研事业单位的科研活动分为以下三大类。

一是以竞争性申报的方式,承担各级政府下达的科研计划项目,获得财政科研经费资助,一般实行纵向科研项目管理方式,根据政府有关科研项目经费管理办法进行管理。按照科研项目预算从政府下拨的财政科研经费中支出,专款专用,超支不补,节余经费再留用两年。

二是通过签订技术合同从企业获得的"四技"服务收入。根据《科技部等6部门印发〈关于扩大高校和科研院所科研相关自主权的若干意见〉的通知》(国科发政〔2019〕260号)规定,由高校院所自主支配,一般作为横向科研项目按照技术合同约定进行管理。

三是政府购买服务项目，既不同于纵向科研项目，又有别于横向科研项目。虽然经费来源于财政拨款，但政府有关部门下达明确且具体的任务要求承担单位完成，也是专款专用。

高校院所如果有自行设立的科研项目，一般参照纵向科研项目管理，专款专用，且不允许支付人员工资；而企业设立的科研项目，基本上是自行投资设立的项目，也有申请政府科技计划项目，获得财政科研经费资助，但财政资助是补助性质，也是专款专用，不允许挪作他用。

2. 研发活动的层次差异较大。高校院所承担的纵向科研项目，探索性比较强，以基础研究、应用基础研究为主，也有一部分属于技术开发。所取得的成果以发表学术论文为主，完成既定的科研目标，即使申请知识产权，其商业价值一般也不高。对于这类成果，可以作为特殊资产处理，以减少作为一般资产给转化所带来的障碍，进而有助于推进成果转化。如果科技成果实现了转化，其资产价值得到了实现；如果没有得到转化，也不至于给科技人员、高校院所决策者带来决策责任。

在横向科研活动中，接受企业委托的技术开发项目或合作开发项目，一般来讲，知识产权归属于企业。即使约定知识产权归属于高校院所，企业仍有免费实施的权利。此时，知识产权也不具有商业价值。高校院所为企业提供的技术咨询、技术服务活动，是直接运用不受知识产权保护的科技知识，一般不产生新的知识产权。而企业的研发活动，主要是产品开发、工艺开发活动，属于科技成果转化活动。这些研发活动会产生具有商业价值的知识产权。

对于承接政府的委托项目，一般也是科技成果的直接应用。如果产生新的知识、新的技术，若申请知识产权，也是归受托方所有。政府一般不会主张知识产权。

二、科研事业单位科技成果资产管理

《政府会计准则第 4 号——无形资产》（财会〔2016〕12 号）与企业会计准则一样，政府会计主体自行研究开发项目的支出，区分为研究阶段支出与开发阶段支出。在会计处理上采取以下 3 种办法。

一是研究阶段的支出，应于发生时计入当期费用。

二是开发阶段的支出，先按合理方法进行归集，如果最终形成无形资产，应当确认为无形资产；如果最终未形成无形资产，应当计入当期费用。

三是自行研究开发项目尚未进入开发阶段，或者确实无法区分研究阶段支出和开发阶段支出，但按法律程序已申请取得无形资产的，应当将依法取得时发生的注册费、聘请律师费等费用确认为无形资产。

实际上，高校院所的自行研究开发项目以第三种情形为主，即使取得了知识产权，该知识产权也往往不具备《政府会计准则第4号——无形资产》（财会〔2016〕12号）第二条第二款认定为无形资产的条件，因而也往往不能满足第十一条规定的"政府会计主体自行开发的无形资产，其成本包括自该项目进入开发阶段后至达到预定用途前所发生的支出总额"。

对自行研发项目科技成果资产的管理，主要针对事业单位自行投资的研发活动，而高校院所等科研事业单位自行投资的研发活动很少，即使有，也是为了培育项目，支持人才成长，为申请纵向科研项目做准备、打基础。对于这样的科研项目，一般不适用《政府会计准则第4号——无形资产》（财会〔2016〕12号）进行无形资产的会计处理，而是适用《科学事业单位会计制度》（财会〔2013〕29号）。

链接：

《政府会计准则第4号——无形资产》（财会〔2016〕12号）：

"第二条　本准则所称无形资产，是指政府会计主体控制的没有实物形态的可辨认非货币性资产，如专利权、商标权、著作权、土地使用权、非专利技术等。

资产满足下列条件之一的，符合无形资产定义中的可辨认性标准：

（一）能够从政府会计主体中分离或者划分出来，并能单独或者与相关合同、资产或负债一起，用于出售、转移、授予许可、租赁或者交换。

（二）源自合同性权利或其他法定权利，无论这些权利是否可以从政府会计主体或其他权利和义务中转移或者分离。"

三、科技成果"三权"下放

《中共中央 国务院关于深化体制机制改革加快实施创新驱动发展战略的若干意见》（中发〔2015〕8号）第五部分第（十三）条规定，"尽快将财政资金支持形成的，不涉及国防、国家安全、国家利益、重大社会公共利益的科技成果的使用权、处置权和收益权，全部下放给符合条件的项目承担单位"。这里的"科技成果的使用权、处置权和收益权"已经涵盖了除占有之外科技成果所有权的几乎所有权利。

1.科技成果使用权，是指对科技成果进行使用的权利。根据《事业单位国有资产管理暂行办法》（财政部令第100号）规定，事业单位国有资产的使用包括单位自用和对外投资、出租、出借、担保等方式。在实际操作中，研究开发机构和高等院校等事实上拥有对科技成果的使用权，如在修订《促进科技成果转化法》之前，各单位科技成果的对外许可使用基本上不需经过批准。在新修订的《促进科技成果转化法》规定的科技成果转化方式中，自行投资实施科技成果转化、许可他人使用科技成果由于都不涉及科技成果的权属变更，因此都属于使用权之列。以科技成果作为合作条件与他人共同实施科技成果转化，由于涉及合作中的法律关系处理，是否属于使用权范畴要视具体的合作条件而定。按照《事业单位国有资产管理暂行办法》（财政部令第100号）规定，以科技成果作价投资折算股份或出资比例的科技成果转化方式，应属于使用权管理范畴，但是由于作价投资已经涉及科技成果的权属变更，应是对科技成果权属的一种处置。事实上，事业单位在国有资产管理中，也是把作价投资作为一种资产处置而不是使用来进行处理。

2.科技成果处置权，是指对科技成果所有权进行处置的权利，包括转让和灭失。根据《事业单位国有资产管理暂行办法》（财政部令第100号）的规定，处置权包括科技成果转让权和放弃科技成果所有权两项权利。这里的转让权是指转让科技成果所有权。这与《合同法》规定的技术转让不同。《合同法》规定的技术转让，包括专利申请权转让、专利权转让、专利实施许可和技术秘密转让。根据国家有关规定，知识产权中的任何一项财产权利的转让、许可都属于技术转让。但按照《事业单位国有资产管理暂行办法》（财政部令第100号）的规定，只有专利权转让是科技成果转让，属于科技成果资产处置权范畴，专利实施许可、技术秘密转让等属于科技成果资产使用权范畴。专利申请权是一种权利，但还不属于科技成果资产，既不属于使用权范畴，又不属于处置权范畴。

财政部、国家税务总局联合印发《关于完善股权激励和技术入股有关所得税政策的通知》（财税〔2016〕101号）等国家有关税收政策文件规定，以科技成果作价投资是科技成果转让与投资同时发生，应属于科技成果转让，但《事业单位国有资产管理暂行办法》（财政部令第100号）将其归类为科技成果使用权。其中的差别是需要注意的。

3. 科技成果收益权，是指科技成果资产处置收入和使用科技成果的收入归属。《中共中央 国务院关于深化体制机制改革加快实施创新驱动发展战略的若干意见》（中发〔2015〕8号）规定的"将财政资金支持形成的，不涉及国防、国家安全、国家利益、重大社会公共利益的科技成果的使用权、处置权和收益权，全部下放给符合条件的项目承担单位"，是指项目承担单位可以自主决定将科技成果资产转让给他人、许可他人使用，以科技成果作价投资、作为合作条件与他人共同实施转化或质押，自行投资转化科技成果，放弃科技成果知识产权等，不需报财政部门、主管部门审批，处置科技成果的收入与使用科技成果的收入留归单位。

《促进科技成果转化法》第十八条规定，"国家设立的研究开发机构、高等院校对其持有的科技成果，可以自主决定转让、许可或者作价投资"。其中的"可以自主决定"是指国家设立的研究开发机构、高等院校对科技成果有完全的使用权和处置权，不需要财政部门、主管部门审批。但"可以自主决定"仅限于转让、许可和作价投资3种方式。转让、许可和作价投资3种方式已经基本上涵盖了现代科技成果转化的转让方式，而自行投资本身就属于单位所拥有的权利，因此，《促进科技成果转化法》与《中

共中央　国务院关于深化体制机制改革加快实施创新驱动发展战略的若干意见》（中发〔2015〕8号）所规定的将科技成果的使用权、处置权和收益权下放给项目承担单位在权利范围上是基本一致的。

根据《中共中央　国务院关于深化体制机制改革加快实施创新驱动发展战略的若干意见》（中发〔2015〕8号）和《促进科技成果转化法》的规定，财政部于2019年3月29日对《事业单位国有资产管理暂行办法》（财政部令第36号）进行了修订，发布了《事业单位国有资产管理暂行办法》（财政部令第100号），增加了第五十六条规定，即"国家设立的研究开发机构、高等院校对其持有的科技成果，可以自主决定转让、许可或者作价投资，不需报主管部门、财政部门审批或者备案，并通过协议定价、在技术交易市场挂牌交易、拍卖等方式确定价格。通过协议定价的，应当在本单位公示科技成果名称和拟交易价格"。这一修改与《促进科技成果转化法》规定的范围保持一致，可以说是将《促进科技成果转化法》的相关规定落实到位。

促进科技成果转移转化工作在适用相关政策文件时，要注意把握相关法律法规和政策文件的精神实质，对相应的工作要具体问题具体分析，避免因适用文件不当导致管理不到位而被问责，进而影响科技成果转化。

四、加大科技成果转移转化授权力度

《科技部等6部门印发〈关于扩大高校和科研院所科研相关自主权的若干意见〉的通知》（国科发政〔2019〕260号）提出"修订完善国有资产评估管理方面的法律法规，取消职务科技成果资产评估、备案管理程序"。这与《事业单位国有资产管理暂行办法》（财政部令第100号）对科技成果资产评估的规定是相一致的。

从总体上看，科技成果资产评估备案工作经历了下放权力和取消的过程。《财政部关于印发〈国有资产评估项目备案管理办法〉的通知》（财企〔2001〕802号）规定了国有资产评估项目需要报财政部门备案。《财政部关于〈国有资产评估项目备案管理办法〉的补充通知》（财资〔2017〕

70号）将国家设立的研究开发机构、高等院校科技成果资产评估备案工作"调整为由研究开发机构、高等院校的主管部门负责"，而《教育部办公厅关于进一步推动高校落实科技成果转化政策相关事项的通知》（教技厅函〔2017〕139号）提出"教育部授权部属高校负责科技成果资产评估备案工作"。《财政部关于进一步加大授权力度 促进科技成果转化的通知》（财资〔2019〕57号）对科技成果资产管理做出了以下新的规定，授权主管部门行使审批权。

1. 下放涉密成果转移转化的审批权。财资〔2019〕57号文提出，"涉及国家秘密、国家安全及关键核心技术的科技成果转让、许可或者作价投资，授权中央级研究开发机构、高等院校的主管部门按照国家有关保密制度的规定进行审批"。这一授权简化了涉密科技成果转移转化的审批流程。主管部门还能将这一审批权下放给高校院所吗？原则上是不可以的。如果主管部门要再授权，必须得到原授权单位的同意。但文件没有授权主管部门将审批权再授予所属的高校院所。而且文件规定，主管部门应"并于批复之日起15个工作日内将批复文件报财政部备案"。不涉及国家秘密、国家安全的科技成果转让、许可或作价投资，由高校院所自主决定。

2. 下放国有技术股权的审批权。财资〔2019〕57号文提出，"授权中央级研究开发机构、高等院校的主管部门办理科技成果作价投资形成国有股权的转让、无偿划转或者对外投资等管理事项，不需报财政部审批或者备案"。根据《事业单位国有资产管理暂行办法》（财政部令第100号）规定，以科技成果作价投资形成国有股权的转让、无偿划转或对外投资，需经主管部门审核，报财政部门审批。这一规定是财政部将审批权授予主管部门行使。

3. 下放国有技术股权登记的审批权。财资〔2019〕57号文提出，"授权中央级研究开发机构、高等院校的主管部门办理科技成果作价投资成立企业的国有资产产权登记事项，不需报财政部办理登记"。《事业单位国有资产管理暂行办法》（财政部令第100号）规定"事业单位应当向同级财政部门或者经同级财政部门授权的主管部门（以下简称授权部门）

申报、办理产权登记",这一规定包括向主管部门授权。财资〔2019〕57号文明确向主管部门授权,符合《事业单位国有资产管理暂行办法》(财政部令第100号)的规定。

上述3项授权都授予中央级高校院所的主管部门,有助于主管部门组织推进所属高校院所的成果转化。对于地方高校院所的科技成果转移转化,财资〔2019〕57号文提出了两点要求:一是要求地方财政部门"结合本地区经济发展、产业转型、科技创新等实际需要,制定具体规定,进一步完善科技成果国有资产管理制度";二是鼓励地方"探索符合科技成果国有资产特点的管理模式"。前者是指地方财政部门也要进行相应的授权,后者表明地方财政部门可以加大授权力度,结合地方实际大胆探索、积累经验。

财资〔2019〕57号文根据《事业单位国有资产管理暂行办法》(财政部令第100号)从加强科技成果资产管理的角度,强调了以下几点:一是"中央级研究开发机构、高等院校将科技成果转让、许可或者作价投资,由单位自主决定是否进行资产评估",这与《事业单位国有资产管理暂行办法》(财政部令第100号)第四十条规定的"由单位自主决定是否进行资产评估"是一致的;二是"中央级研究开发机构、高等院校要遵循科技成果转移转化规律""建立健全科技成果转化重大事项领导班子集体决策制度";三是"主管部门要承担科技成果转化有关国有资产管理的主体责任"。

财资〔2019〕57号将有关权力下放给高校院所的主管部门,对科技成果转移转化的资产管理来说却是一大进步,是遵循科技成果转移转化规律的重要体现。

第六章　科技成果权属及其改革

科技成果权属决定了谁有权决定科技成果转移转化。科技成果权益管理主要是指科技成果的权益归属及其处置。科技成果的权益归属主要是按照谁开发归谁所有的原则,单位组织研发的成果归单位,即职务科技成果;个人自行投资并进行研发的成果,属于非职务科技成果,归研发该成果的个人。

第一节　职务科技成果

科技成果的归属,与其是否通过履行职务而取得的有关。国家法律法规对职务科技成果进行了明确的界定,对其归属也做出了规定。

一、职务科技成果概念

《促进科技成果转化法》第二条规定,"职务科技成果,是指执行研究开发机构、高等院校和企业等单位的工作任务,或者主要是利用上述单位的物质技术条件所完成的科技成果"。这里反映了判定科技成果归属的两个标准:一是职责标准,即科研人员执行单位的科研任务所完成的;二是资源标准,即科研人员在科研中利用了单位的科研资源。

"职责标准"和"资源标准"的权利归属模式在《专利法》《合同法》《集成电路布图设计保护条例》《植物新品种保护条例》《计算机软件保护

条例》等法律法规中都做了规定。

各文件对职务成果的表述有以下3个方面的共性：一是坚持谁研发归谁所有的原则；二是坚持独立劳动与非独立劳动相区分的原则，一般来说，科研人员从事非独立的智力劳动（即在单位承担的科研任务）取得的成果是职务科技成果，独立的科研活动（即自行投入并研发）所取得的成果是非职务成果；三是坚持有利于科技成果扩散、推广的原则，一般来说，职务科技成果比非职务科技成果更有利于扩散，而作品则不然。

二、职务科技成果法律法规摘编

1.《合同法》（1999年）：

"第三百二十六条　职务技术成果的使用权、转让权属于法人或者其他组织的，法人或者其他组织可以就该项职务技术成果订立技术合同……

职务技术成果是执行法人或者其他组织的工作任务，或者主要是利用法人或者其他组织的物质技术条件所完成的技术成果。"

2.《最高人民法院关于审理技术合同纠纷案件适用法律若干问题的解释》（2004年11月30日最高人民法院审判委员会第1335次会议通过，法释〔2004〕20号）：

"第二条　合同法第三百二十六条第二款所称'执行法人或者其他组织的工作任务'，包括：

（一）履行法人或者其他组织的岗位职责或者承担其交付的其他技术开发任务；

（二）离职后一年内继续从事与其原所在法人或者其他组织的岗位职责或者交付的任务有关的技术开发工作，但法律、行政法规另有规定的除外。

法人或者其他组织与其职工就职工在职期间或者离职以后所完成的技术成果的权益有约定的，人民法院应当依约定确认。

第三条　合同法第三百二十六条第二款所称'物质技术条件'，包括资金、设备、器材、原材料、未公开的技术信息和资料等。

第四条　合同法第三百二十六条第二款所称'主要利用法人或者其他组织的物质技术条件'，包括职工在技术成果的研究开发过程中，全部或者大部分利用了法人或者其他组织的资金、设备、器材或者原材料等物质条件,并且这些物质条件对形成该技术成果具有实质性的影响;还包括该技术成果实质性内容是在法人或者其他组织尚未公开的技术成果、阶段性技术成果基础上完成的情形。但下列情况除外:

(一)对利用法人或者其他组织提供的物质技术条件,约定返还资金或者交纳使用费的;

(二)在技术成果完成后利用法人或者其他组织的物质技术条件对技术方案进行验证、测试的。

第五条　个人完成的技术成果,属于执行原所在法人或者其他组织的工作任务,又主要利用了现所在法人或者其他组织的物质技术条件的,应当按照该自然人原所在和现所在法人或者其他组织达成的协议确认权益。不能达成协议的,根据对完成该项技术成果的贡献大小由双方合理分享。"

3.《专利法》(2008年):

"第六条　执行本单位的任务或者主要是利用本单位的物质技术条件所完成的发明创造为职务发明创造。职务发明创造申请专利的权利属于该单位;申请被批准后,该单位为专利权人。

非职务发明创造,申请专利的权利属于发明人或者设计人;申请被批准后,该发明人或者设计人为专利权人。

利用本单位的物质技术条件所完成的发明创造,单位与发明人或者设计人订有合同,对申请专利的权利和专利权的归属作出约定的,从其约定。"

4.《专利法实施细则》(2010年):

"第十二条　专利法第六条所称执行本单位的任务所完成的职务发明创造,是指:

(一)在本职工作中作出的发明创造;

(二)履行本单位交付的本职工作之外的任务所作出的发明创造;

(三)退休、调离原单位后或者劳动、人事关系终止后1年内作出的,与其在原单位承担的本职工作或者原单位分配的任务有关的发明创造。

专利法第六条所称本单位,包括临时工作单位;专利法第六条所称本单位的物质技术条件,是指本单位的资金、设备、零部件、原材料或者不对外公开的技术资料等。"

5.《著作权法》(2010年):

"第十一条　著作权属于作者,本法另有规定的除外。

创作作品的公民是作者。

由法人或者其他组织主持,代表法人或者其他组织意志创作,并由法人或者其他组织承担责任的作品,法人或者其他组织视为作者。

如无相反证明,在作品上署名的公民、法人或者其他组织为作者。"

"第十六条　公民为完成法人或者其他组织工作任务所创作的作品是职务作品,除本条第二款的规定以外,著作权由作者享有,但法人或者其他组织有权在其业务范围内优先使用。作品完成两年内,未经单位同意,作者不得许可第三人以与单位使用的相同方式使用该作品。

有下列情形之一的职务作品,作者享有署名权,著作权的其他权利由法人或者其他组织享有,法人或者其他组织可以给予作者奖励:

(一)主要是利用法人或者其他组织的物质技术条件创作,并由法人或者其他组织承担责任的工程设计图、产品设计图、地图、计算机软件等职务作品;

(二)法律、行政法规规定或者合同约定著作权由法人或者其他组织享有的职务作品。"

6.《著作权法实施条例》(2013年):

"第十一条　著作权法第十六条第一款关于职务作品的规定中的'工作任务',是指公民在该法人或者该组织中应当履行的职责。

著作权法第十六条第二款关于职务作品的规定中的'物质技术条件',是指该法人或者该组织为公民完成创作专门提供的资金、设备或者资料。

第十二条　职务作品完成两年内,经单位同意,作者许可第三人以与单位使用的相同方式使用作品所获报酬,由作者与单位按约定的比例分配。

作品完成两年的期限,自作者向单位交付作品之日起计算。"

7.《计算机软件保护条例》(2013年):

"第十三条　自然人在法人或者其他组织中任职期间所开发的软件有下列情形之一的,该软件著作权由该法人或者其他组织享有,该法人或者其他组织可以对开发软件的自然人进行奖励：

（一）针对本职工作中明确指定的开发目标所开发的软件；

（二）开发的软件是从事本职工作活动所预见的结果或者自然的结果；

（三）主要使用了法人或者其他组织的资金、专用设备、未公开的专门信息等物质技术条件所开发并由法人或者其他组织承担责任的软件。"

8.《植物新品种保护条例》（2014年）：

"第七条　执行本单位的任务或者主要是利用本单位的物质条件所完成的职务育种，植物新品种的申请权属于该单位；非职务育种，植物新品种的申请权属于完成育种的个人。申请被批准后，品种权属于申请人。

委托育种或者合作育种，品种权的归属由当事人在合同中约定；没有合同约定的，品种权属于受委托完成或者共同完成育种的单位或者个人。"

9.《集成电路布图设计保护条例》（2001年）：

"第九条　布图设计专有权属于布图设计创作者，本条例另有规定的除外。

由法人或者其他组织主持，依据法人或者其他组织的意志而创作，并由法人或者其他组织承担责任的布图设计，该法人或者其他组织是创作者。

由自然人创作的布图设计，该自然人是创作者。"

10.财政部、国家发展改革委、科技部、劳动保障部《关于企业实行自主创新激励分配制度的若干意见》（财企〔2006〕383号）：

"一、企业应当建立内部知识产权管理制度，依法划清企业职工职务技术成果与非职务技术成果的界限。

属于以下情形之一取得的职工职务技术成果，应当属于企业所有，法律、法规另有规定的除外：

（一）职工在本职工作中取得的；

（二）职工在企业交付的研发任务中取得的；

（三）职工主要利用企业的资金、设备、零部件、原材料或未对外公开的技术资料等资源取得的；

（四）职工退职、退休、调动工作后一年内或者在与企业约定的期限内取得，且与其在原企业承担的本职工作或分配的任务有关的。

对职务技术成果完成人，企业应当依法支付报酬，并可以给予奖励。

企业研发人员作为非职务技术成果完成人享有的合法权益，企业不得侵犯。"

第二节　科技成果权利归属

一般来讲，科技成果的权利归属取决于谁投资与谁研发两个因素，并据此判断科技成果的权利归单位还是个人，主要有以下3种情形。

1.科技人员自行投资并进行研究开发所完成的科技成果，属于非职务科技成果，归投资并研发该成果的科技人员所有。这是投资者与研发者重合的情形。

2.单位组织研发所取得的科技成果是职务科技成果。投资者是单位，研发者是与单位有聘用关系的个人。

3.有约定的遵从约定。有时职务行为与非职务行为是模糊的，是否主要利用单位的物质技术条件也不清晰。在遵循有利于技术进步的原则下，为充分发挥科技人员的积极性与创造性，法人或其他组织与职工个人在一定条件下也可约定技术成果的归属。

判断一项成果是否是职务科技成果，是科技成果管理的一项重要内容，也是科技成果转移转化的基础。为避免科技成果权属不清，防止科技成果名义上归单位实际上由个人所有的情形出现，在科研项目立项时，就要明确科技成果的权属，并对研发过程中可能出现的各种情形进行约定，在研发过程中加强管理，做好商业秘密的保密工作。取得发明创造的，应当及时申请相关知识产权。

在科研合作时，如委托开发、合作开发时，更应当对科技成果的权属进行约定，一般来说，可遵循"谁创造谁所有"的原则。但是，由于协商过程中各方对于彼此出价标准的认识不同，也可能会出现谁资助谁取得权属或以某种方式共同拥有权属及分割权属的情况。例如，很多企业委托高校院所研发新技术、新产品等，在合同中会约定成果的知识产权归企业。

科技成果转移时,首先要面对的是科技成果的权属问题。在某些情况下,科技成果的权属问题会由于成果完成人的兼职、离岗创新创业或流动等变得复杂。在这些情况下,应首先看是否对科技成果权属进行了约定,有约定的,依照约定;没有约定的,应当由相关当事人按照法律规定来执行。

第三节　科技成果权属改革

科技成果权属改革,是指对已有的科技成果权属制度进行改变。从现有的措施来看,科技成果权属改革主要目标是进一步激发科技人员科技成果转化的积极性,并保障科技人员实施科技成果转化的权益。

一、科技成果权属改革进展

根据2015年新修订的《促进科技成果转化法》第十八条,"国家设立的研究开发机构、高等院校对其持有的科技成果,可以自主决定转让、许可或者作价投资",启动了科技成果转化"三权"改革。此后,相关部门出台一系列规章制度,研究开发机构、高等院校等纷纷制定了相应的管理制度,逐步把"三权"改革落到实处。

为了探索激励科技人员科技成果转化的积极性、保障科技人员的权益,我国进一步加强了对科技成果权属改革的探索。中共中央办公厅、国务院办公厅《关于实行以增加知识价值为导向分配政策的若干意见》(厅字〔2016〕35号)、《国务院关于印发国家技术转移体系建设方案的通知》(国发〔2017〕44号)、《国务院关于优化科研管理提升科研绩效若干措施的通知》(国发〔2018〕25号)和《国务院办公厅关于推广第二批支持创新相关改革举措的通知》(国办发〔2018〕126号)等都先后提出,在一定条件下,要进一步探索赋予科研人员科技成果所有权或长期使用权。《科技部等6部门印发〈关于扩大高校和科研院所科研相关自主权的若干意见〉的通知》(国科发政〔2019〕260号)提出"科技、财政等部门要开展赋予科研人员职务科技成果所有权或长期使用权试点，为进一步完善职务科技成果权属制度探索路子"。

从国家的法律和政策来看，允许单位和成果完成人在确定科技成果权利时就对知识产权使用权和转化收益进行约定，并开展赋予科研人员职务科技成果所有权或长期使用权的改革试点。而从地方来看，推进科技成果权属改革，主要是从对科技人员进行科技成果转化的奖励（收益）出发，衍生出对科技人员科技成果占有和处置的权利。有的地方希望对科技成果权属划分时就明确科技人员的权利；有的地方试图对已有的科技成果重新进行分割确权。无论哪一种方式，其最终评价的标准只能是是否有利于促进科技成果转化，是否有利于调动相关各方的积极性，包括发挥单位在科技成果创造与转化中的作用。当然，毫无疑问，科技成果权属改革还要合法合规。

科技成果转化是个系统工程，构建形成合理分工的专业化科技成果转移转化体系十分重要，这也是在深化科技成果权属改革中需要统筹考虑的问题。按照"完善职务科技成果权属制度"的方向，需要积极稳妥、务实有效地推进科技成果权属改革。

目前，多个地方已经开展了试点，如广东省制定了改革试点的实施要点。

链接：

《广东省人民政府印发关于进一步促进科技创新若干政策措施的通知》（粤府〔2019〕1号）规定："七、打通科技成果转化"最后一公里"……试点开展科技成果权属改革，高校、科研机构以市场委托方式取得的横向项目，可约定其成果权属归科技人员所有；对利用财政资金形成的新增职务科技成果，按照有利于提高成果转化效率的原则，高校、科研机构可与科技人员共同申请知识产权，赋予科技人员成果所有权。"

二、科技成果权属改革政策摘编

1. 中共中央办公厅、国务院办公厅《关于实行以增加知识价值为导向分配政策的若干意见》（厅字〔2016〕35号）：

"二（三）……对于接受企业、其他社会组织委托的横向委托项目，允许项目承担单位和科研人员通过合同约定知识产权使用权和转化收益，探索赋予科研人员科技成果所有权或长期使用权。"

2.《国务院关于印发国家技术转移体系建设方案的通知》（国发〔2017〕44号）：

"四（十四）……探索赋予科研人员横向委托项目科技成果所有权或长期使用权，在法律授权前提下开展高校、科研院所等单位与完成人或团队共同拥有职务发明科技成果产权的改革试点。"

3.《国务院关于优化科研管理 提升科研绩效若干措施的通知》（国发〔2018〕25号）：

"五（二十）开展赋予科研人员职务科技成果所有权或长期使用权试点。对于接受企业、其他社会组织委托项目形成的职务科技成果，允许合同双方自主约定成果归属和使用、收益分配等事项；合同未约定的，职务科技成果由项目承担单位自主处置，允许赋予科研人员所有权或长期使用权。对利用财政资金形成的职务科技成果，由单位按照权利与责任对等、贡献与回报匹配的原则，在不影响国家安全、国家利益、社会公共利益的前提下，探索赋予科研人员所有权或长期使用权。"

4.《国务院办公厅关于推广第二批支持创新相关改革举措的通知》（国办发〔2018〕126号）：

"一（二）科技成果转化激励方面4项：以事前产权激励为核心的职务科技成果权属改革；技术经理人全程参与的科技成果转化服务模式；技术股与现金股结合激励的科技成果转化相关方利益捆绑机制；'定向研发、定向转化、定向服务'的订单式研发和成果转化机制。"

"附件：第二批支持创新相关改革举措推广清单

6.改革举措：以事前产权激励为核心的职务科技成果权属改革。

主要内容：赋予科研人员一定比例的职务科技成果所有权，将事后科技成果转化收益奖励，前置为事前国有知识产权所有权奖励，以产权形式激发职务发明人从事科技成果转化的重要动力。

指导部门：科技部、国家发展改革委、财政部、国家知识产权局、教育部、国务院国资委、中科院、司法部。

推广区域：8个改革试验区域。"

5.《国务院办公厅关于支持国家级新区深化改革创新加快推动高质量发展的指导意见》（国办发〔2019〕58号）：

"二（四）……健全科技成果转化激励机制和运行机制，支持新区科研机构开展赋予科研人员职务科技成果所有权或长期使用权试点。"

6. 科技部等9部门《关于印发振兴东北科技成果转移转化专项行动实施方案的通知》（国科发创〔2018〕17号）：

"二（一）3. 推进职务发明科技成果权属混合所有制改革。鼓励中央所属高校、科研院所与发明人团队或发明人，通过约定股份比例等方式，在法律授权前提下开展职务发明科技成果权属混合所有制改革。"

7.《科技部等6部门印发〈关于扩大高校和科研院所科研相关自主权的若干意见〉的通知》（国科发政〔2019〕260号）：

"三（十）改革科技成果管理制度。修订完善国有资产评估管理方面的法律法规，取消职务科技成果资产评估、备案管理程序。科技、财政等部门要开展赋予科研人员职务科技成果所有权或长期使用权试点，为进一步完善职务科技成果权属制度探索路子。"

第七章　科研诚信

科研诚信不仅是科学发现和技术发明的重要基础，也会直接影响科技成果转化的成效。《科学技术进步法》《著作权法》《专利法》《合同法》等法律对科研诚信、学术不端等行为都有条款规定。

第一节　科研道德与科研诚信

科研道德与科研诚信密切相关，但又有差异，应处于两个不同层次。

一、科研道德

"道德"的"道"是指自然规律和人类社会共通的规律，"德"是指德行、品行等，因而道德是代表着正面的价值取向。科研道德是指科技工作者在科研活动中应当遵循的道德规范、行为准则，主要包括追求真理、尊重规律、以人为本、尊重他人的合法权益等。

1.追求真理。追求真理是科学研究的根本任务。事物有其现象和本质，现象是指事物的外部形态，可以被人直观感知，本质是指事物的内部矛盾运动、内部联系，隐藏在现象的背后。科研工作的目的就是探究事物的本质，找出其规律性，不仅要知其然，还要知其所以然。追求真理需要做到：具有追求真理的志向，为科学献身的精神，脚踏实地的科研态度，强烈的好奇心、求知欲，积极探索、谦虚好学的态度和强烈的进取精神，能够崇尚真理、捍卫真理。

2. 尊重规律。任何事物都有其运动规律。尊重规律就是要按科学规律办事。只有尊重规律，才可驾驭事物的发展，才能事半功倍。违背科学规律，不仅达不到目标，还会造成损失。尊重规律就是要做到：实事求是，有理性精神；不弄虚作假，有求真务实的精神；力戒浮躁，不急功近利；抵制伪科学，反对封建迷信。

3. 以人为本。以人为本需把握：一是人是科研活动的主体，在科研活动中必须发挥人的主观能动性；二是人的需要是科研的根本目的，即科研必须满足人的需要、促进人的发展；三是人是科研活动的关键，在科研活动中必须充分发挥人的积极性、创造性。科研人员不仅是他人尊重的对象，也要尊重他人，应具备团结协作精神和团队精神。

4. 尊重他人的合法权益。他人的合法权益包括技术权益、经济权益和人身精神权益。尊重他人的合法权益是科研人员最基本的道德要求，需要做到：一是保守国家秘密，信守本单位的技术秘密、商业秘密，不侵犯本单位的技术经济权益；二是尊重他人的知识产权，不侵犯他人的专利权、商业秘密权、商标专用权和著作权等知识产权，一旦侵犯，将承担相应的法律责任；三是引用他人作品、引述他人观点的，应当注明出处和姓名。

科技部、教育部、中国科学院、中国工程院、中国科协于1999年11月18日印发了《关于科技工作者行为准则的若干意见》（国科发政字〔1999〕524号），对科技工作者提出九"要"：一要"模范遵守我国宪法和法律，拥护中国共产党的领导和党的基本路线，发扬爱国主义，增强政治责任感和实现中华民族伟大复兴的历史使命感"；二要"在遵守社会公德方面率先垂范，严于律己，大力弘扬团结协作的集体主义精神，自觉维护科技界良好的社会形象"；三要"以实事求是的态度、严格的要求、严谨的方法对待科研工作"；四要"在科研开发项目（或课题，下同）申报或者接受委托时，必须对项目进行认真的调查研究和充分的可行性论证"；五要"在科研立项、科技成果的评审、鉴定、验收和奖励等活动中，应当本着对社会负责的科学态度，遵循客观、公正、准确的原则，如实反映其水平"；六要"做保守国家秘密、保护知识产权的模范"；七要"树立全心全意为科技人员服务、为人民服务的思想";八要"模范遵守所在单位制订的科技工作者行为规范或者守则,加强自身的道德修养,对在科研工作和各项社会活动中的行为进行自律";九要"自觉接受舆论的监督"。

二、科研诚信

诚信的"诚"是指内外一致,"信"是指言而有信。诚信是指实事求是、不欺骗、不弄虚作假、言行一致等。科研诚信是指科技工作者在科研活动中实事求是、不弄虚作假。

2009年8月,科技部等10部门联合发布的《关于加强我国科研诚信建设的意见》(国科发政〔2009〕529号)规定"科研诚信主要指科技人员在科技活动中弘扬以追求真理、实事求是、崇尚创新、开放协作为核心的科学精神,遵守相关法律法规,恪守科学道德准则,遵循科学共同体公认的行为规范"。

1.遵守相关法律法规是科技工作者应当守住的底线。对于科研诚信的底线,《中共中央办公厅 国务院办公厅印发〈关于进一步加强科研诚信建设的若干意见〉的通知》(中办发〔2018〕23号)以负面清单方式列举了"科研人员要恪守科学道德准则,遵守科研活动规范,践行科研诚信要求"的5个"不得":一是"不得抄袭、剽窃他人科研成果或者伪造、篡改研究数据、研究结论";二是"不得购买、代写、代投论文,虚构同行评议专家及评议意见";三是"不得违反论文署名规范,擅自标注或虚假标注获得科技计划(专项、基金等)等资助";四是"不得弄虚作假,骗取科技计划(专项、基金等)项目、科研经费以及奖励、荣誉等";五是"不得有其他违背科研诚信要求的行为"。

科技部等部门《关于印发〈科研诚信案件调查处理规则(试行)〉的通知》(国科发监〔2019〕323号)提出"违背科研诚信要求的行为(以下简称科研失信行为),是指在科学研究及相关活动中发生的违反科学研究行为准则与规范的行为",包括:"(一)抄袭、剽窃、侵占他人研究成果或项目申请书;(二)编造研究过程,伪造、篡改研究数据、图表、结论、检测报告或用户使用报告;(三)买卖、代写论文或项目申请书,虚构同行评议专家及评议意见;(四)以故意提供虚假信息等弄虚作假的方式或采取贿赂、利益交换等不正当手段获得科研活动审批,获取科技计划项目(专项、基金等)、科研经费、奖励、荣誉、职务职称等;(五)违反科研伦理规范;(六)违反奖励、专利等研究成果署名及论文发表规范;(七)其他科研失信行为。"这一规定比中办发〔2018〕23号文规定的5个"不得"多了2个"违反",即国科发监〔2019〕323号文将中办发〔2018〕23号文的第一个"不得"拆分成(一)和(二)两项,增加了第(六)项,并充实细化了不少内容。

违反科研诚信的行为,就是科研不端行为或科研失信行为。《国家科技计划实施中科研不端行为处理办法(试行)》(科技部令第11号)第三条规定了科研不端行为"是指违反科学共同体公认的科研行为准则的行为,包括:(一)在有关人员职称、简历以及研究基础等方面提供虚假信息;(二)抄袭、剽窃他人科研成果;(三)捏造或篡改科研数据;(四)在涉及人体的研究中,违反知情同意、保护隐私等规定;(五)违反实验动物保护规范;(六)其他科研不端行为"。与国科发监〔2019〕323号文相比,"在涉及人体的研究中,违反知情同意、保护隐私等规定"和"违反实验动物保护规范"都属于违反科研伦理规范。中国科学院于2007年2月印发的《关于加强科研行为规范建设的意见》将"科学不端行为"界定为"研究和学术领域内的各种编造、作假、剽窃和其他违背科学共同体公认道德的行为;滥用和骗取科研资源等科研活动过程中违背社会道德的行为",并提出了7条认定标准。

违反科研诚信也被称为学术不端。教育部印发的《关于严肃处理高等学校学术不端行为的通知》(教社科〔2009〕3号)第一条规定,必须严肃处理的以下7种学术不端行为:"(一)抄袭、剽窃、侵吞他人学术成果;(二)篡改他人学术成果;(三)伪造或者篡改数据、文献,捏造事实;(四)伪造注释;(五)未参加创作,在他人学术成果上署名;(六)未经他人许可,不当使用他人署名;(七)其他学术不端行为。"与国科发监〔2019〕323号文相比,将"伪造注释"列入学术不端行为,"不当使用他人署名"也是属于违反署名规范。

2. 恪守科学道德准则。科学道德准则是科学共同体制定的，科技工作者应当共同遵守的行为准则。1998年4月17日中国工程院科学道德建设委员会制定并于1998年4月28日中国工程院主席团会议通过了《中国工程院院士科学道德行为准则》。2001年11月9日中国科学院学部主席团会议通过了《中国科学院院士科学道德自律准则》。2007年1月16日中国科协七届三次常委会议审议通过了《科技工作者科学道德规范（试行）》，规定"科技工作者应坚持科学真理、尊重科学规律、崇尚严谨求实的学风，勇于探索创新，恪守职业道德，维护科学诚信"。

3. 遵循科学共同体公认的行为规范。科学行为规范包括技术规范和社会规范。其中有一个前提：科技工作者只有遵循科学行为规范，才能够更有效地达成科学目标，并获得科学共同体的承认；否则，不仅难以实现科研的目标，而且会受到科学共同体的制裁和惩罚。我国有关部门和机构制定的科学道德规范中，往往也包括行为准则，明确提出倡导的行为和应当避免的行为。例如，《中国科学院院士科学道德自律准则》，《中国工程院院士科学道德行为准则》，中国科协制定的《科技工作者科学道德规范（试行）》和国家卫生计生委、国家中医药管理局于2014年颁布的《医学科研诚信和相关行为规范》都包括科学行为规范。

2007年2月，中国科学院印发了《关于加强科研行为规范建设的意见》，提出科研行为的6条基本准则：一是遵守中华人民共和国公民道德准则；二是遵守诚实原则，坚持实事求是，尊重他人的劳动成果；三是遵守公开原则，在保守国家秘密和保护知识产权的前提下，公开科研过程和结果相关信息；四是遵守公正原则，对竞争者和合作者做出的贡献给予恰当认同和评价，对研究成果中的错误和失误以适当的方式予以承认；五是尊重知识产权规定，在研究成果发表时，做出创造性贡献且能对有关部分负责的人员享有署名权，对参与一般研究工作的助手和提供过支持与帮助的人员与单位，应在出版物中表示感谢；六是遵守声明与回避原则规定，对可能发生利益冲突时，所有有关人员有义务做出声明，必要时应当回避。回避的目的是避免科研活动中的利益冲突。

无论是科学道德准则还是行为规范,关键在于执行,而执行的前提是合理,因此,科学道德准则与行为规范的生命力在于合理。根据《觅母的力量:关于科研环境与科研诚信治理》一文对国家重大项目承担人员的问卷调查显示[①],超过70%的受访者认为,申请重大项目的主要动机是"获得更好的科研成果"和"学术晋升需要";30%的受访者认为,学术不端行为的出现既不是因为项目承担者本人科研道德标准低下,也不是由于周围其他科研人员均如此,而是重大项目的管理制度不尽合理。

三、科研诚信环境建设

科研环境对科技工作者行为取向的影响不容忽视。良好的科研环境会促进科技工作者养成良好的科研行为,不良的科研环境会对学术不端行为起到催化作用。良好的科研环境,特别是加强科研诚信教育,加大对学术不端行为的处罚力度,使学术不端行为失去生存的土壤。如果以"效率"为核心理念的考核评价体系导入科研或学术活动中,将科技成果评价简单化、功利化,很容易产生学术不端行为。弘扬科研道德,惩治科研失信或学术不端,更好地发挥科学共同体的作用,是科研环境建设乃至科研诚信建设的重要内容。

当前,国际上对于学术不端行为的治理主要采用"防范为先,惩治为后"的理念。防范的主要措施是加强科研诚信教育,将科学道德教育纳入科学教育的范畴,以尽可能地提高个人的科学素养,提升科研道德水平和职业操守。惩治学术不端行为,其实就是更好地防范,以形成一种较强的威慑力,目的是增加学术不端行为的成本,从而降低学术不端行为的收益。

第二节 科研诚信建设历程

自 20 世纪末以来,我国很重视科研诚信建设,政府部门、教育科研

---

① 杜鹏. 觅母的力量:关于科研环境与科研诚信治理 [J]. 科学与社会,2017(1):1-9.

机构和科技社团针对科研活动中存在的学术不端与学术失范行为，先后采取了教育引导、制度规范和监督约束等多方面的应对措施，发布了一系列相关文件规定。

1999年11月18日，科技部、教育部、中国科学院、中国工程院、中国科协联合发布了《关于科技工作者行为准则的若干意见》（国科发政字〔1999〕524号），要求科技工作者在社会主义物质文明和精神文明建设中起到模范和表率作用。

2002年2月27日，教育部发布了《关于加强学术道德建设的若干意见》（教人〔2002〕4号），提出了学术风气不正、学术道德失范的几种主要表现：一是"研究工作中少数人违背基本学术道德，侵占他人劳动成果，或抄袭剽窃，或请他人代写文章，或署名不实"；二是"粗制滥造论文，个别人甚至篡改、伪造研究数据"；三是"受不良风气的影响，在研究成果鉴定、项目评审以及学校评估、学位授权审核等工作中也出现了一些弄虚作假，或试图以不正当手段影响评审结果的现象"；四是"利用权力为自己谋取学位、文凭，有些学校在利益驱动下降低标准乱发文凭"。因此，端正学术风气，加强学术道德建设成为高等学校一项刻不容缓的重要任务，并提出了以下6项端正学风的措施：一是教育部门、高校要高度重视；二是加强教育；三是加大人事制度改革力度；四是完善评价机制；五是加强惩戒力度；六是加强学历文凭、学位证书的管理。

2003年1月29日，科技部发布了《国家科技计划项目评估评审行为准则与督查办法》（科技部令第7号），规定了项目评估评审组织者、承担者、项目评估人员或评审专家、项目推荐者、项目申请者应当遵守的规定。对违反规定者，根据问题严重程度，给予纪律处分；构成犯罪的，依法移送司法机关追究刑事责任。2003年5月7日，科技部、教育部、中国科学院、中国工程院和国家自然科学基金委员会发布了《关于改进科学技术评价工作的决定》（国科发基字〔2003〕142号），提出加强科学道德教育，反对任何形式的学术不端行为。

2004年9月3日，科技部发布了《关于在国家科技计划管理中建立信用管理制度的决定》（国科发计字〔2004〕225号），提出在科技计划的立项、预算、实施、验收等各个环节中建立信用管理机制。该文件将科技信用定位为社会信用的重要组成部分，并将科技信用定义为"从事科技活动人员或机构的职业信用，是对个人或机构在从事科技活动时遵守正式承诺、履行约定义务、遵守科技界公认行为准则的能力和表现的一种评价"。实行信用管理的目的是"提高国家科技计划相关主体的信用意识与信用水平，从机制上约束和规范国家科技计划相关主体的行为，从源头上预防和遏制腐败"。

2006年11月7日，科技部发布了《国家科技计划实施中科研不端行为处理办法（试行）》（科技部令第11号），规定"国家科技计划项目承担者在申请项目时应当签署科研诚信承诺书"，并从2011年起，要求项目承担单位和研究人员分别签署科研诚信承诺书。

2007年2月，中国科学院印发了《关于加强科研行为规范建设的意见》，明确了科研行为的6条基本准则，规定了科学不端行为的7条认定标准及其处理办法，设立了中国科学院科研道德委员会，院属机构要设立科研道德组织。

2009年3月，教育部发布了《关于严肃处理高等学校学术不端行为的通知》（教社科〔2009〕3号），列举了必须严肃处理的7种高校学术不端行为。2009年8月26日，我国科研诚信建设联席会议10个成员单位联合发布《关于加强我国科研诚信建设的意见》，提出推进科研诚信法制和规范建设、完善科研诚信相关的管理制度、加强科研诚信教育、完善监督和惩戒机制等方面措施的指导意见。

2010年，国务院学位委员会发布了《关于在学位授予工作中加强学术道德和学术规范建设的意见》，要求学位授予单位高度重视学位授予工作中的学术道德和学术规范建设，保证学位授予质量，并严肃处理通过不正当手段获取成绩、学术不端行为和购买或由他人代写学位论文等舞弊作伪行为。

2011年12月2日，教育部印发了《关于切实加强和改进高等学校学风建设的实施意见》（教技〔2011〕1号），提出"教师学风建设的重点任务是加强科研诚信。高校要对教师进行每年一轮的科研诚信教育，在教师年度考核中增加科研诚信的内容，建立科研诚信档案"。科研诚信档案是科技工作者在科研工作中形成的，反映科研信用的原始记录，也是科研档案真实的全程记录。科研档案是从科研开始到科研工作实施，再到科研工作完成的全程记录，主要包括：一是在科研开始阶段的项目批文、课题任务下达书、课题委托书、研究报告、调研报告、课题论证和项目合同书、协议书；二是科研工作实施过程中的各项重要数据记录、中期报告、阶段性成果等；三是科研工作完成时的结题、鉴定、评审、验收阶段中的最终研究成果，包括工作报告、技术报告、科研论文、著作、专利、产品等，科技成果推广应用所取得的经济效益、社会效益、社会反响等。这些资料或记录都应当归档，并做到归档材料科学、规范、真实、有效，并要求相关负责人做到信用承诺，即从科研档案管理工作的源头就要做到真实诚信。

2012年，中国科协所属全国学会科技期刊发表了《关于加强科技期刊科学道德规范、营造良好学术氛围的联合声明》，要求科技期刊"充分尊重作者权益，对存在署名有争议，引用他人著述未注明出处，以及抄袭、剽窃、弄虚作假等学术不端行为的文章，坚决拒绝刊登"。一经发现有上述行为，相关科技期刊"视情节轻重给予书面警告、拒绝刊登有其署名的稿件、通知其所在单位等处理；轻者给予3~5年不允许刊发其论文的处罚；情节严重者，将以适当方式予以公布"。

2015年发生多起国内部分科技工作者在国际学术期刊发表论文被撤稿事件，对我国科技界的国际声誉带来极其恶劣的影响。为抵制学术不端行为，维护风清气正的良好学术生态环境，重申科技工作者在发表学术论文过程中的科学道德行为规范，中国科协、教育部、科技部等7部门于2015年11月23日印发了《发表学术论文"五不准"》（科协发组字〔2015〕98号），即不准由"第三方"代写论文，不准由"第三方"代投论文，不准由"第三方"对论文内容进行修改，不准提供虚假同行评审人信息，不准违反论文署名规范。对违反"五不准"的行为视情节轻重做出严肃处理。同年，科技部、财政部印发了《中央财政科技计划（专项、基金等）监督工作暂行规定》（国科发政〔2015〕471号），将"科研人员在项目实施和资金管理使用中的科研诚信和履职尽责情况"纳入监督范围；提出建立"黑名单"制度，将严重科研不端行为、严重违反财经纪律及违法的单位和个人列入"黑名单"，相关信息作为国家科技计划、项目管理的重要决策依据；对严重不良信用记录者，阶段性或永久取消其申请资助项目或参与项目管理的资格。

2015年12月29日，《国务院办公厅关于优化学术环境的指导意见》（国办发〔2015〕94号），强调完善科研机构学术道德和学风监督机制，实行严格的科研信用制度，加大对学术不端行为的查处力度。文件提出"坚持道德自律和制度规范并举，建设集教育、防范、监督、惩治于一体的学术诚信体系"，对科技工作者提出5个"不准"："不准在科学研究中弄虚作假，严禁计算、试验等数据资料造假；不准以任何形式抄袭盗用他人的论文等科研成果；不准为追求论文发表数量和引用量粗制滥造、投机取巧；不准利用中介机构或其他第三方代写或变相代写论文，或通过金钱交易在国内外刊物上发表论文；不准违反有关规定，在论文、科研项目、奖励、人才评价等学术评审中拉关系、送人情，亵渎学术尊严"。

尽管采取了上述一系列的举措，但在遏制科研不端行为方面，其效果还不尽如人意。为此，2018年5月30日，中共中央办公厅、国务院办公厅印发《关于进一步加强科研诚信建设的若干意见》（中办发〔2018〕23号），提出了"以优化科技创新环境为目标，以推进科研诚信建设制度化为重点，以健全完善科研诚信工作机制为保障，坚持预防与惩治并举，坚持自律与监督并重，坚持无禁区、全覆盖、零容忍，严肃查处违背科研诚信要求的行为，着力打造共建共享共治的科研诚信建设新格局"的总体思路，将"坚守底线，终身追责"作为科研诚信建设的一条重要原则，"对严重违背科研诚信要求的行为依法依规终身追责"。

2018年7月18日，《国务院关于优化科研管理提升科研绩效若干措施的通知》（国发〔2018〕25号）提出"强化科研人员主体地位，在充分信任基础上赋予更大的人财物支配权，强化责任和诚信意识"，再次强调"对严重违背科研诚信要求的，实行终身追究、联合惩戒"。

从上述发展历程看，2015年以前，由中央有关部门发布有关科研诚

信的文件，到2015年年底，中央高度重视科研诚信建设，既发布了专门的文件，又在多个文件中强化科研诚信建设，科研诚信是不得突破的底线，一旦突破要"终身追究"。

第三节　科研诚信政策法规摘编

1.《国务院关于优化科研管理提升科研绩效若干措施的通知》（国发〔2018〕25号）：

"四（十五）……强化科研人员主体地位，在充分信任基础上赋予更大的人财物支配权，强化责任和诚信意识，对严重违背科研诚信要求的，实行终身追究、联合惩戒。"

2.中共中央办公厅、国务院办公厅印发《关于进一步加强科研诚信建设的若干意见》（中办发〔2018〕23号）：

"二（四）建立健全职责明确、高效协同的科研诚信管理体系。科技部、中国社科院分别负责自然科学领域和哲学社会科学领域科研诚信工作的统筹协调和宏观指导。地方各级政府和相关行业主管部门要积极采取措施加强本地区本系统的科研诚信建设，充实工作力量，强化工作保障。科技计划管理部门要加强科技计划的科研诚信管理，建立健全以诚信为基础的科技计划监管机制，将科研诚信要求融入科技计划管理全过程。教育、卫生健康、新闻出版等部门要明确要求教育、医疗、学术期刊出版等单位完善内控制度，加强科研诚信建设。中国科学院、中国工程院、中国科协要强化对院士的科研诚信要求和监督管理，加强院士推荐（提名）的诚信审核。

（五）从事科研活动及参与科技管理服务的各类机构要切实履行科研诚信建设的主体责任。从事科研活动的各类企业、事业单位、社会组织等是科研诚信建设第一责任主体，要对加强科研诚信建设作出具体安排，将科研诚信工作纳入常态化管理。通过单位章程、员工行为规范、岗位说明书等内部规章制度及聘用合同，对本单位员工遵守科研诚信要求及责任追究作出明确规定或约定。"

"三(九)全面实施科研诚信承诺制。相关行业主管部门、项目管理专业机构等要在科技计划项目、创新基地、院士增选、科技奖励、重大人才工程等工作中实施科研诚信承诺制度,要求从事推荐(提名)、申报、评审、评估等工作的相关人员签署科研诚信承诺书,明确承诺事项和违背承诺的处理要求。"

"六(二十)严厉打击严重违背科研诚信要求的行为。坚持零容忍,保持对严重违背科研诚信要求行为严厉打击的高压态势,严肃责任追究。建立终身追究制度,依法依规对严重违背科研诚信要求行为实行终身追究,一经发现,随时调查处理。积极开展对严重违背科研诚信要求行为的刑事规制理论研究,推动立法、司法部门适时出台相应刑事制裁措施。"

3.《国务院办公厅关于优化学术环境的指导意见》(国办发〔2015〕94号):

"(七)优化学术诚信环境,树立良好学风。坚持道德自律和制度规范并举,建设集教育、防范、监督、惩治于一体的学术诚信体系。完善科研机构学术道德和学风监督机制,实行严格的科研信用制度,建立学术诚信档案,加大对学术不端行为的查处力度,将严重学术不端行为向社会公布,并在项目申报、职位晋升、奖励评定等方面采取限制措施。教育引导科技工作者强化诚信自律,严守学术道德,不准在科学研究中弄虚作假,严禁计算、试验等数据资料造假;不准以任何形式抄袭盗用他人的论文等科研成果;不准为追求论文发表数量和引用量粗制滥造、投机取巧;不准利用中介机构或其他第三方代写或变相代写论文,或通过金钱交易在国内外刊物上发表论文;不准违反有关规定,在论文、科研项目、奖励、人才评价等学术评审中拉关系、送人情,亵渎学术尊严。广泛开展学术道德和学风建设宣讲工作,引导科技工作者严谨治学、诚实做人,秉持奉献、创新、求实、协作的科学精神,在践行社会主义核心价值观、引领社会良好风尚中率先垂范。"

4.《关于印发〈科研诚信案件调查处理规则(试行)〉的通知》(国科发监〔2019〕323号):

"第六条 科研诚信案件被调查人是自然人的,由其被调查时所在单位负责调查。调查涉及被调查人在其他曾任职或求学单位实施的科研失信行为的，所涉单位应积极配合开展调查处理并将调查处理情况及时送被调查人所在单位。

被调查人担任单位主要负责人或被调查人是法人单位的，由其上级主管部门负责调查。没有上级主管部门的，由其所在地的省级科技行政管理部门或哲学社会科学科研诚信建设责任单位负责组织调查。

第七条　财政资金资助的科研项目、基金等的申请、评审、实施、结题等活动中的科研失信行为，由项目、基金管理部门（单位）负责组织调查处理。项目申报推荐单位、项目承担单位、项目参与单位等应按照项目、基金管理部门（单位）的要求，主动开展并积极配合调查，依据职责权限对违规责任人作出处理。

第八条　科技奖励、科技人才申报中的科研失信行为，由科技奖励、科技人才管理部门（单位）负责组织调查，并分别依据管理职责权限作出相应处理。科技奖励、科技人才推荐（提名）单位和申报单位应积极配合并主动开展调查处理。

第九条　论文发表中的科研失信行为，由第一通讯作者或第一作者的第一署名单位负责牵头调查处理，论文其他作者所在单位应积极配合做好对本单位作者的调查处理并及时将调查处理情况报送牵头单位。学位论文涉嫌科研失信行为的，学位授予单位负责调查处理。

发表论文的期刊编辑部或出版社有义务配合开展调查，应当主动对论文内容是否违背科研诚信要求开展调查，并应及时将相关线索和调查结论、处理决定等告知作者所在单位。"

"第二十八条　处理包括以下措施：

（一）科研诚信诫勉谈话；

（二）一定范围内或公开通报批评；

（三）暂停财政资助科研项目和科研活动，限期整改；

（四）终止或撤销财政资助的相关科研项目，按原渠道收回已拨付的资助经费、结余经费，撤销利用科研失信行为获得的相关学术奖励、荣誉称号、职务职称等，并收回奖金；

（五）一定期限直至永久取消申请或申报科技计划项目（专项、基金等）、科技奖励、科技人才称号和专业技术职务晋升等资格；

（六）取消已获得的院士等高层次专家称号，学会、协会、研究会等学术团体以及学术、学位委员会等学术工作机构的委员或成员资格；

（七）一定期限直至永久取消作为提名或推荐人、被提名或推荐人、评审专家等资格；

（八）一定期限减招、暂停招收研究生直至取消研究生导师资格；

（九）暂缓授予学位、不授予学位或撤销学位；

（十）其他处理。

上述处理措施可合并使用。科研失信行为责任人是党员或公职人员的，还应根据《中国共产党纪律处分条例》等规定，给予责任人党纪和政务处分。责任人是事业单位工作人员的，应按照干部人事管理权限，根据《事业单位工作人员处分暂行规定》给予处分。涉嫌违法犯罪的，应移送有关国家机关依法处理。"

5.《关于在国家科技计划管理中建立信用管理制度的决定》（国科发计字〔2004〕225号）：

"三（六）国家科技计划信用管理的对象是参与和执行国家科技计划的相关主体，包括国家科技计划的执行者、评价者和管理者。执行者主要是指项目承担单位、项目主持人等，评价者主要是指评审专家和评估机构，管理者主要是指接受委托履行管理职能的机构及其管理人员。"

"三（八）科技信用管理的基础是科技信用信息，科技信用信息包括管理对象的基本信息、不良行为记录信息和良好行为记录信息三方面。基本信息包括国家科技计划相关主体的身份信息和参与科技活动的信息，不良行为记录信息是指相关主体在从事科技计划活动中的不当行为以及所受到的处理情况，良好行为记录信息是指相关主体在从事科技计划活动中得到的奖励。"

"五（十三）对于信用良好者，应采用适当措施给予鼓励；对于信用不良者，要加强监督管理，并根据情节轻重采取相应处罚措施。对于情节严重的失信行为，经核实后按规定程序予以公布，以示警诫。"

6.《关于改进科学技术评价工作的决定》(国科发基字〔2003〕142号):

"七、加强科学道德建设,营造良好的创新文化,坚决反对任何形式的学术不端行为

将创新文化的重要要素引入到评价体系之中,加强科学道德建设,倡导热爱科学、淡泊名利的良好文化风尚。要鼓励勇于创新、宽容失败、敢为人先的拼搏精神……

强调科学家的社会责任感,反对任何形式的学术不端行为……反对一切不负责任、偏袒个人或单位利益,甚至弄虚作假的行为。对于浮夸、剽窃、抄袭、造假和拼凑数据的单位或个人,以及借评价之虚、行谋取私利之实的学术不轨行为,一经查实,除相关管理部门给予行政处分和公开通报之外,要禁止直接责任者在未来一段时间申请政府投资的任何科技项目。"

第二篇
科技成果转移管理

科技成果转移也称技术转移，是将科技成果让渡给科技成果转化主体的过程，强调科技成果的市场交易，是市场经济条件下科技成果转化的必备环节。

科技成果产生以后，是自行投资实施转化，还是由他人实施转化，是很重要的选择。前者不存在科技成果转移，后者就需要先进行科技成果转移。因此，科技成果转移往往是科技成果转化的前置程序。科技成果转移管理的目的就是要提高转移效率、加快转移进程。

科技成果转移或称技术成果转移、技术转移，是指科技成果或技术从一个机构向另一个机构的转移。这3个提法内涵基本上是一样的，只是分别在不同的语境下使用而已。从国际对接需要和使用习惯来说，使用技术转移的概念较多，因此，本篇除篇名使用科技成果转移的概念，以与科技成果转移转化概念相衔接外，篇内的内容主要使用技术转移的概念。

本篇分为6章，第八章分析技术转移概念，梳理技术转移基本理论；第九章对技术转移方式与通道进行系统梳理；第十章对科技成果定价方式、过程、政策等进行分析、梳理；第十一章至第十三章分别介绍并分析技术转移人才、技术转移体系建设和技术市场的相关情况。

第八章 技术转移概念及基本理论

技术转移与成果转化具有不同的含义,强调的环节和重点也不同。厘清技术转移概念,弄清技术转移基本理论,是做好科技成果转移管理的前提。

第一节 技术转移概念解析

技术转移是科技成果转移或技术成果转移的同义词。从国际上来看,国外由于主要在市场经济条件下进行科技成果转化,因此使用技术转移的概念较多,也主要围绕技术转移进行立法和制定相关政策。

一、各类文件对技术转移的定义

各类文件对技术转移的定义不完全相同,主要如下。

1.《国际技术转移行动守则》提出,技术转移是关于制造某种产品、应用某项工艺流程或提供某种服务而转移的系统知识,其主要途径有许可贸易、技术咨询、技术服务与协助等。其实,这一定义只定义了"技术"是"关于制造某种产品、应用某项工艺流程或提供某种服务"的系统知识,并没有对"转移"进行定义。

2.科技部《关于印发国家技术转移示范机构管理办法的通知》(国科发火字〔2007〕565号)将技术转移定义为:"制造某种产品、应用某种工艺或提供某种服务的系统知识,通过各种途径从技术供给方向技术需求方转移的过程"。这里既突出"技术"是关于产品、工艺和服务的系统知识,又强调"转移"是主体之间的转移,从中可知,技术转移是技术从供给方向需求方转移,即主体之间的转移。

3.《深圳经济特区技术转移条例》对技术转移从两个方面做了延伸:一是将科技成果、信息和能力统称为技术成果,对技术做了延伸,丰富了技术的内涵;二是将技术转让、技术移植、技术引进、技术运用、技术交流和技术推广6种活动纳入技术转移,对"转移"的概念做了延伸。《合同法》将技术转让分为专利权转让、专利申请权转让、技术秘密转让和专利实施许可4种。技术移植是指将一个领域的技术原理、方法或成果引入另一个领域,或者同一领域的其他对象上,用以创造新的产物或改进原有产物,是技术的跨领域应用。技术移植法是一种重要的发明创造技法。技术引进是指一个主体从其他主体获得先进适用技术的行为,主要指技术的跨国转移。技术运用是指根据生产、生活所需对现有技术加以利用。技术交流是指技术信息的互换,即一方将所知道的技术信息告诉不知道该信息的另一方。技术推广是指通过试验、示范、培训、指导及咨询服务等进行技术普及与应用的活动,农业技术推广、水利技术推广等都有特定的内涵。例如,《中华人民共和国农业技术推广法》(2012年)第二条规定的农业技术推广,"是指通过试验、示范、培训、指导以及咨询服务等,把农业技术普及应用于农业产前、产中、产后全过程的活动",我国形成了完整的农业技术推广体系。其中,技术移植、技术运用、技术推广三者不局限于主体之间,有可能就发生在同一个主体,并且均没有改变技术的内涵与形态,是实现技术价值的有效途径,因而归入科技成果转化更合适些。

4.《世界经济百科全书》认为,技术转移是指构成技术三要素的人、物和信息的转移。这里突出"技术"是由人、物和信息3种载体构成的,3种要素中的任何一种、两种的转移,或者3种同时转移,都是技术转移,也可以理解为3种知识的转移:一是有形知识体系的转移,即包含技术的设备、工具、生产线等硬件技术的转移;二是无形知识体系的移动,即科学知识的传播或是科学普及,商业秘密和专利等知识产权的转移或是软件技术的转移；三是掌握知识的人才流动。这种技术知识的流动可以通过书面形式或编码来实现，也可通过具体的操作和实践来了解和掌握，即以"干中学"的方式来掌握隐性知识（Tacit Knowledge）[①]。从中可知，这一定义侧重于技术转移的途径。

5.《国务院关于印发国家技术转移体系建设方案的通知》（国发〔2017〕44号）提出"国家技术转移体系是促进科技成果持续产生，推动科技成果扩散、流动、共享、应用并实现经济与社会价值的生态系统"。虽然该文件是对国家技术转移体系做出的界定，但从这一界定中可以看出，技术转移的内涵包括3个方面：一是科技成果产生；二是科技成果扩散、流动、共享、应用；三是实现经济与社会价值。科技成果产生是国家技术转移体系建设的内容之一，是技术转移的起点，但其本身不属于技术转移范畴。科技成果扩散、流动、共享属于技术转移范畴。技术转移的结果是实现经济与社会价值。

二、技术转移概念解析

从上述文件规定来看，技术转移主要强调技术知识在不同主体之间的转移，既包括拥有知识产权的知识转移，又包括不含知识产权的知识转移。前者包括专利权转让、技术秘密转让、专利申请权转让和专利实施许可，其中，专利实施许可又可根据许可方式的不同分为独占实施许可、排他实施许可和普通实施许可等多种方式。后者包括技术咨询、技术服务等，以及知识的学习、传播、科技教育与培训等。

从上述分析可知，技术转移概念可以从科技成果和转移两个方面进行解析，科技成果的内涵很丰富，不同文件对科技成果的规定有些差异，尽管"转移"是指从一个主体向另一个主体的转移，但对主体的认识也不完全相同。"主体"可以是国家、地区、高校院所、企业、其他组织和个人。国家之间技术转移被称为跨国技术转移，地区之间技术转移被称为梯度转移，机构之间技术转移往往是知识产权财产权的转移，个人之间技术转移

---

① 高峰. 论技术转移理论与我国科技成果的转化 [J]. 技术经济与管理研究, 2005（3）：20-22.

主要是教育、培训、知识共享等。机构向公众转移知识一般被称为科学技术普及。模仿、反向工程、阅读、观看视频等，都可归入技术转移。

特定主体之间进行技术转移，可以签订合同，约定各方的权利义务。一个主体也可以向不特定的主体进行转移，包括科技宣传、科学普及、技术扩散等。

技术转移有单向进行的，如技术传授，也有双向进行的，如技术交流。

第二节　技术转移基本理论

技术转移的理论研究只有100多年的历史。1904年法国社会学家塔尔德提出了技术知识传播的"S型传播理论"，认为技术知识在传播过程中模仿者比率呈S形曲线。20世纪50年代理论界出现了"二元性传播假说"，认为信息的沟通是通过大众性传播媒介和高层次权威人物之间的交往完成的。进入20世纪60年代，罗杰斯（E. M. Rogers）将视角从社会学转向经济学，提出了创新扩散理论。曼斯菲尔德（Mansfild）对工业领域技术创新的传播速度进行了研究，提出了技术选择理论。以下简要介绍几种技术转移理论。

一、技术差距论

技术差距论（Technological Gap Theory）或技术差距模型（Technological Gap Model）是由美国学者波斯纳（M. V. Posner）于1961年在其《国际贸易与技术变化》一书中提出的。

1. 主要观点。该理论认为技术差距是技术转移的前提，并且技术总是从其"中心"（发达国家）向其"边缘"（发展中国家）实现转移。技术一旦被模仿，技术差距消失，技术贸易就结束了。

2. 运用。有人借用物理学中势能的概念来加以解释，在技术发达的国家，其技术势能高，在技术不发达的国家，技术势能低。因存在技术势能差，即技术差距，技术就从势能高的地方流向势能低的地方，势能差越大，技术转移的驱动力就越强。技术势能差不仅表明转移方与接受方之间存在差距，两者的位置高低也不同，比技术差距更形象，更具说服力。这一理论也可以解释技术的梯度转移和不同机构之间的技术转移。

由于技术转移还需要技术接受方具备技术的实施能力，因此技术势能差越大，技术转移的驱动力越强，但技术接受方的实施能力太低的话，技术转移仍然难以发生。

二、技术选择论

技术选择论即对外直接投资与技术转移的选择理论。

1. 主要观点。曼斯菲尔德认为，企业在维持正常生产的要素供给能够满足，并且出口能获得最大利益的条件下，一般选择FDI（对外直接投资），以实现对技术的专有控制权，并在国际上保持技术优势和竞争优势，进而实现垄断利润。当FDI遇到障碍时，才选择技术转让。这是基于技术输出方与输入方之间存在较大的技术差距的前提下，在哪些情况下选择哪种转移方式可以获得更大的经济利益。产品出口可获得全部利润，经济利益最大，作为最优先采用的方案。尽管FDI也可以获得全部垄断利润，但投资的风险也比较大，可作为次优选择的方案。技术转让方式，只可获得部分经济利益，只是延长了技术的生命周期，可作为最后选择的方案。

2. 发生机制。美国经济学家邓宁建立了国际生产选择模型来分析技术转移发生的机制。他认为，企业在国外拥有区位优势，并且能在生产中控制技术专利权的条件下，一般选择外国直接投资；在区位因素吸引力不大的情况下，倾向于选择产品出口；企业在内部交易市场难以形成规模效益，区位优势又不明显时，才选择技术转移。从所有权、内部化和区域化三者优势进行比较分析，选择的顺序是产品出口→FDI→技术转移。

3. 运用。这一理论可用于解释技术转移方式的选择。一项技术可以采用转让、许可、作价投资、并购、人才引进等多种方式进行转移，但每种转移方式都有其约束条件，技术转移主体的得益也不同。可以从不确定性大小、信息充分程度两个方面对多种技术转移方式进行比选,并做出选择。

三、技术生命周期论

该理论是美国学者费农于1966年提出的。

1. 主要观点。该理论认为,技术与任何生命体一样,也存在产生、发展、成熟,最后被淘汰出局的若干阶段。技术的优势、技术创新成果最终体现在产品、产品工业化生产、技术实施的经济效果上。在技术转移的过程中,占有新技术的国家,首先用于国内生产新产品;随着该技术的成熟、发展和推广,新产品在国内的销量会不断减少;与此同时,其他国家的市场对该产品的需求会不断扩大,占有新技术的国家就直接进行投资,利用其他国家的廉价劳动力,谋求最高利润。

2. 运用。技术转移可延长技术的生命周期,获取更多的经济收益。技术生命周期理论还应用于其他方面。例如,全球著名的科技预测与科技咨询企业高德纳(Gartner)于1995年发布了首条Hype Cycle(技术成熟度曲线),用于展示某项创新被市场接受时的基本规律,可用于考虑在何时选择什么样的技术,以获得竞争优势。

技术生命周期理论可以用于解释技术的自然耗损。一项新的技术,随着时间的推移,其价值会发生贬损,因此,必须尽快实施转移转化,实现其价值。因为一旦更新的技术问世,其价值就会加快贬损,甚至接近零。

四、需求资源关系论

该理论是由日本中央大学教授斋藤优在对50余个国家进行广泛深入调研的基础上,于1979年在其著作《技术转移论》中提出的。

1. 主要观点。斋藤优认为,一个国家、一个地区或一家企业的经济发展和对外活动受到该国家、地区或企业的需要(N)与其资源(R)的"N-R"关系制约。这种制约表现在:一是国民的需求和其国内资源的关系;二是经济技术交往国的需求与资源的关系。两者关系的不适应是技术创新的动力,也是国际技术转移的原因。

2. 运用。需求资源关系理论揭示了技术转让是一项新技术问世后的最后归宿，也揭示了技术转移的形成机制。这一理论揭示了需求与资源之间的矛盾运动，是技术转移发生的原因。国与国之间，地区与地区之间，企业与企业之间，尽管存在技术差距，但不一定必然发生技术转移。如要发生技术转移，还要求需求与资源之间存在矛盾。

这一理论说明，技术转移是有条件限制的。国与国之间是如此，企业之间、高校院所与企业之间的技术转移也是如此。在进行技术转移前，需要将技术转移的制约因素和促进因素分析清楚。在此基础上，充分发挥促进因素，化解制约因素的限制，促成技术的有效转移。

五、中间技术论

该理论是英国经济学家舒马赫于 1973 年提出的。

1. 主要观点。该理论认为，发展中国家应选择中间技术进行引进，这样可以回避资金和高技术人才缺乏的问题。所谓中间技术，是指介于高技术与低技术之间的技术。这是从发展中国家的角度来看待国际技术转移。

2. 运用。对于发展中国家来说，经济发展主要是一个充分利用现有劳动力并使之充分就业的问题。要做到这一点，必须具备以下 4 个基本条件：一是要有动力；二是要有技术知识；三是要有资金；四是产品要有出路。中间技术论还认为，发展中国家应优先选择劳动密集型工业，而非资本密集型工业。发展中国家在起步阶段，在资金和人才缺乏的情况下，可以选择引进先进适用技术。但到了一定的阶段以后，资本有了积累，人才缺乏的问题得到了缓解，就不能选择这一理论，否则，技术水平就永远跟不上去。对于一个地区、一个企业来说，也是如此。

六、技术转移政策性理论

技术转移往往涉及经济政治利益，因而涉及相关政策。

1. 主要观点。该理论主要有以下 3 个观点：一是技术转移内部化理论，即技术有其专有权属性，导致技术转移有内部化趋势，因而主张技术转移的非公开化。但事实上,发展中国家想通过引进外资达到引进技术的目的。二是技术从属论,即认为发达国家与发展中国家存在支配与从属、掠夺和被掠夺关系,因而技术转移实质上是发达国家用以支配发展中国家的手段。其宗旨是发展中国家应设法改变在技术上依附发达国家的从属关系。三是适用技术论,即指能够适应社会环境并以正确的方式满足社会有效需求的技术。

2.运用。该理论认为,发达国家应与发展中国家共同开发真正适用于发展中国家的技术,而且发展中国家应从国情出发,不能一味追求技术的高精尖。这一理论与中间技术论有相似之处,也有较大的局限性。

七、创新扩散理论

创新扩散理论是埃弗雷特·罗杰斯于1962年在其出版的《创新的扩散》一书中提出的,后来经过多次改版,不断丰富其内容。

1.主要观点。罗杰斯认为,创新是一种被采纳者视为一项新颖的主意、实践或事物,其实质是采纳者解决问题的新方法和新方案。而创新扩散是一个社会化的过程,是多个个体对新构想的主观感受与沟通的过程。通过社会化的沟通过程,创新的意义才逐渐显露出来。

创新的采纳率与其下列属性密切相关:一是相对优势,即某项创新优越于它所取代的原有方法(方案、主意等)的程度,包括经济的、社会的方面等。二是相容性,即某项创新与现有的价值观、以往的实践经验、预期采用者的需求相一致的程度。这种相容性有助于采纳者理解其意义,产生亲近感。如果不相容,则会产生排斥。三是复杂性,即理解和使用某项创新的相对难度。越容易理解和使用,则越容易扩散。四是可试验性,即某项创新在有限基础上可被试验的程度。这种试验可消除对创新的疑虑。五是可观察性,即创新结果能为其他人看见的程度。越显而易见的创新越容易扩散。

2.创新扩散的过程。一项创新的扩散大致经过以下过程:一是获知,即接触创新并获知其价值,包括创新是如何进行的。二是说服,即与创新有关的相关利益方形成采纳创新的态度。如果说服不了利益相关方形成良好的态度，是不可能采纳创新的。三是决定，即确定采用或拒绝一项创新活动。如果说服决策者接受一项创新，就会采用创新，否则就会拒绝。四是实施，即将创新投入运用。五是确认，即强化或撤回关于创新的决定。

创新的扩散模型在本书第十四章还会做介绍。

上述理论从不同的角度解释技术转移为何发生、如何发生，各自从一个角度分析技术转移发生的原因、机制、动力等，有助于认识技术转移的发生发展过程。这些理论虽然用于解释国际技术转移，但也可用于解释地区之间的技术梯度转移、企业之间的技术转移。

同时还要看到，技术转移理论的选择都是有局限性的，不可生搬硬套。每一种理论都有其前提。企业在进行技术转移时，要确定阶段性目标。目标不能设定得太低，也不宜太高，而以通过一定的努力可以实现为好。

第九章 技术转移方式与通道

技术转移如何发生又如何进行？这就涉及技术转移方式、载体和途径。认识技术转移方式与通道，才能更好地推动技术转移。

第一节 技术转移方式

《科技成果转化疑解》[①]一书列出了技术转移的 11 条途径（图 9-1），本节主要介绍以下 8 种转移方式。

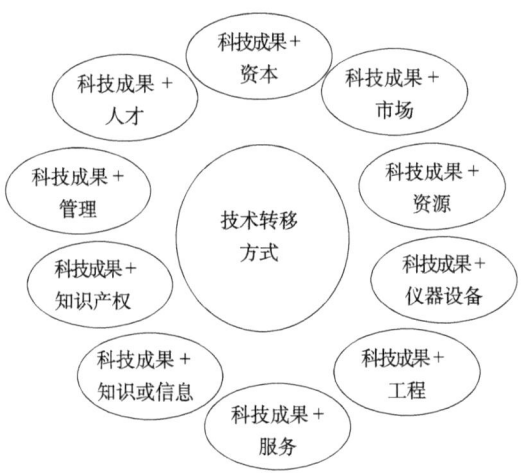

图 9-1 技术转移方式

---

① 参见《科技成果转化疑解》143-144 页。

一、科技成果+知识产权

将科技成果的部分或全部知识产权的权利授予他人。科技成果所有人将该成果的知识产权转让或许可给他人,成果的受让人取得了该成果的知识产权,或被许可人取得了该成果的实施权,实现了科技成果的转移。这是科技成果转移的主要形式。

《合同法》规定的技术转让合同,《专利法》《计算机软件保护条例》《植物新品种保护条例》《集成电路布图设计保护条例》等法律法规规定的知识产权转让和许可使用,都属于"科技成果+知识产权"转移方式。

根据中国科技成果管理研究会、国家科技评估中心、中国科学技术信息研究所发布的《中国科技成果转化年度报告2018》披露,在2018年填报了科技成果转化年度报告的2766家研究开发机构、高等院校以转让、许可、作价投资3种方式转化科技成果合同金额达121.1亿元,同比增长了66.1%;合同项数为9907项,同比增长了34.1%;平均合同金额为122.2万元,同比增长了23.9%。具体情况如表9-1所示。

表9-1 科技成果转化方式比较

转化方式	2016年度		2017年度		同比增长率	
	合同项数/项	合同金额/亿元	合同项数/项	合同金额/亿元	合同项数/项	合同金额/亿元
转让	3577	28.7	5988	34.8	67.4%	21.2%
许可	3236	19.5	3400	34.4	5.1%	76.4%
作价投资	577	24.7	519	52.0	-10.1%	110.5%
合计	7390	72.9	9907	121.1	34.1%	66.1%

从表9-1可知,科技成果转移活动日益活跃,质量也稳步提升,平均合同金额同比增长超过了20%。2017年,在3种转化方式中,转让项目数占比为60.4%,平均每个项目合同金额为58.1万元,同比减少了27.6%;许可项目数占比为34.3%,平均每个项目合同金额为101.2万元,同比增长了67.8%;作价投资项目数占比为5.2%,同比减少了10.1%,平均每个项目合同金额为1001.9万元,同比增长了134.2%。转让项目大幅增加,合同金额却大幅下降;许可项目数增长幅度不大,但平均成交金额却大幅

增长；作价投资项目略有下降，但平均成交金额却成倍增长。这种增长或下降的数据背后，需要深入分析原因。应通过研究较长年份的数据，分析是否为相关政策所影响。

二、科技成果+市场

科技成果通过特许经营的方式实施转移，以实现科技成果的商业价值。特许经营是一种商业经营模式，即经营者凭借其独特的技术产品（服务）、经营模式、运作管理经验等，注册了商标专用权，形成了良好的品牌影响，取得了名称、商标、专有技术、产品或服务等构成的特许经营权，再以合同约定的形式，允许其他经营者有偿使用其特许经营权从事经营活动。很显然，特许经营权包含一套完整的产品或服务的解决方案，在特许经营中必须提供技术上的协助、训练及管理等方面的服务，以获取特许的报酬。

特许经营作为一种商业经营模式，为规范这种经营活动，国务院于2007年2月6日发布了《商业特许经营管理条例》（国务院令第485号）。该条例规定，商业特许经营是指拥有注册商标、企业标志、专利、专有技术等经营资源的企业（即特许人），以合同形式将其拥有的经营资源许可其他经营者（即被特许人）使用，被特许人按照合同约定在统一的经营模式下开展经营，并向特许人支付特许经营费用的经营活动。特许经营权中包括专利、专有技术的，特许人向被特许人授权特许经营权，也就将其中的专利和专有技术一并授予被特许人，从而实现了技术转移。根据该条例规定，双方在签订特许经营合同时，应当约定"经营指导、技术支持以及业务培训等服务的具体内容和提供方式"的条款；特许人应当向被特许人持续提供经营指导、技术支持、业务培训等服务的具体内容、提供方式和实施计划，并按照约定的内容和方式为被特许人持续提供经营指导、技术支持、业务培训等服务。

三、科技成果+人才

人才是科技成果的重要载体，人才流动是科技成果转移的重要途径。

企业聘用来自高校院所的科技人员，在一定程度上获得了来自高校院所的科技成果（主要是科技知识）。科技人员从高校院所向企业流动的形式、途径比较多，包括挂职、兼职、离岗创业、专家咨询等多种形式。《国务院关于印发国家技术转移体系建设方案的通知》（国发〔2017〕44号）中提出，"鼓励科研人员创新创业。引导科研人员通过到企业挂职、兼职或在职创办企业以及离岗创业等多种形式，推动科技成果向中小微企业转移"。同样的道理，企业选派科技人员到高校院所任职、兼职，也能实现高校院所的科技成果向企业转移和企业的科技成果向高校院所转移。这种方式也是国家大力支持的。《国务院关于印发国家技术转移体系建设方案的通知》（国发〔2017〕44号）中还提出，"支持高校、科研院所通过设立流动岗位等方式，吸引企业创新创业人才兼职从事技术转移工作"。

人才流动不只是人才调动，非调动的柔性流动会引起科技成果或技术的转移，人才之间的交往，包括人才交流、人才培训等，都会实现科技成果或技术的转移，而且人才在交往中还会引发不同知识的碰撞、交叉互动，进而引发技术创新，促进科技成果的产生。

四、科技成果+管理

"科技成果+管理"即通过对科技成果进行有效的管理，以及通过管理咨询、管理输出等方式实现科技成果的转移。

对科技成果进行有效的管理，有助于科技成果转移。在本书第二章介绍的通过科技成果登记、科技报告和科技成果信息系统等方式对科技成果进行管理，实现科技成果的共享共用。共享共用本身就是科技成果转移。

随着管理技术的引入，也会转移科技成果。先进的管理包含了先进的技术，或者先进的技术支撑了先进的管理。例如，企业引入ERP系统，不仅引入了先进的管理，也引入了先进的技术，可大大提高企业的生产经营效率。

五、科技成果+知识或信息

科技成果以技术产品、专业设备、图书文献、知识、信息等形式体现的，通过专业展览、专业培训、专家咨询、专业会议等多种形式交流知识，实现科技成果转移。以各种途径传播新知识，实质上是实现科技成果的转移。

1. 科技展览。是指综合运用各种媒介、手段向公众推广产品、展示形象、建立良好公共关系的活动，是传播科学技术知识的重要形式。目前每年举办的中国国际工业博览会、中国（上海）国际技术进出口交易会、中国国际进口博览会、中国国际高新技术成果交易会等大型展览（交易）会，是科技知识传播的重要途径。

2. 科技论坛。是指公众发表意见的地方，引申为进行公开讨论、实时信息交流的公共场所，也是传播科学技术知识的重要途径。目前，每年在上海举办的浦江创新论坛信息量很大，影响也很大。各地每年也会组织形式各样的科技论坛、学术研讨会等活动。这些活动起到了传播科技知识的作用，也是科技成果转移的渠道。

3. 技术咨询。《合同法》规定的技术咨询，就是受托人利用公开的科技知识、科技信息为委托方的特定项目提供解决方案。与科学技术普及活动所不同的是，技术咨询是有偿的、一对一的，双方当事人必须签订技术合同约定各自的权利义务，并为当事人的特定技术问题提供解决方案，而科普尽管也是目的性比较强的活动，但它是社会公益事业，是一对多的知识传播、是无偿的，是相关机构和个人应当履行的社会责任。

六、科技成果＋服务

"科技成果＋服务"即科技成果转移以提供服务的形式出现，企业销售含有科技知识的服务，或者消费者接受含有科技知识的服务，或者委托方接受受托方提供的科技服务，实质上就是以服务的形式转移科技成果。客户接受有一定技术含量的服务，如机器设备的安装服务、维护（修理）服务、ERP服务等，都是在服务的过程中实施了科技成果转移。

企业为客户提供技术支持服务，以帮助客户更好地消费其生产的产品或提供的服务，也属于科技成果转移。

《合同法》规定的技术服务合同，是受托方为委托方解决特定的技术难题而签订的技术合同，与技术咨询合同一样，是科技成果转移比较重要的一条途径。

七、科技成果＋工程

包括工程建设、施工项目的设计与施工。工程有广义和狭义之分。狭义的工程是指"以某组设想的目标为依据，应用有关的科学知识和技术手段，通过一群人有组织的活动将某个（或某些）现有实体（自然的或人造的）转化为具有预期使用价值的人造产品过程"，如水利工程、化学工程等。广义的工程是指由一群人为达到某种目的，在一个较长时间周期内进行协作活动的过程，如京九铁路工程。无论是工程设计还是施工，通常都包含科技成果，其中包含了大量的科技成果转移和知识传授。

一些大型建设项目，包括大桥、隧道、地铁等建设项目，都有较高的技术含量和施工难度，都包含着大量的技术开发、技术咨询和技术服务等技术转移活动。勘探工程、工程设计等工程，也都包含大量的科技知识，因此，一些建设施工企业是高技术企业，可以申报高新技术企业认定，享受研究开发费用加计扣除政策。

八、其他方式

除上述情形外，其他要素资源的流动，如产品的营销推广、技术支持、人员交往等，也都会伴随着科技成果的转移。产品中包括科技，在产品的买卖、使用中相应的科技知识也被传授。人们接受教育的过程，也是接受知识的过程。人际交往中，也会传播科技知识。

第二节 技术转移通道

科技成果转移的通道（或途径）很多，如图 9-2 所示，主要包括以下方面。

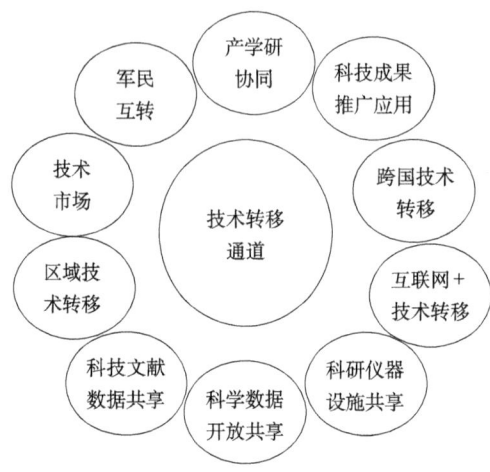

图9-2 技术转移通道

一、产学研协同

产学研协同的过程，就是科技知识从高校院所与企业之间双向转移的过程。这是科技成果转移最常见，也是最主要的通道。产学研协同，是高校院所等科技成果的转出方，与作为转入方的企业直接对接，不需要第三方牵线搭桥，是最直接、最便捷的转移通道，因而是科技成果转移效率最高的方式。当然，在产学研结合时，可能是由中介机构牵线搭桥形成的，但一旦结合了，直至形成协同机制，中介的使命就完成了。

产学研协同载体比较多，产业技术创新战略联盟、"四技"服务、共建科研机构等，都是产学研结合的具体形式。《国务院关于印发国家技术转移体系建设方案的通知》（国发〔2017〕44号）提出了5条措施促进产学研协同技术转移：一是发挥国家技术创新中心、制造业创新中心等平台载体作用，这些中心可能是以产学研结合方式建立起来的，科技成果转移转化是其主要任务之一；二是依托企业、高校、科研院所建设一批聚焦细分领域的科技成果中试、熟化基地，其任务是进行科技成果熟化，熟化之后进行转移；三是支持企业牵头会同高校、科研院所等共建产业技术创新战略联盟，以技术交叉许可、建立专利池等方式促进技术转移扩散；四是加快发展新型研发机构，探索共性技术研发和技术转移的新机制，科技成果转移是新型研发机构的主要任务之一；五是充分发挥学会、行业协会、研究会等科技社团的优势，依托产学研协同共同体推动技术转移。可见，国家技术创新中心、制造业创新中心、科技成果中试基地、产业技术创新战略联盟、新型研发机构、学会、行业协会、研究会等都是产学研合作组织，都是科技成果转移的重要载体，也是科技成果转移的重要通道。

二、跨国技术转移

跨国技术转移包括从国外引进技术和出口技术两个方面。跨国技术转移总是从发达国家向发展中国家转移，体现出梯度转移的特征。为加强跨国技术转移，中蒙技术转移中心、中国—东盟技术转移中心、中国—南亚技术转移中心、中国—阿拉伯国家技术转移中心等分国别的技术转移中心相继设立，同时，牛津大学（常州）ISIS 国际技术转移中心于2012年11月在江苏常州设立，类似的机构也先后设立，积极开展跨国技术转移，探索跨国技术转移模式。

为促进跨国技术转移，《国务院关于印发国家技术转移体系建设方案的通知》（国发〔2017〕44号）提出了以下措施。

1. 加强国际技术合作，即"加快国际技术转移中心建设，构建国际技术转移协作和信息对接平台，在技术引进、技术孵化、消化吸收、技术输出和人才引进等方面加强国际合作"，在国际技术合作中"实现对全球技术资源的整合利用"。

2. 加强技术转移合作，包括"加强国内外技术转移机构对接"，"形成技术双向转移通道"。国内外技术转移机构之间对接也可形成双方转移通道。

3. 实施技术转移行动，即"开展'一带一路'科技创新合作技术转移行动"。并提出"与'一带一路'沿线国家共建技术转移中心及创新合作中心，构建'一带一路'技术转移协作网络，向沿线国家转移先进适用技术，发挥对'一带一路'产能合作的先导作用"。

教育部《关于印发〈高校科技创新服务"一带一路"倡议行动计划〉

的通知》(教技〔2018〕12号),提出"建立面向沿线国家的技术市场",主要采取以下两项措施:一是依托高校技术转移机构,构建覆盖沿线国家的技术转移网络;二是鼓励和支持高校围绕"一带一路"倡议,建设和打造一批高校科技成果转化和技术转移基地。这些措施也是贯彻《国务院关于印发国家技术转移体系建设方案的通知》(国发〔2017〕44号)的具体举措。

链接:

> 上海科威国际技术转移中心有限公司成立于2001年,是一家以国际化科技合作与商务拓展为主营业务方向的国际性技术转移咨询服务机构,由上海市科技创业中心、上海高新技术投资管理有限公司和科威国际技术转移有限公司共同投资组建,致力于促进国际产学研合作与产业转移的相关服务,努力探索适合于中国国情的具有科威特色的国际化技术转移服务模式。该公司是科技部认定的"国家技术转移示范机构""对俄科技合作基地联盟"成员,承担了亚洲企业孵化器、上海国际技术转移协作网络两大秘书处职能,以及加拿大安大略省经济发展部在华代表处、波兰"创业之路"、西班牙Tecnalia国家技术转移中心等多家机构在华技术推广联络人。已有广泛的国际科技合作渠道与资源,拥有国际合作伙伴180余家,其中保持密切联系的近100家,合作网络覆盖亚洲、欧洲、美洲及大洋洲主要国家。而其组建单位之一的科威国际技术转移有限公司由清华大学于2002年6月发起成立,承担清华大学国际技术转移中心的商业化运作。

三、区域技术转移

科技成果转移具有较强的跨区域特征,即科技成果总是从科技发展水平高的地区向科技欠发达的地区转移,区域技术转移也是一条重要的途径。为促进科技成果的跨区域转移,《国务院关于印发国家技术转移体系建设方案的通知》(国发〔2017〕44号)提出了多项措施。

1. "发挥北京、上海科技创新中心及其他创新资源集聚区域的引领辐射与源头供给作用,促进科技成果在京津冀、长江经济带等地区转移转化"。北京、上海是科技资源丰富的地区,也是科技成果的主要输出地,因而要更好地发挥源头供给作用。

2."开展振兴东北科技成果转移转化专项行动、创新驱动助力工程等,通过科技成果转化推动区域特色优势产业发展"。科技部等9部门《关于印发振兴东北科技成果转移转化专项行动实施方案的通知》(国科发创〔2018〕17号)提出"促进跨区域科研合作和成果转化"和"建立技术转移对接平台"。

3."优化对口援助和帮扶机制,开展科技扶贫精准脱贫,推动新品种、新技术、新成果向贫困地区转移转化"。

这些政策措施都是在中央政府的组织推动下实施的跨区域技术转移,是政府行为,实施力度大,针对性强,效果也比较好。

链接:

《科技部关于印发技术市场"十二五"发展规划的通知》(国科发高〔2013〕110号)提出建设国家技术转移集聚区和区域技术转移核心区。按照科技部对国家技术转移体系的战略规划,在全国构建"2+N"技术转移体系。"2"是指在中关村建设国家技术转移集聚区、在深圳市建设国家技术转移南方中心;"N"是指在中部(武汉)、东部(上海)、西北(西安)、西南(成都)、东北(长春)等地建设大区域技术转移中心,亚太、欧盟、东盟、海峡等国际技术转移中心及部分行业性技术转移中心。"2"和"N"之间通过现代信息技术手段和业务流实现整合、资源共享及国际链接,扁平化链接各国家高新区的技术转移中心,带动形成全国技术转移一体化新格局。

1. 国家技术转移集聚区:2013年9月13日,科技部与北京市政府签署了《科技部北京市人民政府共同建设国家技术转移集聚区合作框架协议》,国家技术转移集聚区、中国国际技术转移中心揭牌。国家技术转移集聚区以中关村西区为核心进行建设,引领全国各地实现多元化、大规模、跨区域的技术转移格局。

2. 国家技术转移南方中心:2014年12月,由科技部和深圳市政府共建的国家技术转移南方中心在深圳揭牌成立,与国家技术转移集聚区形成一南一北遥相呼应的格局。

3. 国家技术转移东部中心:2014年9月,国家技术转移东部中心揭牌。该中心围绕打造技术转移功能性平台的目标,实行政府主导、市场化运作的模式,积极引导技术转移和技术交易机构集聚。

4. 国家技术转移中部中心:2014年10月,科技部批复同意《科技部湖北省人民政府共建国家技术转移中部中心方案》。

5. 国家技术转移西南中心:2015年10月,科技部同意批复四川省国家技术转移西南中心建设方案,目标定位为"立足四川、服务西南、链接欧洲",推动全球创新要素跨行业、跨区域、跨国界转移。

6. 国家技术转移西北中心:2016年1月,西安技术经理人协会被科技部火炬中心确立为国家技术转移人才培养基地的依托机构。该协会以"培育高端人才、打造金牌行业、构筑交流平台、促进合作共赢、推动创新发展"为宗旨,通过重点培养中、高级技术经理人,制定技术转移行业规则,维护市场秩序,充分发挥桥梁和纽带作用,促进西安地区科技服务业健康发展。

7. 国家技术转移东北中心:2015年9月,科技部批复同意国家技术转移东北中心建设发展规划。东北中心承担东北地区技术转移核心区的功能,通过集聚、整合和利用国内外创新资源,为东北地区老工业基地振兴战略提供有力支撑。

8. 国家技术转移海峡中心:2016年3月10日揭牌,依托福建虚拟研究院——海峡技术转移中心筹备建设,定位为区域创新体系建设的支撑平台、两岸技术转移的对接平台、服务自贸试验区技术创新的重要载体、海上丝绸之路核心区建设的技术集聚平台。

9. 国家技术转移苏南中心:2014年2月,苏州自主创新广场获批国家技术转移苏南中心。该中心定位于国际创新资源区域集散地、国际人才创新创业首选地、区域科技体制改革试验区、区域政府创新服务主阵地、区域高端科技服务集散区、区域创新资源配置主枢纽。

10. 国家技术转移郑州中心：2014年1月科技部正式批复同意国家技术转移郑州中心建设发展规划。

11. 国家海洋技术转移中心：2014年10月，科技部批复青岛市在国家高新区建设国家海洋技术转移中心。该中心面向全国培养高素质、专业化的技术转移从业人员。

四、科技成果推广应用

科技成果推广应用是技术转移和成果转化交互进行的科技活动，先进行技术转移，再实现成果转化。

科技成果或技术具有梯度转移特征，通过梯度转移来延长技术的生命，即向其他行业转移，或向欠发达或不发达地区转移。国家先后建立农业技术推广体系、医疗卫生技术推广体系和行业性技术推广体系，通过相关技术推广机构、行业协会、学会等，向城镇、工矿企业、广大农村推广先进适用技术。这是因为我国科技发展水平不均衡，利用行政力量加强技术推广应用，更好发挥技术的作用，创造更大价值。

一些高校院所和企业也设立技术转移机构，加强科技成果的推广应用。《国务院关于印发国家技术转移体系建设方案的通知》（国发〔2017〕44号）中提出，"鼓励高校、科研院所在不增加编制的前提下建设专业化技术转移机构，加强科技成果的市场开拓、营销推广、售后服务。创新高校、科研院所技术转移管理和运营机制"。

五、科研仪器设施共享

科研仪器设施不仅是科研手段，也是先进技术的载体。科研仪器设施共享不只是为了充分利用已有的科研仪器设施，节约科研投入，加快科研仪器设施的更新换代，也是为了加快科技成果的转移、扩散，因而是技术转移的通道之一。

《国务院关于国家重大科研基础设施和大型科研仪器向社会开放的意见》

(国发〔2014〕70号)中提出,"国家重大科研基础设施和大型科研仪器(以下称科研设施与仪器)是用于探索未知世界、发现自然规律、实现技术变革的复杂科学研究系统,是突破科学前沿、解决经济社会发展和国家安全重大科技问题的技术基础和重要手段"。这表明,科研设施与仪器是科技成果的有形载体和物化技术手段。该意见规定了科研设施与仪器开放共享的4种情形:

1. 必须纳入管理并向社会开放,即"对于科学仪器服务单元和单台套价值在50万元及以上的科学仪器设备,科技行政主管部门要加强统筹协调,按不同专业领域或仪器功能,打破管理单位的界限,推动形成专业化、网络化的科学仪器服务机构群"。

2. 自愿纳入管理,即"对于单台(套)价值在50万元以下的科学仪器设备,可采取管理单位自愿申报、行政主管部门择优加入的方式,纳入国家网络管理平台管理"。

3. 集约管理,即"对于通用科学仪器设备,通过建设仪器中心、分析测试中心等方式,集中集约管理,促进开放共享和高效利用"。

4. 查重评议,即"对于拟新建设施和新购置仪器,应强化查重评议工作,并将开放方案纳入建设或购置计划"。通过查重,避免重复购买。

管理是为了开放,开放的目的是共享,通过共享共用,提高科研仪器设施的使用率,使其发挥更大作用。

科技部、国家发展改革委、财政部印发的《国家重大科研基础设施和大型科研仪器开放共享管理办法》(国科发基〔2017〕289号)中,将开放共享规定为"管理单位将科研设施与仪器向社会开放,由其他单位、个人用于科学研究和技术开发的行为",同时规定,"科研设施与仪器原则上都应当对社会开放共享,为其他高校、科研院所、企业、社会研发组织以及个人等社会用户提供服务,尤其要为创新创业、中小微企业发展提供支撑保障"。这些规定表明,科研设施与仪器开放共享,实质上是技术(手段)的共享,因而是技术转移的重要通道。

六、科技文献数据共享

科技文献是科技知识的载体,也是科技成果的表现形式之一。科技文献共享就是文献中所记载的科技成果的共享，因而有利于科技知识的传播，这也是科技成果转移的重要通道。目前知网（CNKI）和万方是两个重要的科技文献库，还有专利检索库，这些都是科学研究的基础，也是科技知识的重要来源。通过文献共享，方便查阅相关文献，获取相关信息，本身就是科学知识的共享和传播。

七、科学数据开放共享

科学数据主要包括 3 个部分：一是由基础研究、应用研究、试验开发等科学技术研究开发活动产生的，是科技成果的表现形式；二是通过观测监测、考察调查、检验检测等方式取得并用于科学技术研究活动的原始数据，这是阶段性成果；三是在通过观测监测、考察调查、检验检测等方式取得的数据基础上衍生形成的科学数据，也是科技成果的表现形式。显然，科学数据既是科技资源，也是科技成果、科学数据的共享共用，本质上也是技术转移。

《国务院办公厅关于印发科学数据管理办法的通知》（国办发〔2018〕17号）第十九条规定，"政府预算资金资助形成的科学数据应当按照开放为常态、不开放为例外的原则，由主管部门组织编制科学数据资源目录，有关目录和数据应及时接入国家数据共享交换平台，面向社会和相关部门开放共享，畅通科学数据军民共享渠道。国家法律法规有特殊规定的除外"。从中可知，科学数据原则上必须开放，开放的目的是共享，共享的结果是以科学数据体现出来的科技成果实现的转移。该办法还规定，引用科学数据要注明出处。这不仅是对科学数据提供者的尊重，也有利于科技成果的溯源，因为对科学数据的加工、利用可以产生新的成果。

八、互联网+技术转移

互联网技术的运用，有多种表现形式。

1.运用互联网技术连接科技成果的供给方、需求方，可加快知识的传播，更好地实现科技成果的转移。《国务院关于印发国家技术转移体系建设方案的通知》（国发〔2017〕44号）提出，"通过互联网技术手段连接技术转移机构、投融资机构和各类创新主体等，集聚成果、资金、人才、服务、政策等创新要素，开展线上线下相结合的技术交易活动"。中国技术交易所、浙江技术大市场、西安科技大市场、科易网等都是运用"互联网+"的技术交易平台。

2. 各种类型的信息系统，如国家科技成果信息系统、国家科技报告系统、国家数据共享交换平台等，都是科技成果转移的平台，起到了互联网+技术转移的作用。

3. 高校院所和企业建立的开放式创新，也是互联网+技术转移。例如，海尔公司HOPE开放创新平台（Haier Open Partnership Ecosystem）搭建了全球创新者与全球用户需求平台，目的是打造全球资源并联交互的生态圈。其理念是"世界就是我的研发部系统"。

4. 企业构建的协同创新网络，即利用互联网技术进行协同研发，在协同研发中，交互数据、信息和阶段性成果。网上沟通及时、有效，大大提高了研发效率，并实现7×24的无间断研发。这种模式还引发了研发管理方式的变革和研发组织的创新。

5. 一些中介服务机构利用互联网技术开展技术转移，在网络上进行供需对接、成果交易等。例如，博士科技集团建立了网上服务平台，设有人才智库、成果交易、供需对接、创新活动、政策情报、专家大数据等栏目，并在全国设立了28个分支机构，每个分支机构服务于一个地方或一个片区的技术转移，在全国形成一个比较大的技术转移服务网络。

将互联网技术、区块链技术等信息技术用于技术转移，可以大大提高技术转移效率和成功率。这方面有比较大的发展空间和应用前景。

九、其他转移通道

科技成果转移的通道有很多，科技创业、技术市场、商品贸易等都是重要的技术转移通道。

上述各种方式都是科技成果从供给方向需求方转移的渠道，使科技成果从一个主体向另一个主体转移，而转移的过程就是科技成果价值的实现过程。

第三节 科学普及与科技教育

科学普及与科技教育都是向特定或不特定对象传递科学技术知识,提高科学素养,也是科技成果转移的特殊方式和重要通道。

一、科学普及

科学技术普及活动是最重要的科技知识或科技信息的转移活动。《科学技术普及法》(2002)规定,科学技术普及是指"国家和社会普及科学技术知识、倡导科学方法、传播科学思想、弘扬科学精神的活动"。科普具有以下特征。

第一,科普是公益事业,不仅是政府的职责,也是高校院所、企业、社会组织和广大科技工作者的职责,是全社会的共同任务。政府要加强组织领导,为开展科普工作创造良好的环境和条件。社会各界,包括高校院所、企业、社会组织等,都应当组织参加各类科普活动。

第二,普及对象是社会公众,因此,科普要采取公众易于理解、接受、参与的方式,要坚持群众性、社会性和经常性。例如,每年5月,科技部组织各地参加的科技宣传周活动,都是群众性科普活动。

第三,科普所普及的主要内容是科学技术知识、科学方法、科学思想、科学精神,其中主要是科技成果,科普工作应当坚持科学精神,反对和抵制伪科学。

第四,科普的根本目的是要转变公众的观念,提高公众的科学素养,而科学技术的普及程度是衡量科学进步的一大标准。

科学普及是科技知识的传播,实质上也是科技成果转移,只是转移的对象是社会公众,科技成果的输出方是科技成果的研究者,或科技知识的生产者,包括高校院所、企业和其他组织、科技工作者等。掌握科技成果或科技知识的机构,包括教育机构、新闻出版、广播影视、文化等机构和团体等，科学技术协会是科普的主要社会力量。《科学技术普及法》中规定了各类机构科普工作的职责或责任，主要包括：一是科学技术协会组织开展群众性、社会性、经常性的科普活动；二是各类学校及其他教育机构，应当把科普作为素质教育的重要内容，组织学生开展多种形式的科普活动；三是新闻出版、广播影视、文化等机构和团体应当发挥各自优势，做好科普宣传工作；四是企业应当结合技术创新和职工技能培训开展科普活动。

从《科学技术普及法》规定看，大学、中学、小学和幼儿园各类学校对学生开展的科学技术教育，综合类报纸、期刊开设的科普专栏、专版，广播电台、电视台开设的科普栏目或者转播科普节目，影视生产、发行和放映机构放映的科普影视作品，书刊出版、发行机构出版的科普书刊，综合性互联网站开设的科普网页，科技馆（站）、图书馆、博物馆、文化馆等文化场所开展的科普教育都是科普活动，都是科技成果转移的重要通道。

科普已经发展到从扫盲到按人群、按内容进行精准化普及，公众可按需点单学习，可大大提高科普工作的针对性和有效性。

二、科技教育

教育是指教育者以现有知识、经验通过一定方式方法对受教育者进行有目的、有计划、有组织的教化培育，促进其提高认知水平和实践能力。科技教育又被称 STEM（Science，Technology，Engineering，Mathematics）教育，具有以下特点：一是目的性强，提高受教育者的认识水平和实践能力；二是计划性强，一般有教纲、教材、课程安排等；三是组织性强，一般由教育机构组织并在教育机构内部进行。科技教育主要包括以下 3 个层次。

1. 各类学校教育。各类大中小学开设的科技教育课程，包括数学、物理、化学、生物、信息科技等基础课程，大学开设的各类专业基础课程、专业课程，中小学校开设的劳动技能课、普及科技知识课程、专业技能课程，以及开放大学（电视大学）及继续教育机构开展的学历教育和非学历教育，都是让学生学习科学技术知识，掌握专业技能。其实质是向学生转移科技知识，属于技术转移。

2. 教育培训机构开展的专题培训，包括各类培训机构开展的短期培训、为期几个月的培训、业余培训等，培训内容属于科学技术知识的，也属于科技教育。

3. 在职教育，即政府机关、企业事业单位、社会组织等围绕一个科技专题面向本单位员工或特定对象开展的专题培训或讲座，目的是让受教育对象掌握相关专业技术知识，提升专业技能。

科技教育与科学普及相比，有其自己的特点。一是科技教育是面向特定的主体，即学生、学员，而科普是面向不特定的对象，即社会公众。二是科技教育是循序渐进地进行的，根据学生、学员的知识基础和接受能力来设计课程，并精准施教，教育的目的是让学生或学员掌握科学知识，提高劳动技能，训练科学思维，培养其综合运用知识解决问题的能力，而科普虽然也有较强的目的性，但一般是分专题进行的，系统性没有科技教育那么强。三是科技教育的主体是各类教育机构（包括政府机关、企事业单位），施教者是教师（培训师、师傅等），而科普是全社会的共同责任，科普的主体是政府机关、高校院所、企业、社会组织等。四是进行科技教育的场所主要是学校教室、实验室等特定教育场所，一般在教育机构内部进行，而科普的场所一般是各类科普场馆（包括综合性、专业性、专题性科普场馆）、科技媒体等。五是科技教育的形式是以教师面授为主，辅以教师辅导、咨询、研讨等，而科普主要通过举办群众性、社会性、经常性活动进行，包括放映科普电影、在人群集中的地方放置科普展板等。

第四节　技术转移通道政策法规摘编

1.《国务院关于印发国家技术转移体系建设方案的通知》（国发〔2017〕44号）：

"一（四）——转移通道。通过科研人员创新创业以及跨军民、跨区域、跨国界技术转移，增强技术转移体系的辐射和扩散功能，推动科技成果有序流动、高效配置，引导技术与人才、资本、企业、产业有机融合，加快新技术、新产品、新模式的广泛渗透与应用。"

"二（五）促进产学研协同技术转移。发挥国家技术创新中心、制造业创新中心等平台载体作用，推动重大关键技术转移扩散。依托企业、高校、科研院所建设一批聚焦细分领域的科技成果中试、熟化基地，推广技术成熟度评价，促进技术成果规模化应用。支持企业牵头会同高校、科研院所等共建产业技术创新战略联盟，以技术交叉许可、建立专利池等方式促进技术转移扩散。加快发展新型研发机构，探索共性技术研发和技术转移的新机制。充分发挥学会、行业协会、研究会等科技社团的优势，依托产学研协同共同体推动技术转移。"

"三（十）强化军民技术供需对接。……建立军民技术成果信息交流机制。进一步完善国家军民技术成果公共服务平台，提供军民科技成果评价、信息检索、政策咨询等服务。"

"三（十一）强化重点区域技术转移。发挥北京、上海科技创新中心及其他创新资源集聚区域的引领辐射与源头供给作用，促进科技成果在京津冀、长江经济带等地区转移转化。开展振兴东北科技成果转移转化专项行动、创新驱动助力工程等，通过科技成果转化推动区域特色优势产业发展。优化对口援助和帮扶机制，开展科技扶贫精准脱贫，推动新品种、新技术、新成果向贫困地区转移转化。"

"三（十二）拓展国际技术转移空间。

加速技术转移载体全球化布局。加快国际技术转移中心建设，构建国际技术转移协作和信息对接平台，在技术引进、技术孵化、消化吸收、技术输出和人才引进等方面加强国际合作，实现对全球技术资源的整合利用。加强国内外技术转移机构对接，创新合作机制，形成技术双向转移通道。

开展'一带一路'科技创新合作技术转移行动。与'一带一路'沿线国家共建技术转移中心及创新合作中心，构建'一带一路'技术转移协作网络，向沿线国家转移先进适用技术，发挥对'一带一路'产能合作的先导作用。

鼓励企业开展国际技术转移。引导企业建立国际化技术经营公司、海外研发中心，与国外技术转移机构、创业孵化机构、创业投资机构开展合作。"

2.《国务院办公厅关于印发促进科技成果转移转化行动方案的通知》（国办发〔2016〕28号）：

"二（四）13.……在现有的技术转移区域中心、国际技术转移中心基础上，落实'一带一路'、京津冀协同发展、长江经济带等重大战略，进一步加强重点区域间资源共享与优势互补，提升跨区域技术转移与辐射功能，打造连接国内外技术、资本、人才等创新资源的技术转移网络。"

3.科技部等9部门《关于印发振兴东北科技成果转移转化专项行动实施方案的通知》（国科发创〔2018〕17号）：

"一（一）基本原则。

问题导向。聚焦东北科技成果转移转化的薄弱环节和关键症结，重点解决产权不清晰、创新创业环境亟待优化、科技人员激励不到位的问题，着力打通科技成果向实体经济有效转化的通道。"

4.《科技部关于印发国家科技成果转移转化示范区建设指引的通知》（国科发创〔2017〕304号）：

"二（一）总体布局

围绕国家重大区域战略以及重点产业发展战略布局，统筹不同地区，重点选择工作主动性和积极性高、科技创新基础较好、科技成果转化工作特色突出、对周边区域发挥辐射引领作用的有关省（自治区、直辖市）进行布局，既注重发挥东部地区的示范带动作用，又注重适当向中西部地区倾斜。

以省（自治区、直辖市）为建设主体，主要依托国家自主创新示范区以及国家和省级高新技术产业开发区、农业科技园区等，围绕区域经济社会发展特别是供给侧结构性改革对科技创新的实际需求，开展科技成果转移转化区域示范。充分发挥示范区的辐射带动作用，促进科技成果跨区域转移转化和创新资源开放共享，带动周边区域乃至全国范围的科技成果转化与产业升级。"

5.《教育部关于印发〈高校科技创新服务"一带一路"倡议行动计划〉的通知》(教技〔2018〕12号):

"二(二)5.依托高校技术转移机构,构建覆盖沿线国家的技术转移网络,推动先进技术成果向'一带一路'国家转移转化,支撑沿线国家经济社会发展。鼓励和支持高校围绕'一带一路'建设,加强国际优势创新资源协同,深化政产学研协同创新机制改革,建设和打造一批高校科技成果转化和技术转移基地,结合实际开展体制机制探索。"

第十章　科技成果定价

科技成果定价是技术交易的核心环节。一般来说，不涉及知识产权的技术是公知技术、是无价的，这种类型的技术转移，属于知识传播，不发生技术交易，不涉及定价问题。涉及知识产权的技术是受法律保护的技术，是有价的，这种类型的技术转移，往往存在定价问题。

第一节　科技成果定价方式

《促进科技成果转化法》第十八条规定，"国家设立的研究开发机构、高等院校对其持有的科技成果，可以自主决定转让、许可或者作价投资，但应当通过协议定价、在技术交易市场挂牌交易、拍卖等方式确定价格。通过协议定价的，应当在本单位公示科技成果名称和拟交易价格"。从这一规定可知，科技成果定价主要有以下 3 种方式。

一、协议定价

协议定价是指交易双方经过反复协商并在形成共识的基础上确定科技成果的成交价格。其中，"协议"是指成交的过程，或成交的方式，即成交过程是科技成果让与方与受让方在充分沟通、协商的基础上，让与方先出一个价，受让方再还一个价，直到双方成交为止。定价是指成交的结果，协议是指成交的过程。

协议定价应该是按照独立交易原则进行成交的，即交易双方不存在任何关联关系，包括直接的、间接的股权关系，实际控制人之间也不存在影响独立交易的关系等。双方完全基于诚信原则，在反复协商并形成共识的基础上达成交易的。

理想状态的协议定价是指交易双方反复沟通、最终形成共识。这种理想状态的协议定价只能发生在自然人之间，很难发生在法人之间。法人之间的协议定价还取决于各法人的内部决策机制和审批机制。一旦进入了董事会、股东会流程对科技成果的价格进行审议，董事会、股东会做出了决策，就不太容易更改了。例如，A单位将一项科技成果报价2500万元，B企业经办人还价到2000万元，报董事会后，董事会只肯出1500万元。此时，A单位要么接受，要么拒绝，没有第3种方案。

为避免暗箱操作，或成交双方经办人员之间利益输送，在法律层面增加了一道约束环节，即《促进科技成果转化法》第十八条规定"通过协议定价的，应当在本单位公示科技成果名称和拟交易价格"。公示是一个以"公开"为手段的控制措施，可在一定程度上降低利益输送的风险。

二、技术交易市场挂牌

科技成果让与方在技术交易市场设定一个挂牌价，受让方接受该价格就成交，无人接受的话就不成交。挂牌价就是让与方公开给出的价格，受让方经过对科技成果进行全面的评估之后，接受该价格，双方就成交。其实，由于科技成果比较特殊，其价值不是那么显而易见，这种交易方式并不多见。

目前，一些技术交易机构开展挂牌交易服务，其主要做法是交易双方经过充分协商之后，以商定的价格在技术交易机构挂牌，并办理交割手续。其好处是公开、透明，充分体现了独立交易原则，不会埋下交易隐患，企业到资本市场上市将不会存在任何障碍。而且由于信息公开程度较好，能够更充分地发现潜在的需求者，从而进行更广泛的磋商。

例如，为规范知识产权处置流程、为科技成果转化项目后续对接资本市场铺平道路，上海交通大学于2017年委托上海联合知识产权交易中心南部分中心，将关联交易类转化项目在上海联合产权交易所采用公开挂牌的方式进行交易，以降低这类交易项目的合规风险。挂牌的关联交易类科技成果近百项，交易金额近1000万元。通过挂牌交易，形成处理关联交易项目的操作流程：转让方与知识产权交易中心的转让委托→受让方与知识产权交易中心的受让委托→转让方与受让方签署交易合同等。

不过，挂牌交易有以下三点不足：一是如何确定挂牌价？以科技成果评估值还是交易双方协商确定的价格进行挂牌？以科技成果评估值进行挂牌，则挂牌价可能严重偏离市场价，导致不能成交。如果以协商确定的价格进行挂牌，则可按照协议定价方式成交，挂牌是多此一举，而且还浪费时间，增加了交易成本。二是价格的形成往往是一厢情愿的，受让方接受即可成交，不接受就不能成交，即议价不充分。三是交易时间较长，挂牌交易必须在挂牌期满以后才可以成交。有多家买方愿意购买往往以出价高者成交，此时以竞价成交。四是增加了交易费用，挂牌交易需要支付挂牌交易费用，往往由委托方按照成交价的一定比例（累进比例或累退比例）向交易机构支付交易费用。有的交易机构制定的交易规则是按照评估价成交，即要求先委托评估机构进行评估，以评估值进行挂牌，并以不低于评估值的价格进行成交。

三、拍卖

采用拍卖方式交易的，科技成果出让方设定一个起拍价，起拍价往往是保底价，再在此基础上竞价，使价格逐步增加。如果有人出价无人竞价的话，就以出价成交。如果无人出价的话，就流拍。也许因为科技成果的价值不是显而易见的，参与竞价的往往不多。拍卖的好处是公开和竞争，且交易程序完备，也逐步被高校院所采用。例如，同济大学于2018年举办了"专利成果专场竞价（拍卖）会"。在拍卖会上，一项成果的8项专利技术的5年独占许可使用权以250万元的起拍价开始竞价，经过几个回合，最终以300万元的价格被某公司拍得。而购买该成果的公司与该成果的完成人存在关联关系。

对于科技成果完成人与交易对象存在关联关系的，一般不适用协议定价方式，采用在技术市场挂牌交易、拍卖等公开成交方式进行交易可降低交易风险，避免利益输送的嫌疑。

另外，评估定价是指根据科技成果的评估值确定成交价。这是国有资产处置的最主要方法。但对科技成果资产的处置，评估定价只能作为参考。科技成果评估，是引入第三方评估机构为高校院所背书，目的是避免科技成果定价的决策风险。例如，某高校规定，无论采取哪种交易方式，都要对科技成果进行评估，而且成交价不得低于评估价，且不低于5万元。事实上，由于科技成果评估的不确定性，评价定价方法往往成为其他交易定价方法的附属品，从而失去了本来的意义。对评估定价进行硬性要求的机构，往往出发点更多的是出于免责等的考虑，徒然增加了科技成果转化的交易成本。

据《中国科技成果转化年度报告2019（高等院校与科研院所篇）》统计，2018年，3200家高校院所以转让、许可、作价投资的11 027项科技成果中，采用协议定价的项目为10 692项，占比为97.0%；以挂牌和拍卖交易的项目分别为148项和187项，分别占总数的1.3%和1.7%；经过评估的转化项目为8215项，占项目总数的74.5%。但是该报告没有指明是否是经第三方资产评估机构评估。

科技成果几种成交方式的比较，如表10-1所示。

表10-1 科技成果成交方式的比较

成交方式	成交过程	成交价	特点
协议定价	充分沟通、达成共识	协商确定的价格	一般在平衡点成交，双方都合意
技术交易市场挂牌	只挂牌，一般不做调整，不存在协商，受让方只接受	挂牌价，多人有意向成交的，以出价高者成交	双方没有充分沟通，出让方比较主动，但出价一般趋于保守
拍卖	多人竞价，不断抬高价格	出价最高者成交	出让方出价相对保守，受让方比较主动。如果竞价激烈，出让方比较合算
评估定价	受让人接受评估价	成交价或高于评估价	因沟通不充分，很难成交

第二节 科技成果定价过程

高校院所、企业对科技成果的定价,应该与企业对产品或服务的定价相类似,也要经过一定的程序。定价影响成交,如果不能成交,科技成果评估评价就失去价值,所以科技成果评估评价就是为了更好地成交。而科技成果交易是建立在双赢的基础上的。

一、科技成果估价

科技成果估价是指科技成果完成人或持有人对拟交易的科技成果的技术水平、技术难度、成熟程度、知识产权,以及其预期可产生的收益、存在的潜在风险等进行评价所做出的一个基本判断,并对其价值进行估算。

高校院所、企业等出售或交易一项科技成果,应该先出价,再由对方还价。这样一来一往,多次往复,逐步形成共识,在共识的基础上成交。科技成果完成单位,或持有单位出价前先要对科技成果的价值进行估算,即估价。科技成果估价一般要考虑以下因素。

1.科技成果的研制成本。研制成本是出价的一个参考因素。高校院所、企业一般应核算科技成果的研制成本,包括人工费、原辅材料费、水电动力费、科研仪器设施折旧费、外协加工服务费、无形资产摊销费、科研管理费、图书资料费、情报检索费、检验测试费、房屋占用费等。对于比较成功的项目,出价应不低于研制成本。当然,对于一些探索性强的科研项目,也可以低于研制成本,甚至远低于研制成本。例如,某项科技成果先后经过10余年的研制,先后申请了国家和地方的科技计划,财政经费投入近10亿元,但为了使该成果得到转化,该成果仅作价2000万元,成果完成单位和科研团队各投资1000万元,3家企业共投资1.6亿元,共同组建注册资本为2亿元的企业,对该成果实施转化。这是否意味着该成果价值被严重低估了呢?显然不是。

2. 由本单位技术转移机构对科技成果进行价值判断。教育部办公厅《关于进一步推动高校落实科技成果转化政策相关事项的通知》(教技厅函〔2017〕139号)第一部分第4条规定,"可以由学校技术转移部门开展尽职调查进行价值判断"。尽职调查即"审慎调查",是指对拟交易的科技成果的成本、预期收益、知识产权情况及其归属、面临的机会与潜在的风险进行的一系列调查,因而是科技成果交易中一项重要的风险防范工具。在尽职调查的过程中,通常利用技术、财务、法务、商务等方面的专业经验与专家资源,综合专家的观点形成独立的观点,用以评价科技成果的价值,作为本单位管理层决策的依据。尽职调查不仅要审查拟交易科技成果的技术水平、技术难度等情况,更要考察该成果的未来前景,以判断其未来价值。上述教育部该文件提出的尽职调查,由学校的技术转移部门开展。如果学校没有设立技术转移部门,则无法实施。另外,如果交易的科技成果比较多,也很难做到对每项成果都做尽职调查。技术转移部门开展尽职调查,只是一个选项,对于特别重大的科技成果比较适用。

3. 由专家或专家委员会进行价值评估。《教育部办公厅关于进一步推动高校落实科技成果转化政策相关事项的通知》(教技厅函〔2017〕139号)第一部分第4条规定,"可委托专家委员会或具有相应资质的第三方机构对科技成果进行价值评估"。该通知规定的专家委员会,可以是学校的专家,也可聘请外部专家,包括同行业或同领域的技术专家、财务专家、知识产权法律专家和商务方面的专家,组成一个专家委员会。专家们从不同的角度,对拟交易的科技成果进行评价,并估算其价值。这种方式一般适用于对价值不高的科技成果进行价值评估,对于重大的、原创性很强的科技成果,仅仅组织专家或专家委员会进行价值评估是不够的,而只能作为价值评估的一个环节。

4. 由第三方资产评估机构进行价值评估。这是《事业单位国有资产管理暂行办法》等所强调的,但是科技成果的价值评估显然还难以达到科学合理的地步。

《国务院关于强化实施创新驱动发展战略进一步推进大众创业万众创新深入发展的意见》(国发〔2017〕37号)第二条第(二)项提出,"依法发挥资产评估的功能作用"。所谓"依法"是指依照《资产评估法》。这里有一个假定，科技成果资产是可以评估的，资产评估机构可以依法依规对科技成果进行价值评估，资产评估机构出具的评估报告能够反映科技成果的价值。评估的目的是防止国有无形资产流失。其实，因科技成果的专业性强、时效性强，最重要的是科技成果的价值具有很高的依附性，资产评估机构的评估人员一般不是某一领域的专业人员，对科技成果难以有很深入的理解，即便是该领域的专业人员，也难以判断其未来的发展前景和预期收入，进而难以把握其价值。

财政部于2019年3月29日发布新修改的《事业单位国有资产管理暂行办法》（财政部令第100号）第三十九条第（三）项规定"国家设立的研究开发机构、高等院校将其持有的科技成果转让、许可或者作价投资给国有全资企业的"，可以不进行资产评估，第四十条规定"国家设立的研究开发机构、高等院校将其持有的科技成果转让、许可或者作价投资给非国有全资企业的，由单位自主决定是否进行资产评估"，这两条规定取消了对科技成果资产评估的强制要求，将科技成果处置权真正地交给高校院所，是符合市场经济规律和科技成果规律的做法。由于资产评估的法律法规体系很健全，科技成果的价值很难说得清楚。尽管将是否进行资产评估的权利交给高校院所等事业单位，但一些事业单位仍然不敢承接，从免责的角度考虑认为进行资产评估比较稳妥。

《教育部办公厅关于进一步推动高校落实科技成果转化政策相关事项的通知》（教技厅函〔2017〕139号）规定，"高校依据教技〔2016〕3号文精神，要积极推动建立科技成果专业化、市场化定价机制，可以由学校技术转移部门开展尽职调查进行价值判断，也可委托专家委员会或具有相应资质的第三方机构对科技成果进行价值评估，作为市场化交易定价的参考依据"。也就是说，技术转移部门尽职调查所进行的价值判断、专家委员会进行的价值评估、具有相应资质的第三方机构进行的价值评估，都是市场化交易定价的参考依据。所谓参考依据，就是作为出价的依据，即依据价值评估值确定出价，可以高于评估值出价，也可低于评估值出价，也可按照评估值出价。至于怎么出价，主要取决于高校院所、企业等出让方对其所交易的科技成果的判断是乐观的还是悲观的。实际成交价，可能低于出价，可能高于评估价，也可能低于评估价。

二、科技成果询价

科技成果估价是科技成果完成人或科技成果持有人对拟交易的科技成果价值的主观判断，这个判断可能与实际价值偏差较大。为避免科技成果估价脱离实际，应对科技成果进行询价，即向有意向购买技术的相关行业企业询价。

可以由高校院所、企业的相关职能部门、技术转移机构向相关行业企业发送函件，大致介绍科技成果的情况，询问是否有成交意向，大致出价多少。也可委托有关中介机构向相关行业企业推介，了解企业是否有成交意向。如有意向，大致出价多少。

有的高校院所委托科技中介机构提供技术经纪服务，技术经纪机构（人）的一项重要职能就是向企业推介科技成果，获得企业的反馈信息，包括对科技成果的需求程度、科技成果应达到的成熟程度、对科技成果价值的基本判断等。这些信息有助于高校院所进一步完善其成果，并对其成果的价值有清醒的认识和基本判断。

从企业得来的信息，有助于科技成果完成单位或科技成果持有人从需求的角度了解其科技成果的价值，可以校正对科技成果认识的偏差，进而可以给出一个合理的价格，防止出价上的一厢情愿，避免与交易对象的还价差距太大。这有助于交易双方缩小差距，进而有助于达成共识。

通过询价，了解科技成果的潜在交易对象，以及交易对象对科技成果的应用方向及其是否具备承接科技成果转化或者研究开发的能力。通过与大企业的沟通，了解其是否需要科技成果，肯出资多少，其选择是否多样。这些询价有助于高校院所对其科技成果的价值进行重新认识，进而认识其科技成果的真正价值。

三、交易双方协商

高校院所、企业等科技成果完成单位或科技成果持有人在估价、询价的基础上提出一个拟出让的价格。受让方不会马上还价，而是要进行尽职调查，对拟受让的成果进行全面的调查，包括科技成果的技术水平、技术难度、先进性程度、成熟程度、知识产权状况及其保护程度，以及预期可以产生的收益、存在的风险等，在综合评价基础上再进行还价。双方价格之间的差异主要在于对尽职调查所涉及方面的认识是否一致。双方的协商，首先在于对科技成果本身的价值达成共识。在达成共识的基础上，再考虑收益的计算方式、付款条件等，因为这些方面都会影响成交价格。

四、确定成交价，选择合适的交易方式进行成交

交易双方对科技成果的技术水平、成熟度（可转化性）、应用前景和预期收益等形成共识以后，要选择合适的交易方式进行成交。在成交时，如何确定成交价？是否需要对科技成果进行资产评估？如果进行资产评估，则以资产评估值为依据确定成交价。而此时的资产评估，是基于双方对科技成果的技术水平、应用前景和预期收益等形成共识。这就要求在科技成果评估过程中进行协商，并以评估值为基础确定成交价。

显然，科技成果资产评估不是一种交易方式，而是为交易服务的。为此，进行科技成果资产评估，需符合以下两个前提条件：一是交易双方应对科技成果的技术水平、成熟度、应用前景、预期收益等形成共识；二是评估是为了双方成交，而不是其他用途。

第三节 科技成果资产评估及其方法

科技成果转移的一个重要环节是对科技成果资产进行定价，而定价取决于对其价值的评估。科技成果资产评估既是科技成果资产管理的重要内容，因其政策性强，更是科技成果转移的热点问题。

一、科技成果资产评估的目的和意义

科技成果转化及产业化，就是运用科技成果开发新产品，再销售新产

品实现其市场价值，以实现科技成果潜在的经济效益、社会效益。以转让、许可、作价投资方式转化科技成果的，需要对科技成果资产进行价值评估。因此，科技成果资产评估的重要性显而易见，其目的主要在于对科技成果的技术水平、应用前景、市场价值做出评价。

正因如此，国家有关部门很重视科技成果资产评估，制定了比较完备的政策法规。但科技成果资产的特殊性，又使科技成果资产评估结果并不能反映科技成果的市场价值。这又在一定程度上影响甚至阻碍科技成果的转移转化。

需要注意的是，科技成果资产评估与科技成果评估有所不同。前者是基于科技成果交易，是为科技成果交易服务的；后者是为了判断科技成果的技术水平、成熟程度、应用前景等，目的是促进科技成果转移转化。

二、科技成果资产评估的主要政策

科技成果资产评估政策性强，涉及的有关政策如下。

1.《事业单位国有资产管理暂行办法》（财政部令第100号）第三十九条规定，"国家设立的研究开发机构、高等院校将其持有的科技成果转让、许可或者作价投资给国有全资企业"的，"可以不进行资产评估"。这是授权条款，因在国有资产之间转移科技成果，不存在国有资产流失的问题。该办法第四十条规定，"国家设立的研究开发机构、高等院校将其持有的科技成果转让、许可或者作价投资给非国有全资企业的，由单位自主决定是否进行资产评估"。即将是否进行资产评估的决定权交给高校院所。高校院所在决定时，要避免该办法第五十二条第三项情形"通过串通作弊、暗箱操作等低价处置国有资产的"出现，否则要承担"《财政违法行为处罚处分条例》的规定进行处罚、处理、处分"的后果。这就要求高校院所慎用该决定权。不过，在处置国有资产时，做到了公开，走了该走的程序，就不存在"串通作弊、暗箱操作"的问题。

2.《科技部等6部门印发〈关于扩大高校和科研院所科研相关自主权的若干意见〉的通知》（国科发政〔2019〕260号）第三部分第（十）条规

定,"修订完善国有资产评估管理方面的法律法规,取消职务科技成果资产评估、备案管理程序"。这一规定反映了以下两个方面内容:一是对科技成果资产,可以不进行资产评估,这符合《事业单位国有资产管理暂行办法》(财政部令第 100 号)的规定;二是修订法律法规中关于科技成果资产评估的条款,解决法律法规与规章、政策文件不一致的问题。从该文件规定看,并不是该文件取消了"职务科技成果资产评估、备案管理程序",而是提出这样一个计划,即通过修订相关法律法规取消"职务科技成果资产评估、备案管理程序"。

3. 财政部印发的《关于进一步加大授权力度 促进科技成果转化的通知》(财资〔2019〕57 号)提出"中央级研究开发机构、高等院校将科技成果转让、许可或者作价投资,由单位自主决定是否进行资产评估",重申了《事业单位国有资产管理暂行办法》(财政部令第 100 号)第四十条规定。

从上述规定可知,科技成果资产评估不作为强制要求,以适用《促进科技成果转化法》第十八条提出的"协议定价"规定。

三、科技成果价值评估方法

资产评估主要有以下 3 种方法:成本法、市场法和收益法。

1. 成本法,即运用现实费用标准,参照历史成本,重新研制开发一项科技成果所需要的成本,因而又称"重置成本法"。

利用成本法进行评估的结果一般会与其市场价值有较大的出入,需根据实际情况和条件变化进行调整。可将科技成果的研发成本或重置成本作为定价的参考。实际上,科技成果转移的市场价格与其研发成本可能出入很大。例如,本章第二节"一、科技成果估价"中提到的案例,财政投入近 10 亿元,但仅作价 2000 万元,科技成果作价金额仅是研发成本的 2% 左右,这一价格是协商的结果。这一定价与其投资规模有关。目前投资规模仅 2 亿元,该技术作价金额占 10%。如果按研发成本定价,要保持技术作价金额为 10%,则要求投资总金额为 20 亿元。这会使投资者望而却步。

2.市场法，是指将待评估的科技成果与近期类似的技术交易进行比照，以后者的成交价格为基础加以修正，得出被评估成果的合理价格。其基本公式为：

科技成果评估值＝技术市场同类技术成交价格 × （1± 修正系数），

(10-1)

式（10-1）的修正系数是待评估科技成果与已成交的类似科技成果相比的调整系数，可以适当增加，也可适当减少。

市场法的难点在于，难以找到可做比较的已成交科技成果。技术交易相当复杂，即使是同一单位转让同一技术，由于转让对象、转让方式、转让时间、配套服务等因素不同，技术的成交价格差异很大。当技术交易样本少、技术相似性差、对交易背景不了解的情况下，是不能简单地套用式（10-1）的。运用市场法评估科技成果资产，需符合以下条件：

一是技术市场充分活跃；

二是技术交易过程公开透明，可以获得完整的技术交易资料，包括技术交易的背景情况；

三是被选取的样本是按照独立交易原则进行的正常交易，不是关联交易。

同时符合上述3个条件的成交项目很难找到，技术交易过程往往不透明，而且关联交易占比较大，采用市场法比较困难。由于市场比照价格比较难以确定，有时使用习惯价格这个概念。习惯价格是指在以往成交的同类科技成果交易中形成的价格范围和惯例，可以作为科技成果成交谈判的参照。由于不同行业的技术成交价格差异很大，一般选择本行业同类技术的价格惯例。可查阅相关资料获得不同行业的价格信息。

3.收益法，是指将被评估成果产生的未来效益折算为现值（折现）的评估方法。收益法不考虑研发成本，只考虑预期收益。这种方法往往可被交易双方接受，可操作性较强，也比较常用。

运用收益法评估科技成果价值可分以下几个步骤。

（1）市场调查，即了解拟运用科技成果开发新产品或改进产品的市场需求情况，收集、整理和分析市场资料，以便预测市场容量及经济效益。

（2）市场预测，即采用现代预测方法和手段，对市场调查结果进行市场前景估算，包括需求预测、供给预测和价格预测。

（3）新增经济效益预测，即采用科技成果开发新产品或对产品改造后所增加的经济效益。所谓"新增"，是预测科技成果转化后的年净收入，减去成果转化前的年净收入。

（4）新增经济效益折现，把今后若干年的新增经济效益折合成现值，即"贴现"。

在采用收益法进行评估过程中，折现率是一个非常重要的参数，折现率大小直接决定了评估值的大小。确定折现率时，应综合考虑安全利率（如国库券、定期存款利率）、通货膨胀因素和风险调整等多种因素。

一般来说，不宜采用单一的方法对科技成果的价值进行评估，往往采用上述多种方法，分别进行评估，再综合确定其评估值。同时，由于对科技成果转化的预期结果所持的态度不同，预期收益也不同，因此，评估值不应是一个确定的数值，而是一个区间，即持保守态度的评估值和持乐观态度的评估值所构成的区间。这一点与有形资产评估不同。例如，房产评估师可以根据地段、楼层、朝向、结构、房龄等估算出一套房产的价值，而且与成交价差异不大。但科技成果的价值评估不能根据某些指标来做出比较具体的评估。

四、科技成果资产评估流程

委托资产评估机构进行评估的，根据《资产评估法》规定，科技成果资产评估流程主要如下。

1. 签订评估委托合同，约定双方的权利与义务。
2. 评估机构成立专家组。根据待评估的科技成果所涉及的专业技术领域和市场特点，确定评估专家小组组成名单。评估专家应包括技术专家、知识产权法律专家、财务专家和市场营销专家。
3. 设计评估方案。评估方案主要包括评估的目的、内容、重点、标准、方法、指标等。

（1）根据评估方案，采集与待评估科技成果相关的数据信息，确定信息来源、类型和采集方式,以及覆盖的范围、精度要求等。

(2)根据待评估科技成果的实际情况,选择适当的评估方法和评估工具。如果因待评估成果的特殊性,找不到合适的评估方法和评估工具,可以对现有的评估方法和评估工具进行改进,或开发新的评估方法及评估工具。

(3)选择恰当的评估结果表达方式,如书面评估报告、综合评估报告、专题评估报告,或者以上报告的组合等。设计评估报告的内容与格式,以及提交评估报告的时机。

(4)如果可以找到与待评估科技成果具有可比性的已成交科技成果交易数据信息,可根据已成交成果的交易条件、交易价格及价值影响因素的差异,确定修正系数,计算评估值。如果被评估科技成果曾许可多人使用,可结合被许可人的具体情况确定修正系数,进而计算评估值。

(5)制订评估的计划进度表。

(6)完成并修订评估方案文本。

(7)确定评估设计方案。

4. 实施评估方案。获取待评估科技成果的资料,包括研发成本、技术总结报告、知识产权权属状况等。对所获得的数据信息进行分析,分别进行技术、市场、财务和法律等方面的分析评价。查核知识产权的权属状况,并判断知识产权对科技成果的保护力度。

5. 调研。对待评估科技成果进行相关调查,包括技术调查、市场调研,更进一步获取有关技术、市场等信息。预测待评估科技成果实施转化后可能获得的收益,并进行投资分析。

6. 审查评估资料及相关文件。

7. 组织专家进行评估,讨论并提出意见建议,形成评估意见初稿,起草评估报告初稿。

8. 评估专家组讨论评估意见和评估报告,并与委托方进行沟通。

9. 根据委托方的意见修改完善评估意见,形成评估报告正式稿。

10. 向委托方提交评估报告,评估结束。

可以根据科技成果的具体情况和委托方的具体要求对上述程序进行细化或压缩。

五、影响科技成果资产评估值的因素

一般来说,科研活动所产生的成果是智力成果,可以表现为各种形态,所以科技成果资产评估并不是一件简单的事情。科技成果转化可以带来巨大的收益,但能带来多大的收益,并不是显而易见的,甚至是不确定的,而且由不同的企业实施转化,由不同的人组织转化,其结果会相差很大。科技成果资产评估会受很多因素的影响。

1. 研发成本。科技成果与其他资产一样,其取得是要花费成本的。与有形资产相比,其成本不太容易确定,也不容易计量。因科技成果的生产是一次性的,既不具有横向比较性,也不具有纵向可比性。科技成果的取得具有累积性,即一项有价值的科技成果往往是多个项目的持续投入取得的,其研发成本不容易核算清楚。

一项成果的取得,其质量如何,与科研人员的努力程度或身心的投入程度有很大的关系。这样的努力程度或投入程度是难以计量的,不能用其劳动时间计量,也不可用其工资或人工费用来计量。一些重大科技成果的取得,是灵感+辛勤的汗水+机遇的结果,是科研人员倾注全部心血取得的。有时花了成本不一定能出成果,有时出了成果却没怎么花费成本。因此,研发成本只是影响科技成果价值的其中一个因素。

2. 预期收益能力。研发成本只能作为科技成果评估的参考,科技成果的价值取决于其创造收益的能力。一般来说,创收能力越强,其评估值越高;创收能力越弱,评估值越低。有的科技成果,即使研发成本很高,但创收能力不强,其评估值也不会很高。

3. 技术水平。科技成果的技术水平会影响其使用年限和市场垄断性,进而影响创收能力。科技成果的技术水平越高,垄断性越强,创收能力越强,使用年限越长,则其评估值越高。

4. 使用期限。每一项科技成果的使用年限与知识产权保护期限和技术生命周期有关,由两者最短年限决定。使用期限的长短,取决于该成果的先进性程度,也取决于其无形损耗的大小。例如,某发明专利申请日是 2007 年,在 2017 年时进行交易,该专利的使用期限只有 10 年。

5. 技术成熟程度。科技成果都有一个起步—发展—成熟—衰退的过程。科技成果的成熟程度直接影响着评估值的高低。技术越成熟，其转化风险越小，评估值一般就越高。

6. 科技成果转化方式。科技成果所有权转让和使用权转让之间的价格差异较大。所有权转让价要高于使用权转让价，即以所有权转让的科技成果的评估值高于使用权转让的评估值。同样是使用权转让，许可程度不同，评估值也有差异。

7. 行业技术发展水平。科技成果的更新换代越快，无形损耗越大，其评估值就越低。科技成果价值的损耗和贬值，主要取决于技术的更新换代速度。

8. 市场供需状况。市场供需状况反映了科技成果的市场需求情况和科技成果的适用程度。科技成果资产评估值随市场需求的变动而变动，市场需求大，则评估值高。市场需求小，则评估值低。同样地，科技成果的适用范围越广，适用程度越高，需求者越多，需求量越大，其评估值就越高。

9. 同类成果的价格水平。同类成果的成交价越高，则该成果的评估价会越高，反之亦然。

10. 支付方式。科技成果交易方式、价款支付方式等，都会影响科技成果的评估值。

科技成果的价值或评估值受上述因素的综合影响。当然，不同类型的科技成果能够发挥的作用不同，评估方法往往有很大差别，在评估中必须考虑到这一点。技术需求方的独特性也十分重要，所以很多科技成果的评估是结合着技术需求方的特点进行的，价值具有很大的差异。在评估科技成果时，要综合考虑各种影响因素，并对这些影响进行总体的评判和估计，这无疑是有相当难度的。

案例：

上海交通大学建立健全科技成果评估评价机制，对专家评议、尽职调查或由第三方机构等方式对科技成果进行评估制定了相应的操作办法，作为学校决策的参考。专家委员会成员应包括法律、管理、财务、投资、行业及科技领域专家。

《上海交通大学科技成果转化管理办法》规定：专家评估是指由上海交大产研院组织专家进行评议和论证，进而确定成果参考价格的评估方式。专家评估工作由上海交大产研院组织，邀请参加评议的专家人数原则上不少于5人，其中同行专家不少于3人，技术转移专家（即从事知识产权、法律、财税、国资等工作的专家）不少于2人。专家评估完成后，应当形成《科技成果专家评估表》，作为该项目转化的基础资料。

第三方机构评估是指学校委托有资质的第三方评估机构，对科技成果进行价值评估的方式。有如下情形之一的科技成果转化，应当采取第三方评估的方式：①科技成果完成人认为需要的；②科技成果转化过程有要求的；③科技成果转让的合作方与完成人有关联交易关系的；④国家其他文件有要求的。

尽职调查评估是指由科技成果完成人提交可行性研究报告并提出建议价格，由上海交大产研院组织人员或委托第三方专业机构进行尽职调查的资产评估方式。

上海交大产研院与学校图书馆密切合作，为专利提供检索分析服务，与有关科技服务机构合作，为创造发明提供潜在市场分析、专利布局等服务。2018年5月，上海交大产研院认定了6家无形资产（知识产权）评估机构入库，开展知识产权评估工作。

第四节 科技成果资产评估备案

根据国家有关规定，高校院所和国有企业可委托第三方机构对国有资产进行评估，并报主管部门等有关部门备案。

一、科技成果资产评估备案的内涵

《财政部关于印发〈国有资产评估项目备案管理办法〉的通知》（财企

〔2001〕802号）规定，国有资产评估项目备案，"是指国有资产占有单位（以下简称占有单位）按有关规定进行资产评估后，在相应经济行为发生前将评估项目的有关情况专题向财政部门（或国有资产管理部门，下同）、集团公司、有关部门报告并由后者受理的行为"。这一定义可从以下5个方面来理解。

1. 国有资产评估项目需要备案，不评估则不存在备案问题，非国有资产评估项目不需要备案。这里的评估是指国有资产占有单位委托第三方资产评估机构对科技成果资产进行评估。如果高校院所技术转移机构对科技成果资产进行尽职调查或高校院所组织专家委员会对科技成果资产进行评估，不属于备案之列。

2. 备案发生时间是在资产评估完成之后，相应经济行为发生之前，即国有资产转让、作价投资等经济行为发生之前。也就是说，科技成果资产评估项目备案是对科技成果交易进行监督，目的是防止国有资产流失。

3. 备案是指由国有资产占有单位按照行政隶属关系将国有资产评估情况专题向财政部门（国资监管部门）报告。即国资监管部门对国有资产占有单位交易科技成果资产行为进行监督。

4. 财政部门（或上一级国资监管部门）负责受理国有资产占有单位的国有资产评估情况专题报告，并进行审查。即监督主体是国资监管部门。

5. 备案是一种行政审批行为，或者说是一种事中国资监管手段。

二、评估备案的功能

根据财企〔2001〕802号文规定，评估备案具有以下功能。

1. 一种国资监管手段。在备案中，财政部门审查资产评估报告（评估报告书、评估说明和评估明细表可以软盘方式报备）及其他相关材料，是对资产评估行为的监督管理。

2. 规范资产评估行为。国有资产占有单位收到评估机构出具的评估报告后，对评估报告无异议的，应将备案材料逐级报送财政部门（集团公司、有关部门）。财政部门（集团公司、有关部门）收到占有单位报送的备案材料后，对材料齐全的，应在 10 个工作日内办理备案手续；对材料不齐全的，待占有单位或评估机构补充完善有关材料后予以办理。

3. 合法性审查。财企〔2001〕802 号文第十条规定，"各级财政部门应加强对评估项目备案情况的监督检查，确保备案项目经济行为和国有资产评估行为的合法性"。

三、科技成果资产评估备案规范

既要充分尊重科技成果作为商品的价值属性，也要考虑科技成果价值的时效性和交易的随机性，如何将两者兼顾起来？资产评估机构对科技成果资产进行评估，采用的方法和依据的标准主要是《国有资产评估管理办法》（国务院令第 91 号）、《资产评估基本准则》（财资〔2017〕43 号）、《科学技术评价办法（试行）》（国科发基字〔2003〕308 号）和《GB/T 22900—2009 科学技术研究项目评价通则》，主要采用成本法和收益法。无论采取哪种评估方法，由于科技成果研发过程的各项成本核算和潜在收益价值预测都存在很大的不确定性，评估结果都无法准确地反映科技成果的价值量。正因为如此，科技成果资产评估及其评估备案工作，可以起到对高校院所管理、决策责任的分散作用，以及为"国有资产所有者和经营者、使用者的"风险背书的作用[①]。同时，科技成果资产评估的委托方可根据评估方所采用的方法及其相关参数、指标的选择等，判断评估值的合理性，以发挥资产评估的功能作用。

为了使评估备案工作不影响科技成果的交易，缩短科技成果评估备案过程，2017 年 11 月 8 日财政部发布了《财政部关于〈国有资产评估项目备案管理办法〉的补充通知》（财资〔2017〕70 号），将国家设立的研究开发机构、高等院校科技成果资产评估备案工作调整为由研究开发机构、高等院校的主管部门负责。其中"调整"不是授权，而是改为由主管部门行使备案权。《教育部办公厅关于进一步推动高校落实科技成果转化政策相

---

① 林晓. 高校实施科技成果评估备案制度的思考[J]. 江苏科技信息，2018（5）：7-9.

关事项的通知》(教技厅函〔2017〕139号)规定,"教育部授权部属高校负责科技成果资产评估备案工作"。因财资〔2017〕70号文采用"调整",教育部才可以"授权"。通过这样的授权,将《促进科技成果转化法》第十八条规定的"国家设立的研究开发机构、高等院校对其持有的科技成果,可以自主决定转让、许可或者作价投资"落实到位,使高校院所真正实现"可以自主决定转让、许可或者作价投资"。

第五节 科技成果定价政策法规摘编

1.《促进科技成果转化法》:

"第十八条 国家设立的研究开发机构、高等院校对其持有的科技成果,可以自主决定转让、许可或者作价投资,但应当通过协议定价、在技术交易市场挂牌交易、拍卖等方式确定价格。通过协议定价的,应当在本单位公示科技成果名称和拟交易价格。"

2.《国务院关于印发实施〈中华人民共和国促进科技成果转化法〉若干规定的通知》(国发〔2016〕16号):

"一(三)国家设立的研究开发机构、高等院校对其持有的科技成果,应当通过协议定价、在技术交易市场挂牌交易、拍卖等市场化方式确定价格。协议定价的,科技成果持有单位应当在本单位公示科技成果名称和拟交易价格,公示时间不少于15日。单位应当明确并公开异议处理程序和办法。"

"二(十)科技成果转化过程中,通过技术交易市场挂牌交易、拍卖等方式确定价格的,或者通过协议定价并在本单位及技术交易市场公示拟交易价格的,单位领导在履行勤勉尽责义务、没有牟取非法利益的前提下,免除其在科技成果定价中因科技成果转化后续价值变化产生的决策责任。"

3.《国务院办公厅关于抓好赋予科研机构和人员更大自主权有关文件贯彻落实工作的通知》(国办发〔2018〕127号):

"四(三)明确科技成果作为国有资产的管理程序。请财政部落实

《中华人民共和国促进科技成果转化法》，按照对科技成果价值"通过协议定价、在技术市场挂牌交易、拍卖等方式确定价格"的规定，提出对《国有资产评估管理办法》的修订建议，简化科技成果的国有资产评估程序，缩短评估周期，改进对评估结果的使用方式，研究建立资产评估报告公示制度，同时探索利用市场化机制确定科技成果价值的多种方式。要进一步优化国有资产产权登记和变更程序，提高科技成果转化效率。"

4.《事业单位国有资产管理暂行办法》（中华人民共和国财政部令第100号）：

"第三十九条 事业单位有下列情形之一的，可以不进行资产评估：

（三）国家设立的研究开发机构、高等院校将其持有的科技成果转让、许可或者作价投资给国有全资企业的。"

"第四十条 国家设立的研究开发机构、高等院校将其持有的科技成果转让、许可或者作价投资给非国有全资企业的，由单位自主决定是否进行资产评估。"

"第五十六条 国家设立的研究开发机构、高等院校对其持有的科技成果，可以自主决定转让、许可或者作价投资，不需报主管部门、财政部门审批或者备案，并通过协议定价、在技术交易市场挂牌交易、拍卖等方式确定价格。通过协议定价的，应当在本单位公示科技成果名称和拟交易价格。"

5.《科技部等6部门印发〈关于扩大高校和科研院所科研相关自主权的若干意见〉的通知》（国科发政〔2019〕260号）：

"三（十）改革科技成果管理制度。修订完善国有资产评估管理方面的法律法规，取消职务科技成果资产评估、备案管理程序。"

6.财政部《关于进一步加大授权力度 促进科技成果转化的通知》（财资〔2019〕57号）：

"一（一）中央级研究开发机构、高等院校对持有的科技成果，可以自主决定转让、许可或者作价投资，除涉及国家秘密、国家安全及关键核心技术外，不需报主管部门和财政部审批或者备案。涉及国家秘密、国家安全及关键核心技术的科技成果转让、许可或者作价投资，授权中央级研究开发机构、高等院校的主管部门按照国家有关保密制度的规定进行审批，并于批复之日起 15 个工作日内将批复文件报财政部备案。"

"二（四）中央级研究开发机构、高等院校将科技成果转让、许可或者作价投资，由单位自主决定是否进行资产评估；通过协议定价的，应当"在本单位公示科技成果名称和拟交易价格。"

第十一章 技术转移人才管理

促进技术转移，技术本身很重要，技术转移人才也很重要。在国家技术转移体系建设中，技术转移人才队伍建设居于突出的位置。加强技术转移，首先要加强技术转移人才队伍建设。

第一节 技术转移人才分类及其职能

《国务院关于印发国家技术转移体系建设方案的通知》（国发〔2017〕44号）中提出"壮大专业化技术转移人才队伍"。根据该方案规定，技术转移人员包括技术转移管理人员、技术经纪人、技术经理人等。据中国科技成果管理研究会、国家科技评估中心、中国科学技术信息研究所发布的《中国科技成果转化年度报告2019（高等院校与科研院所篇）》统计，3200家填报科技成果转化年度报告的高校院所中，1306家单位填报了技术转移人员，共21 621人，其中专职人员10 564人，兼职人员11 057人。其中，661所高校有技术转移人员13 185人（专职4925人、兼职8260人），645所科研院所有技术转移人员8436人（专职5639人、兼职2797人）。技术转移人才队伍建设需要分类施策，不同类型的技术转移人才，需要适应各自的特点，遵循各类人才的成长规律，采取不同的建设措施和管理办法。

一、技术转移管理人才及其职能

国家有关文件没有对技术转移管理人才及其职责做出规定，但顾名思义，技术转移管理人才是指管理技术转移工作的人，即在行政机关负责科技成果转移转化工作的人，在企事业单位、社会组织负责组织技术转移活动、协调技术转移工作、推动技术交易、办理技术转移相关事务的人。例如，收集整理科技成果信息或技术需求、组织技术推介会、参加技术交易会、审查技术合同、办理技术合同认定登记、统计技术交易信息等，都属于技术转移管理工作的范畴。

在企事业单位技术转移机构中，除促成技术交易的一线人员外，其余人员主要承担技术转移管理职能，是技术转移管理人员。这部分人员不对某个技术转移项目是否成交、如何成交、成交金额多少负责，但对整个机构的技术转移成交情况负责。技术转移管理人员的主要职能是搭建技术转移平台，拟定技术转移制度，落实技术转移机制，创造技术交易机会，承担技术转移基础性工作，考核技术经理人的业绩，并激发技术经理人的主观能动性和创造性等。

根据技术供需（即技术转出与技术转入）的不同，技术转移管理人员的职责和工作要求也有所不同。

1. 技术供方的技术转移管理人员的主要职能。从供方的角度看，技术转移管理人员的职责是创造有利的条件、营造良好的环境、畅通技术输出的渠道，将科技成果转移出去，主要包括：

一是组织对本单位所取得的科技成果进行评价，按照技术成熟度和市场成熟度进行归类。可以分为以下3类：可转化的科技成果；需要进一步熟化的科技成果；暂时不具备转化和熟化条件，可作为储备的科技成果。

二是利用各种有效的途径，向相关企业推荐可转化的科技成果，包括组织技术经理人、科技成果完成人等制定科技成果转化方案，有针对性地向有关企业推荐科技成果。

三是贯彻落实技术转移制度，包括内部创业、兼职兼薪、离岗创新创业、知识产权归属等，优化技术转移流程，完善技术转移决策机制，并根据执行情况不断修订完善。

四是配合本单位有关部门加强产学研结合，充分利用本单位的各种资源，包括科研平台、与本单位合作的产学研合作载体、企业等，开展技术转移等。

2.技术需方的技术转移管理人员的主要职能。从需方的角度看，技术转移管理人员的职责是挖掘并评估技术需求、畅通技术输入的渠道，获取所需要的科技成果，主要包括：

一是根据本单位的发展战略梳理技术需求，并对梳理出的技术需求进行评价，按照需求程度和研发难度进行归类。

二是利用各种有效途径，征集全球创意，对接优质解决方案，向科研人员传递前沿技术创新动态等。

三是拟定从外部引进技术的制度，包括技术并购、技术孵化、项目合作、人才柔性流动等，优化创意征集流程，完善引入技术的决策机制，并根据执行情况不断修订完善。

四是配合本单位有关部门加强产学研结合，利用各种有效途径加强对外合作，包括合作建立研发基地、共建实验室等，畅通对外合作的渠道，获取所需的技术等。

二、技术经理人及其职能

技术经理人首次出现在《国务院关于印发国家技术转移体系建设方案的通知》（国发〔2017〕44号）中，但该文没有给出具体的解释，导致各方对其的解释或说法五花八门。由上海科学普及出版社出版、吴寿仁所著的《科技成果转化疑解》一书从字面含义将技术经理人解释为"专门负责管理、经营技术的专业人员"，是"侧重于管理上的称谓，是履行某一职能的责任人"。这是它的本义，主要针对高校院所和企业负责技术输出、技术引进工作的人员，通俗地讲就是技术营销人员，承担推销技术和购买技术的职责，对具体的技术转移项目负责，其主要职责是组织科技成果供需对接，促成技术交易。

不过，业界对技术经理人有不同的解释。有的认为技术经理人是从国外发达国家技术转移领域引入的概念，是与国际接轨的概念，认为技术经理人是指以科技成果转化为己任，应用专业知识和实务经验，促进科技成果的商品化、商业化和产业化，以科技成果转化工作为职业的从业者。江苏省技术产权交易市场于2019年9月发布了《技术经理人管理办法》《技术经理人事务所管理办法》《技术经理人从业佣金收费标准》3个指导性文件，认为技术经理人是作为中间经纪人对交易双方进行撮合，即将技术经理人等同于技术经纪人。中国技术交易所有限公司（简称中技所）于2017年出台《技术经理人管理办法（试行）》，对非中技所员工的自然人可以独立技术经理人身份在中技所进行技术交易或为科技成果转化提供服务，包括技术经纪、知识产权交易、知识产权运营、投融资服务等。卜昕（世界华人技术经理人协会副会长，赛乐思特生物医药投资咨询有限公司总裁）认为技术经理人有小概念和大概念之分：小概念是指在高校院所技术转移办公室从事技术转移的专业人士；大概念是指凡是参与技术转移过程的相关人员均可称为技术经理人，包括专职从事技术转移的专业人员，企业负责人如商务经理，投资人尤其是天使投资人，专利代理人或专利律师等科技中介服务人员、政府官员、高校负责人等。各种解释或提法都有道理，而且都有其具体的措施。

其实，《国务院关于印发国家技术转移体系建设方案的通知》将技术转移管理人才、技术经理人和技术经纪并列，意味着技术经理人是与技术转移管理人才、技术经纪人不同的概念，各有各的范畴和边界，混同起来既不利于技术转移，也不利于技术转移人才培养。从技术经理人的本义出发，明确其职责范围，有助于加强技术经理人队伍建设。

对于科技成果供给方（技术转出方）的高校院所和以技术需求（技术转入方）为主的企业，技术经理人的职责差异比较大，前者要保障技术交易完成，促使合同得到有效履行，后者要保障技术引进项目得到有效的实施，并努力达成预期目标。

1. 作为技术供方的技术经理人职能。对于技术供方的高校院所，技术经理人的职责是将科技成果转移到企业，即推销科技成果，主要包括：

（1）从源头把好科技成果的质量关。好的技术经理人，应参与应用型科研项目的全过程：在项目立项时，就要树立科技成果转移转化导向；在研发过程中指导科研人员把握好需要解决的重点、难点问题，提高科技成果的质量；研发完成后，制定科技成果转移转化方案，加强科技成果的推广应用，并将转化应用情况纳入项目验收。

（2）负责做好科研项目的知识产权管理与保护工作，与科技成果完成人密切配合，提高知识产权质量。

（3）负责拟订或指导科技成果完成人拟订科技成果转化方案，并推进该方案的实施。

（4）多途径、多渠道、有针对性地推介或指导科技成果完成人推介科技成果，找到对该成果有意向的企业。

（5）代表本单位就技术转移方式、价格构成、定价方式、价款的支付方式、技术的交付等与意向企业进行商务洽谈，达成共识后就合同条款进行谈判等。

（6）负责技术合同的签订与履行、办理技术合同认定登记等。

（7）负责与技术转移相关的其他工作。

2.作为技术需方的技术经理人职能。对于技术需方的企业来说，技术经理人的职责是根据企业的技术需求负责技术引进，主要包括：

（1）负责汇总、鉴别本单位的技术需求信息，提出真实的技术需求。

（2）根据技术需求，制定技术引进方案，并广泛搜寻技术信息，选择合适的技术引进方式。

（3）负责分析拟引进技术的构成、知识产权的权利状况、可能存在的法律风险等。

（4）代表本单位就技术转移方式、定价方式、价格及其构成、价款的支付方式、技术的交付、后续改进成果的归属、违约责任等事项与技术供方进行洽谈，并对有关条款进行谈判。

（5）负责技术合同签订与履行的相关工作。

（6）负责与技术引进相关的其他工作。

技术经理人的上述职能是业务工作，对具体的技术转移项目负责，并以技术转移项目的实施情况来考核其业绩。

术业有专攻，人的知识、能力是有限的，而技术转移项目的实施涉及专业技术、科研管理、知识产权、商务、政策法规等多方面的知识与技术，单个人要具备上述全面的知识是比较难的，因此，对于上述各项职责，应是技术经理人群体共同承担的，由若干技术经理人分工协作，每一名技术经理人承担其中的部分工作，而且根据其专业特长有所侧重。与其他有关部门或人员存在交叉的，技术经理人侧重于承担与技术转移有关的职能。

三、技术经纪人及其职能

技术经纪人是指在技术市场中，以促成他人技术交易为目的从事中介、居间、行纪、代理等活动，并取得佣金的自然人、法人和其他组织。一般来说，交易已完成，技术经纪工作就完成了。从中可知，技术经纪人是自然人，主要是指：一是取得技术经纪资格、从事技术经纪业务的专业技术人员；二是依托技术经纪机构或技术交易市场从业的专业技术人员。例如，中国技术交易所、江苏技术产权交易市场发布的《技术经理人管理办法》中所指的技术经理人，实质上是技术经纪人，或技术经纪机构负责技术转移的人。技术经纪人是法人和其他组织的，是指从事技术交易为经营业务的技术转移服务机构。

无论是为技术供方还是技术需方提供技术服务的技术经纪人，都是以促成技术交易为目的，但其具体职能还是有所差异的。

1. 为技术供方提供技术经纪服务的技术经纪人的职能，主要是向技术需方推荐科技成果，核心是找到技术的需方，作为中间人匹配技术的供需。技术经纪人需要弄清楚拟转移的科技成果的技术先进性、技术创新性、技术难度、技术成熟度、市场成熟度、应用领域、市场规模等情况，并有针对性地向相关行业企业推荐，并将相关企业的反馈情况向委托方反馈。

2. 为技术需方提供技术经纪服务的技术经纪人的职能，主要是搜索技术源，核心是找到技术供方，作为中间人匹配技术的供需。技术经纪人需分析技术需方的真实需求，要解决的主要技术难题，并从多个渠道搜索可以解决该技术难题的技术供方，并组织供需对接。

技术经纪人的主要工作是匹配技术的供需，除具备专业知识与能力外，诚实守信是必须坚持的重要原则。只有诚实守信，才能得到委托方的信任，也才能得到交易方的认可。

尽管技术转移管理人员、技术经理人和技术经纪人都是技术转移人才，但彼此间还是有较大差异的，其绩效的衡量标准、考核方式是不同的。技术转移管理人员能否做好，既取决于自身的能力，也取决于单位的授权，对具体技术转移项目起支持和促进作用，并向整个单位的技术转移工作负责，其业绩取决于其职责分工，并对所任职机构的技术转移总体业绩负责；技术经理人为技术转移项目负责，以促成一个个技术转移项目的交易为基本目标，并以技术转移项目的成交额为主要考核指标，还应该努力促成技术转移项目价值的实现；技术经纪人是以促成技术交易并收取佣金为经营目标。

对于具体的科技人员而言，可能同时兼具技术转移管理和技术经理人双重角色，对技术转移机构负责的是技术转移管理角色，对技术转移项目负责的是技术经理人角色。这两种角色是否严格分开还是混同，取决于技术转移机构的大小及其发展水平。在初级阶段，两种角色混同，有利于其起步与成长，发展到一定阶段以后，应该严格分开。

无论是高校院所还是企业，技术转移管理人才、技术经理人、技术经纪人都是需要的，其中技术转移管理人才、技术经理人是其聘用的人才，而技术经纪人是其依托的人才。用好技术转移人才，可加快科技成果转移转化的进程。

第二节　技术转移人才培养

加强技术转移管理人才队伍建设很重要，技术转移管理人员的能力与素质决定了一个技术转移机构的综合能力，也决定了设立该机构的技术转移水平。而建设高水平的技术转移机构，必须从提高技术转移管理人才队伍入手，高水平的人才队伍是完善技术转移管理体制和健全运行机制的基础。

一、技术转移人才培养的要素

"开展技术转移人才培养"是《国务院办公厅关于印发促进科技成果转

移转化行动方案的通知》（国办发〔2016〕28号）提出的26项重点任务之一，而"壮大专业化技术转移人才队伍"是《国务院关于印发国家技术转移体系建设方案的通知》（国发〔2017〕44号）提出的"优化国家技术转移体系基础架构"的4项任务之一。

技术转移人才培养涉及以下5个方面的要素。

1. 培养需求。从目前国家规定和具体实践来看，培养需求可分以下两个层次。

一是科技人员个人层面，从事技术转移更有利于个人发展。从《国务院关于印发国家技术转移体系建设方案的通知》（国发〔2017〕44号）的规定来看，应该设置技术转移职称序列，即职业晋升与职称晋升并举。例如，北京市人力资源和社会保障局、北京市科学技术委员会于2019年9月30日印发了《北京市工程技术系列（技术经纪）专业技术资格评价试行办法》（京人社事业发〔2019〕139号），在工程技术系列技术经纪专业推行专业技术资格评价制度。根据该办法，北京市工程技术系列（技术经纪）专业包括技术转移转化研究和技术转移转化运营服务两个方向，设助理工程师、工程师、高级工程师和正高级工程师，在北京市国有企业事业单位、非公有制经济组织、社会组织中，以促进科技成果应用为目的，为促进技术与产业、研发、人才和资本等要素资源的有机融合与高效配置，提供技术转移转化全链条、专业化服务工作的专业技术人员均可以申报。

二是鼓励高校院所和企业设置技术转移岗位。国发〔2017〕44号文中提出"支持和鼓励高校、科研院所设置专职从事技术转移工作的创新型岗位，绩效工资分配应当向做出突出贡献的技术转移人员倾斜"。那么，技术转移应属于管理岗还是专业技术岗？从国发〔2017〕44号文中规定看，技术转移管理应属于管理岗，技术经理人应该是专业技术岗位。对于做出突破性贡献的技术转移人员，不仅在绩效工资分配方面予以倾斜，而且可按《促进科技成果转化法》规定享受奖酬金分配。这就让从事技术转移的人才有利可图，名利双收。

2. 培养机构，包括高校院所、技术转移机构和各种类型的创新人才培养示范基地作用。例如，上海设立了技术转移学院，江苏省常州大学设立了技术转移研究院,并招收技术转移与管理研究生。

3. 师资队伍。人才培养离不开好的师资队伍,而好的师资队伍也有一个成长发展的过程,是随着技术转移的深入开展而不断成长起来的。好的师资既要有深厚的理论功底,又要有丰富的实践经验,做出过优秀的业绩,而不能只是纸上谈兵。

4. 培养内容。培养内容与技术转移人才队伍从业要求密切相关,技术转移人才从业既要有比较深厚的技术背景,还要有法务、商务等方面的知识能力,因此,技术转移培养的教材与课程设置应围绕其从业要求来确定。教材既要有引领性,也要根植于技术转移实践。技术转移实践中积累的案例、经验、做法、形成的模式和政策法规,都是教材的素材来源。国外技术转移的经验做法,也可编入教材。

5. 培养对象,即技术转移从业者。知识产权从业人员、退休的科技人员、从事科研管理的科技人员、科研人员、科技中介人员等都可转型为技术转移人员,都是培养对象。这取决于技术转移是否有吸引力、是否有需求、是否有成长空间、职业与职称晋升通道是否畅通等。

以技术转移为职业,一般需具备3个条件:①通过自身的努力,能够形成稳定的收入来源;②能够形成梯级的职业发展通道,即有晋升的空间,这可激励技术转移人才不断往上发展;③可形成具有一定规模的职业市场,能够集聚一批技术转移人才从事技术转移工作。能够称得上"职业"的,一是专业,即有一批人专门干这一行;二是有稳定的收入来源,即具有一定的市场规模;三是形成了比较完善的商业模式;四是基本形成了一套有序的职业规范,人员进出规范有序。

技术转移人才的来源渠道比较多,《国务院关于印发国家技术转移体系建设方案的通知》(国发〔2017〕44号)提出:一是鼓励退休专业技术人员从事技术转移服务。退休专业技术人员有深厚的专业技术背景,又有丰富的人际关系,没有谋生的压力,又有宽裕的时间,比较适合从事技术转移工作。二是多渠道鼓励科研人员从事技术转移活动。科研人员有丰富的科研经历,扎实的专业技术基础,加强商务和法务知识的学习以后,可转型从事技术转移工作。三是发挥企业、高校、科研院所等作用,通过项目、基地、教学合作等多种载体和形式吸引海外高层次技术转移人才和团队。

二、技术转移培训管理

自科技成果转化三部曲实行以来，从中央到地方，各省、自治区、直辖市，以及行业协会等都普遍开展了技术转移人才培训（包括技术经理人、技术经纪人），而且培训热度持续不减。这是因为科技成果转化三部曲的依次推出，科技成果转移转化广受关注，广大科技人员发现技术转移大有可为。有科技成果要转化的科技人员亟须获得技术转移知识，以便更好地转化科技成果；有的科技人员意识到，技术转移是一次转型的机会，可从科研转到技术转移；有些搞投资的人，认为技术投资将是热点，学习一点技术转移知识作为储备；搞知识产权服务或政策服务的，可以兼做技术转移、技术经纪，扩大业务面，因而也有强烈的学习愿望；不少研究生、博士生在校期间，也加强了技术转移知识的学习，将技术转移、技术经纪作为一种职业选择。另外，一些退休科技人员、专业技术服务人员、会计师、律师等，都争先恐后地加入了技术转移的学习大军。

从国办发〔2016〕28号文和国发〔2017〕44号文规定看，技术转移培训是政府的职责。从培训人次看，组织一次培训、完成政府下达的培训任务是轻而易举的。但要增强培训效果，达到培养人才的目的却不那么容易，其原因在于：一是取决于授课老师的水平及临场发挥；二是学员听课的专注度；三是培训资料准备的充分程度。

目前，技术转移培训有以下特点：一是由政府组织并出资，因而基本是不收费的；二是承办方精心安排，认真负责；三是学员来源广泛，有来自高校院所的，有来自企业的，有科技人员，有从事知识产权服务的人员，有从事政策服务的人员等；四是学员的学习热情普遍较高。

从技术转移培训实践来看，以下做法效果较好些。

1.案例教学方式效果较好。在科学技术部人才中心于2018年9月初举办的"2018年科技领军人才创新战略研修班"上，授课老师以"科技成果转化政策解读及实务研讨"为题,以研讨教学的形式,用不到 2 小时的时间,结合国家政策法规,解读两个成果转化案例。主办方再将学员分成 5 个小组,结合各自的理解与实践,用 1 小时的时间进行讨论,提出问题或建议。然后,每个小组选派一名代表将讨论情况汇总,在课堂上进行交流发言。授课老师再对各个小组在交流发言中提出的问题或观点进行回应或答疑。

案例教学有以下好处:一是案例本身是真实发生的,现场感强,很接地气,学员们感同身受。二是案例有一条发展脉络,有情节,有故事,比较有趣。对于案例分析,老师讲起来生动,学员听起来不会觉得枯燥。由于每个学员的主动参与,将自己摆到案例中了,都能专心听讲,不会分心。三是互动性强。由于授课老师与学员的互动,解答了学员在实操中碰到的问题,消除他们实施成果转化的疑虑。无论对授课老师还是对学员,案例教学都显得轻松愉快,而且都觉得很有收获。

2. 答疑解惑环节不可缺少。2018 年科技部政策法规与监督司委托中国科学院大学公共政策与管理学院举办"科研院所体制改革暨成果转移转化培训班",9 月底和 10 月初各举办一期,其中有经验分享的沙龙活动。具体做法是,先将学员分成 4 个小组,前一天下午或晚上每个小组围绕一个主题进行讨论,总结经验,提出科技成果转移转化中碰到的疑难问题,并指定一名学员做小组交流发言。在第二天上午,授课老师先简单梳理有关政策,然后每个小组依次发言,发言时间限定为 10 分钟。每个小组发言之后,授课老师做出回应,特别对提出的问题进行答疑,再面向所有学员进行交流探讨。在教室里唇枪舌剑的争锋,你来我往的多轮深入探讨,原计划用时 2.5 小时,实际上超过 3 小时,讨论的氛围很热烈,效果很好。学员遇到的疑难问题,基本上都得到了交流和解答。学员遇到的问题,主要还是政策普及问题,这是由于对政策不熟悉造成的。从中发现,政策普及非常重要。

上面列出的两种培训形式,各有各的好处。不能指望一堂课能解决所有的问题,但一堂课能让学员有收获,听得进去,记得深刻,能解决一两个问题就已经很不错了。

三、技术转移培训应从任务型向使命型转变

所谓任务型培训，是指以完成培训任务为目标，对于知识体系构建、课程设计、师资选择、教辅材料配备、授课方式、时间安排等考虑得相对少些。而使命型培训，在于培训效果，以参加培训的人掌握技术转移应知应会的知识点和相关技能为使命。知识体系构建、课程设计、师资选择、教辅材料配备、授课方式、时间安排等，都始终围绕这一使命进行。

在知识体系方面，技术转移人才应具备技术、商务、法务（包括政策）、投资等方面的知识，需加强这些方面的课程设计。

在课程设计方面，可分初级、中级和高级等多个层次，并根据受训人员的知识基础、专业背景等设计课程。

在师资选择上，需根据师资的专长、从业经历、取得的业绩、讲课效果、讲课形式等多方面考虑。会做的不一定会说，会说的不一定会做，想讲的不一定讲得好，能讲的不一定有时间。这就需要在设计课程时，需充分考虑师资，并在较大范围内选择师资，对师资力量排一个先后次序。找对了师资，培训效果就成功了一半以上。

任何培训都需要配备教辅材料，没有教辅材料的，培训效果会大打折扣。把知识讲出来并不难，但把知识写出来，对讲者提出了更高的要求，不仅要对有关知识点研究透彻，还要对有关知识进行系统化梳理，并经有关人员审读，其知识是可信的、是有根有据、是可重复的。学员在遇到问题时，可以查阅教辅材料。对于在课堂上讲的，只是讲课者个人的观点，不能作为依据。《科技成果转化操作实务》《科技成果转化疑解》《科技成果转化政策导读》3本书就是为技术转移培训所提供的教辅材料。

授课方式可根据授课内容和要达到的目标确定，这也是需要策划的。一般来说，授课老师与学员双向交流要比授课老师单向地向学员讲授知识效果更好，案例教学比知识讲授更有效。当然，案例教学、双向交流、沙龙研讨等方式对授课老师的要求更高，授课老师必须掌握更全面的知识才行。

培训时间长短需根据培训内容来定。培训时间太长，培训对象不一定走得开，报名人数会受到影响。培训时间太短的话，很难形成体系。

总之，技术转移培训要从任务型培训向使命型培训转变，需加强培训策划，注重培训效果。

四、加强技术转移人才队伍建设

技术转移人才队伍建设需要久久为功，顺势而为，不可一蹴而就。技术转移仍是当前科技工作的一个热点，技术转移人才培训仍然广受关注。对于广大科技人员和其他相关专业技术人员学习技术转移知识的高涨热情要悉心呵护和积极引导，抓住这一机遇推进技术转移人才培养，进而推进科技成果转移转化，千万不能让这一机遇错失掉。

技术转移人才培养只是技术人才队伍建设的一种手段和方式，技术转移人才的成长是全方位的，需要大量的实践，需要较长时间的积累，但技术转移培训在其中担负着很重要的角色。

技术转移培训要从实操的角度加强对技术转移知识与模式、知识产权、政策法规及其适用方面的培训和指导，引导学员提高知识运用和实操能力，同时强化案例教学，并注意收集整理一批典型案例，以案例促进能力提升。

要注意加强对技术转移人才成长的跟踪和辅导，以培训为契机，为其提供一个成长发展的平台、咨询辅导的平台、合作交流的平台。

第三节 技术转移人才管理政策法规摘编

1.《国务院关于印发国家技术转移体系建设方案的通知》（国发〔2017〕44号）：

"二（八）壮大专业化技术转移人才队伍。

完善多层次的技术转移人才发展机制。加强技术转移管理人员、技术经纪人、技术经理人等人才队伍建设，畅通职业发展和职称晋升通道。支持和鼓励高校、科研院所设置专职从事技术转移工作的创新型岗位，绩效工资分配应当向做出突出贡献的技术转移人员倾斜。鼓励退休专业技术人员从事技术转移服务。统筹适度运用政策引导和市场激励，更多通过市场收益回报科研人员，多渠道鼓励科研人员从事技术转移活动。加强对研发和转化高精尖、国防等科技成果相关人员的政策支持。

加强技术转移人才培养。发挥企业、高校、科研院所等作用，通过项目、基地、教学合作等多种载体和形式吸引海外高层次技术转移人才和团队。鼓励有条件的高校设立技术转移相关学科或专业，与企业、科研院所、科技社团等建立联合培养机制。将高层次技术转移人才纳入国家和地方高层次人才特殊支持计划。"

2.《国务院办公厅关于印发促进科技成果转移转化行动方案的通知》（国办发〔2016〕28号）：

"二（六）19.开展技术转移人才培养。充分发挥各类创新人才培养示范基地作用，依托有条件的地方和机构建设一批技术转移人才培养基地。推动有条件的高校设立科技成果转化相关课程，打造一支高水平的师资队伍。加快培养科技成果转移转化领军人才，纳入各类创新创业人才引进培养计划。推动建设专业化技术经纪人队伍，畅通职业发展通道。鼓励和规范高校、科研院所、企业中符合条件的科技人员从事技术转移工作。与国际技术转移组织联合培养国际化技术转移人才。"

3.《国务院办公厅关于推广第二批支持创新相关改革举措的通知》（国办发〔2018〕126号）：

"改革举措：技术经理人全程参与的科技成果转化服务模式。

主要内容：以技术交易市场为依托，技术经理人全程参与成果转化，将技术供给方、技术需求方、技术中介整合在一起，集成技术、人才、政策、资金、服务等创新资源，帮助高校、科研院所提高成果转化效率和成功率。

指导部门：科技部

推广区域：全国"

4. 科技部等 9 部门《关于印发振兴东北科技成果转移转化专项行动实施方案的通知》(国科发创〔2018〕17 号):

"二(七)27. 壮大专业化技术转移人才队伍。构建东北地区多层次技术转移人才发展机制。加强技术转移管理人才、技术经纪人、技术经理人等队伍建设,探索开展技术经理人资质认证,畅通职业发展和职称晋升通道。依托东北地区高校和社会机构建设技术转移人才培养基地,建立"基地+教材+师资+管理"四位一体的技术转移人才培养体系,完善学历教育、在职培训、行业管理与激励保障"四位一体"的区域技术转移人才培养体系,培养一支职业化、专业化的技术转移人才队伍。"

5.《科技部关于印发国家科技成果转移转化示范区建设指引的通知》(国科发创〔2017〕304 号):

"三(五)壮大职业化科技成果转移转化人才队伍。建设技术转移人才培养基地,支持高校开设成果转化课程,开展评估评价、知识产权等教育和培训。建立技术转移人才培养与考评标准,畅通人才职业发展通道。健全科技人员服务机制,推动科技特派员、科技专家服务团等参与科技成果转移转化。推动将科技成果转化领军人才纳入各类人才计划,与国际技术转移组织联合培养国际化技术转移人才。"

第十二章 技术转移体系建设

《国务院关于印发国家技术转移体系建设方案的通知》(国发〔2017〕44号)提出"国家技术转移体系是促进科技成果持续产生,推动科技成果扩散、流动、共享、应用并实现经济与社会价值的生态系统","从技术转移的全过程、全链条、全要素出发,从基础架构、转移通道、支撑保障三个方面进行系统布局",其中,基础架构是"发挥企业、高校、科研院所等创新主体在推动技术转移中的重要作用"。

科技成果转移一般涉及三方主体(包括法人和自然人):一是科技成果的转出方(即技术的生产方),主要是通过研究开发取得科技成果的高校院所,也包括以转让技术为主要经营业务的研发型企业,以及非职务成果完成人或非职务发明人;二是科技成果的接受方(即技术的接受方),主要是实施科技成果转化的企业和个人;三是科技成果转移的服务方,主要是促成技术交易的技术经纪人(包括自然人和法人),为科技成果转移提供咨询服务的机构和科技人员。

技术转移体系包括上述三类主体之间的相互作用关系,本章主要介绍技术转移主体。

第一节 科技成果输出主体(供给主体)

科技成果输出方一般是掌握科技成果(即技术、知识等,以下同)的机构和个人,他们掌握科技成果有两种途径:一是通过研究开发取得;二是通过学习、交流等途径取得。他们将所掌握的科技成果通过转让、传授、咨询、服务等方式转移出去。

一、高校院所

高校是基础研究和应用基础研究的主体，也是科学技术知识加工、交流、传播的主体，是科技创新的源头，科技成果的重要产生源之一。

目前，我国高校科技成果转化收入（包括专利许可收入+从企业获得的研究经费）占全部研发经费的比例超过30%，这一比例比欧美国家的高校要高出许多，这表明我国高校的科技成果转化是以解决企业的技术难题为主，即通过技术开发、技术转让、技术咨询和技术服务等方式解决企业的技术难题。

一些高校设立专业化技术转移机构负责技术转移工作，具体做法包括：一是设立产业技术研究院。例如，上海交通大学设立产业技术研究院，对外成为产业关键技术、共性技术研究开发的公共服务平台，对内负责推动校内科技成果的转移转化。二是设立技术转移公司，实行公司制运作模式。三是实行技术转移中心与技术转移公司两块牌子一套人马，技术转移中心负责推动高校技术转移，技术转移公司代表高校持有以科技成果作价投资形成的股权。四是设立负责科技成果转移转化的职能部门。

科研院所是我国科技成果的研发主体，以科研项目研究为主，培养经过实战锻炼的人才，是技术创新的源头，也是科技成果的重要产生源之一。科研院所与企业的密切配合，可以大幅提高科技成果转化率及科技成果转化的成功率。

在已取得商业成功的科技成果转化项目中，以下3种类型的项目占比很高（超过50%）：一是企业有需求，即科研院所研发的目标明确，针对性强；二是科研院所与企业开展直接的项目合作，这类合作充分体现出"1+1"远大于2的协同效应；三是科研院所的科技成果在企业进行中试，这类项目主要解决了工艺问题，因而成熟度高，更贴近实际。从中可以看出，企业对科技项目研发的参与和投入，科研院所对企业研发的直接帮助和科研力量的投入，可加快科技成果转化为现实生产力的进程。如果企业不直接参加研发，科研院所及科研人员的科研立项容易偏离实际需求，科研活动容易偏离正确的方向，因实验室成果大多是初步的，因而难以进行科技成果转化，也不能直接进行产业化。

高校院所一般不直接将科技成果转化为现实生产力，而是将科技成果转移到企业，由企业运用到生产过程或产品上，才能体现成果价值。《中国科技成果转化年度报告2018》数据显示，2017年2766家研究开发机构、高等院校签订的技术开发、技术咨询和技术服务合同共344 079项，同比增长60.8%，占"四技"合同总数的97.2%；合同金额为630.7亿元，同比增长22.1%，占"四技"合同总金额的87.6%。高校院所的技术交易有以下两个特点：一是技术交易异常活跃，远高于技术合同数量和成交金额的增长率；二是高校院所主要以签订技术开发、技术咨询、技术服务合同方式向企业输出科技成果，而以技术转让方式输出科技成果的占比较低。从中可知，高校院所研发活动的层次与水平还有较大的提升空间。

二、产学研合作组织

一位企业领导讲，高校科研人员擅长出思路和科研总结（即撰写项目申报书、总结研究成果，形成书面文本），但不擅长研发技术（即不擅长工艺研究，当然也缺乏工艺研究开发的条件）；企业擅长捕捉市场需求，并根据市场需求开发实用技术。这位企业领导的说法充分说明，高校、科研院所、企业之间互补性强，三者之间紧密结合，共同组建产学研合作组织，包括法人机构和非法人机构，可以打通从研究开发到商品化、产业化的整个链条，缩短科技成果转移的中间环节，加快科技成果转化的进程，因而产学研合作组织是科技成果转移的重要载体，也是重要的转移主体。

产学研合作组织将产学研之间的技术交易关系转变为科研协作关系，并分享科技成果转化的收益，在促进科技成果转化中的作用体现在以下方面。

1. 科研与转化、产业化方向一致、目标一致，各环节可交叉进行，衔接顺畅，因而是一条捷径，可少走弯路。

2. 供需直接对接。其好处可降低供需双方之间的信息不对称度，减少沟通环节，进而降低沟通成本和其中存在的风险。

3.产学研共同参与研发与转化，各方资源得到有效集成与利用，各自的优势得到充分发挥，因而可缩短转化进程，提高转化效率与成功率。

行业协会、学会、研究会等科技社团，由企业牵头、联合高校院所建立的产业技术创新战略联盟，依托企业、联合高校院所建立的技术创新中心、产业技术创新中心，依托高校、联合企业、科研机构建立的协同创新中心等，都是产学研合作组织，都能充分发挥产学研三者之间的互补作用，因而都是科技成果转移的主体。

三、科技出版机构

各类科技出版机构，包括科技期刊杂志社、科技类出版社及科技新媒体等，以编辑与发行科技论著、科技论文和科技信息等为主要职能，其产品主要是科技图书、科技报刊、科技音像产品、电子出版物等，都是以传播科学技术创新成果、促进科学技术交流、提高科学技术水平为主要目的，因而也是科技成果的输出方。

对于科技出版而言，通过科技出版物的出版发行，向读者传递科技信息，为科学技术知识的交流与共享提供了一条重要渠道，加快了科技信息的传播，进而可降低研究开发成本，促进科技信息转化为现实生产力。科技出版有以下两个特点：一是一般服务于特定的行业或读者群，这是由科技出版物的定位决定的；二是专业性强，因而其受众面相对较窄。随着数字技术和新媒体的发展，科技出版从以往以纸质媒体为主向以数字出版为主的出版方式转变。

科技出版物都有版权，受到《著作权法》的保护。这是科技出版得以健康发展的法制保障。

四、企业

一些研发型企业、科技创业企业和开放式创新企业，也是科技成果的输出方。

研发型企业是以科学技术研究开发为主要经营活动，通过科技成果转让、许可向其他企业提供科技成果，或者通过签订技术开发合同、技术咨询合同、技术服务合同为其他企业提供技术服务，取得营业收入。这类研发型企业是科技成果的供给者。

科技创业企业是以孵化科技项目或科技成果为主要经营内容，孵化到一定程度以后，被其他企业收购或并购，因而也是科技成果的供给者。

开放式创新企业，在研究开发、生产经营过程中，对于本企业自行转化的科技成果，通过转让、许可、作价投资等方式转移到其他企业的，也是科技成果的供给者。

五、科技人员

科技人员是科技成果转移转化中最重要的主体。科技人员作为职务科技成果的完成人，是科技成果的载体，科技人员兼职创业或离岗创业，科技人员从一个单位流动到另一个单位，都可实现科技成果转移，因而又是科技成果转移的重要通道。

科技人员作为非职务成果完成人，是科技成果的持有人，是科技成果的转出方。科技人员自主创业，实施科技成果转化，又是科技成果的转入方（即需求方）。科技人员作为技术经纪人，是技术中介方。

无论是科技成果的转出方、转入方还是服务方，主要是由负责技术转移工作的技术经理人承担相关的技术转移工作。

科技人员以专家身份提供技术咨询、技术服务，以教师身份教书育人，以媒体从业人员身份传播科技知识、开展科技新闻报道，以作者身份撰写科技文章、著作等，这些都属于技术转移。

总之，科技人员是科技成果转移的重要主体，是科技成果转移的关键因素。

第二节 科技成果接受主体（需求主体）

科技成果接受方是指学习、获取、运用科技成果的机构和个人，任何人、任何机构都是科技成果的供给者,也是需求者或消费者。

一、高校院所

高校在进行研究开发,以及科学技术知识加工、交流、传播的过程中,也会接受科技知识,因而也是科技成果的重要需求者。

高校教师编写教材、专著,以及科研人员进行科研前和科研过程中,在图书馆、情报中心、互联网等载体上查阅文献,都是学习科技知识,是科技成果的接受者。

高校与企业合作过程中,科技成果知识的交流是相互的,既向企业传递科技知识,也从企业获取相关知识。

科研院所与高校一样,也是科技成果的接受者。任何科研活动都不是从零开始的,而是在现有科学技术基础上进行的。科研人员在科研项目立项之前,需要进行可行性研究,或预研究,其间需要查阅大量的文献资料,并进行文献分析。预研的过程、文献分析的过程,都是汲取前人的研究成果,接受科技知识,因而也是科技成果的接受者。

二、科技出版机构

各类科技出版机构,接收科技人员撰写的科技论著、科技论文进行编辑出版发行,科技媒体通过采访或搜集公开的科技信息进行编辑出版。接收科技论著、科技论文、科技信息或采集科技信息的过程就是接受科技成果的过程。科技出版机构和科技媒体是科技成果的加工者、传播者,也是科技成果转移的中转站。

三、企业

企业既是科技成果的输出方,更是科技成果的需求方或接受方,是科技成果最主要的接受者、实施者和转化者。企业主要是通过科技成果转让、许可、作价投资等方式,或者通过签订技术开发合同、技术咨询合同、技术服务合同获取科技成果，用于开发新技术、新工艺、新材料和新产品，实现科技成果的价值，并转化为现实生产力。

企业是科技成果转移的中坚力量，无论是大学还是科研院所研发所取得的科技成果，原则上都需要转移到企业，由企业来实施科技成果的转化，进而实现科技成果的价值。

企业科技成果转移转化有以下特点：一是企业科技成果转化紧紧围绕市场需求和具体的问题进行，充分体现了目标导向、需求导向、价值导向；二是实施成果转化的企业都有自己的科技人员队伍，具有实施科技成果转移转化的能力；三是企业会设定科技成果转化目标，并努力实现预期目标，包括较高的盈利、较快的成长、更稳健的经营等；四是企业对科技成果转化的投资决策是根据潜在的市场收益，潜在的市场收益足够大，才有可能冒较大的风险，但一旦取得了成功，就会实现长足的发展，并跃上一个新的台阶。一位企业领导说，企业转化科技成果，其核心是两条：一是获得低成本、有市场竞争力的核心技术；二是原材料成本低，供应链是安全的。

中小企业是科技成果转移转化最活跃的力量，并从中发展壮大。中小企业要想获得先进技术，最直接的办法就是与高校、科研院所、其他企业合作开发新项目，以提高产品与技术的市场竞争力。企业获取高校院所科技成果的主要途径包括：一是通过转让、许可、作价投资等方式；二是与高校院所共建、联合拥有和运作实验室；三是建立研究联盟，包括产学研协同联盟、产业技术创新战略联盟等产学研合作组织；四是开展合作研究项目，包括合作研发项目、合作转化科技成果等；五是共同申请政府支持的合作研究项目，对于应用型科技项目，政府鼓励产学研合作申请或者企业牵头，联合高校院所提出申请；六是共建创新中心，包括产业创新中心、制造业创新中心等；七是开展人员交流，包括选派科技人员到高校院所挂职，或者聘请高校院所科技人员担任顾问，接收高校院所科技人员到企业兼职兼薪等；八是共建科技园区或工业园、企业孵化器、创业苗圃、众创空间等。

一般来说，研究型大学与企业的合作研究会得到政府部门的高度重视,而高校与地方主导产业的对接,有助于中小企业获取科技前沿信息、发现合作研究机会。

国家鼓励高校院所向企业转移科技成果,支持企业实施科技成果转化。《中共中央 国务院关于深化科技体制改革加快国家创新体系建设的意见》(中发〔2012〕6号)中提出"充分发挥企业在技术创新决策、研发投入、科研组织和成果转化中的主体作用"和《促进科技成果转化法》第二十四条提出的"应当发挥企业在研究开发方向选择、项目实施和成果应用中的主导作用"。无论是"成果转化的主体作用"还是"成果应用中的主导作用",都充分说明企业在科技成果转移转化中地位的重要性。科技部、国资委印发的《关于进一步推进中央企业创新发展的意见》(国科发资〔2018〕19号)中提出"推进《促进科技成果转化法》在中央企业落地,采取多种方式推动建立中央企业技术交易平台"。这些规定都充分表明了要发挥企业在科技成果转移转化中的主体作用。

四、自然人

公众是科普的主要对象,是科技知识的接受者,目的是提高科学素养、科技知识水平。

各类学校的学生是受教育者,是接受科技教育的对象,在受教育的过程中,提高认知水平和科学思维能力,进而提高学习能力、劳动技能等。

机关、企事业单位和其他组织的职工(员工)接受科技教育和专业技术训练,专业技术人员接受各种形式的继续教育,掌握科技知识,可以增长见识、拓宽视野,进而提高工作能力和工作效率,都是科技知识的接受者。

科技人员是科技成果的主要接受者,在从事研究开发、科技成果应用推广、科技教育与培训、科技服务等科技活动中,既是科技成果的输出方,也是科技成果的接受方,通过学习、交流、研究等得到的科技知识,开展科技活动。在这一过程中,获取科技知识与输出知识同时进行或交织进行,并产生新的知识。

第三节　科技成果中介服务体系（渠道主体）

科技成果的转移，科技成果的供方与需方之间传递科技成果，一般要通过一定的载体或媒体进行，或者通过一定的平台或在一定的环境下进行。产学研合作组织、科技出版机构、高校、科研院所、企业等，都是科技成果转移的媒介或载体或通道。在科技成果转移中，技术转移机构、技术市场是最重要的转移通道或转移媒介。

一、技术转移机构的分类

从不同的角度技术转移机构有不同的分类，主要分类如下。

1. 从功能看，可以分为直接从事科技成果转移的机构和间接从事科技成果转移的机构。前者是指高校院所、企业等设立的，专门负责科技成果转移的服务机构；后者是指生产力促进中心、科技企业孵化器、众创空间、科技园区等具有技术转移功能的机构，但这些机构并不是专门负责技术转移的。

2. 从服务对象看，可以分为为高校院所等技术输出方服务的机构和为企业等技术需求方服务的机构。前者的主要功能是分析鉴别科技成果的技术水平、创新性、难易程度、技术成熟度、市场成熟度等，帮助高校院所找到意向企业，并进行洽谈和主要合同条款谈判，实现科技成果的转移；后者的主要功能是分析、鉴别技术需求、搜索技术源，并进行供需对接和洽谈、合同条款谈判等，帮助企业找到所需要的技术。

3. 从创办主体看，可以分为高校院所创办的技术转移机构、企业创办的技术转移机构和社会机构创办的技术转移机构。高校院所创办的技术转移机构是为高校院所科技成果转移服务的，其主要功能是受理发明披露、知识产权申请与保护、制定科技成果转化方案、指导科技人员实施科技成果转化等；企业创办的技术转移机构实质上就是企业开放式创新机构，为企业搜索外部技术，嫁接到企业的研发、生产等经营活动中，将不适宜由企业实施、转化的科技成果，以转让、许可、作价投资等方式转移到企业外部，并实施转化。社会机构创办的技术转移机构既可以为高校院所服务，也可以为企业获取科技成果提供服务。

4.从是否具有法人资格分，可分高校院所、企业创办的职能机构、事业法人机构、企业法人机构和社会组织法人机构，以及企业和社会组织的分支机构。高校院所、企业创办的职能机构是履行技术转移职能的技术转移机构，主要承担本单位技术转移职能的管理机构。事业法人机构，包括由地方政府设立的事业法人机构和高校院所设立的技术转移机构。前者的主要职能是协助当地科技部门承担科技成果转移的管理、协调和服务，培训技术转移人才，推动技术市场的发展等职能，是政府职能的延伸；后者是承担高校院所的技术转移职能。高校院所和企业联系的纽带，通过建立有效的信息共享平台，将高校院所的科技成果供给信息，与企业的需求信息对接，促成科技成果从高校院所向企业的转移。企业性质的技术转移机构可以分为社会资本创办的技术转移机构和高校院所创办的技术转移公司。前者既可以为高校院所输出科技成果提供第三方技术转移服务，也可以为企业获取科技成果、为企业开放式创新提供第三方技术转移服务，还可以为高校院所和企业技术交易提供技术经纪服务；后者是为高校院所以转让、许可、作价投资等方式转移科技成果提供专业服务，并实行企业化运作，具备一定能力的还可为其他高校院所的技术转移提供服务。以社会组织法人形式存在的技术转移机构，一般是行业协会、学会、社会服务组织等提供技术转移服务，或者由社会资本出资设立不以营利为目的的技术转移服务机构。国家大力支持科技社团开展技术转移服务，例如，《国务院办公厅关于优化学术环境的指导意见》（国办发〔2015〕94号）提出"支持科技社团依法依章独立自主开展活动、有序承接政府转移职能，加大向科技社团购买服务力度，提高其创新和服务能力"，"拓宽科技社团、企业和公众参与评价的渠道"，"支持科技社团组织开展学术活动，搭建自由表达学术观点、开展学术交流的平台，营造维护保障学术自由的良好环境"。这些规定表明，支持科技社团提供各种形式的技术转移服务。分支机构是不具备独立法人资格,在相关部门办理注册登记,取得总机构授权,以自己的名义运行的机构。

5.从服务对象看,可以分为第一方服务机构、第二方服务机构和第三方服务机构。第一方服务机构即技术转移机构,一般是高校院所设立的技术转移部门,承担本单位的技术转移工作。第二方服务机构主要为高校院所或企业提供专业的技术转移服务,可称为技术转移服务机构。第三方服务机构,即技术经纪机构,是为促成科技成果供需双方交易并收取佣金的机构。

6.从服务区域来看,可以分为地方性技术转移机构、区域性技术转移机构和跨国技术转移机构。例如,北京技术转移联盟、环渤海技术转移联盟、东北技术转移联盟、长三角技术转移联盟等相继建立,有力地推动了区域内经济技术合作。另外,也有行业性技术转移机构。

二、技术转移机构的职能

技术转移机构的核心价值不只是提供交易信息等中介服务,而是提供专业化服务,专业性或专业能力主要体现在提高技术转移效率,加快技术转移进程,增强技术创新能力和科技竞争力。专业服务是其存在的价值所在,主要表现在:一是利用所掌握的科技信息和需求信息帮助科技成果寻找到买家,或者帮助技术需求方找到卖家,即技术经纪服务,其价值在于提高科技成果供需匹配度,节省供需匹配时间,加快技术交易进程,促进科技成果的转化;二是为科技成果提供更好的知识产权保护,协调解决产学研之间在知识产权质量、供需等方面的信息不对称问题,提高科技成果的商业价值;三是通过对科技成果的专业化评估,帮助买卖双方研判科技成果的成熟度及市场前景,降低投资科技成果转化带来的收益不确定性。

技术转移服务机构的核心能力不在于掌握多少信息,不在于牵线搭桥,而在于利用经济、技术、法律、商务、知识产权等方面的专业知识为高校院所和企业等提供增值服务,促成产学研结合,促成科技成果供需双方交易,降低供需双方之间的交易风险与成本,提高交易效率和成功率。

仅仅提供交易中介是没有生命力的。

无论是高校、科研院所还是企业，为加强科技成果转化，可赋予技术转移机构一定的职能，从担当专利代理人的角色，到获取知识产权、销售知识产权，包括知识产权的评估、保护、报价、谈判、许可，以及科技成果信息管理、信息传播、推广营销等。为解决产学研之间需求脱节的问题，技术转移机构可通过研究市场、指导科研、为科研合作牵线搭桥、帮助高校院所改进与企业的科研合作关系等，参与到科研活动中去，支持高校院所从源头上提升科技成果的市场价值。

三、技术转移机构的发展

国家大力支持技术转移机构的发展。《国务院关于印发国家技术转移体系建设方案的通知》（国发〔2017〕44号）提出要"大力发展技术转移机构"，《国务院办公厅关于印发促进科技成果转移转化行动方案的通知》（国办发〔2016〕28号）提出"健全区域性技术转移服务机构"和"完善技术转移机构服务功能"，并都提出了多项具体措施。2007年9月10日，《科技部关于印发国家技术转移示范机构管理办法的通知》（国科发火字〔2007〕565号），对技术转移机构的定位、主要功能和业务范围等进行了规范，并对经认定的国家技术转移示范机构给予资助。

为促进技术转移机构的发展，上海、广东、浙江等地出台政策支持技术转移中介机构的发展。一批以市场为导向、以解决企业需求为出发点、产学研合作的新型技术转移机构蓬勃兴起。北京技术转移联盟、环渤海技术转移联盟、东北技术转移联盟、长三角技术转移联盟的建立，更是有力地推动了区域内经济技术的合作，为构建区域产业链提供了重要的科技支撑。

链接：
《广东省人民政府印发关于进一步促进科技创新若干政策措施的通知》（粤府〔2019〕1号）

七、打通科技成果转化"最后一公里"……支持专业化技术转移服务机构建设，省财政按其上年度促成高校、科研机构与企业签订的、除关联交易之外的登记技术合同交易额，以及引进境外技术交易额的一定比例给予奖补，重点用于引进培育技术经纪人或奖励机构人员绩效支出。

根据《〈进一步促进科技创新若干政策措施〉实施指引》，上述政策的实施要点如下。

适用对象：在广东省内注册的专业化技术转移服务机构，其性质可以为企业、事业单位、社会组织等。

实施要点：

1. 机构入库。凡申请奖补的技术转移服务机构必须先进入"广东省技术转移服务机构库"。省科技厅公布进入"广东省技术转移服务机构库"的资格条件，满足条件的技术转移机构在省科技厅指定的平台申请入库。省科技厅常年受理入库申请，定期组织审核，分批公布入库机构。

2. 发布指南。省科技厅每年公布专业化技术转移服务机构奖补指南，明确具体奖补对象、支持范围、奖补比例和最高额度。

3. 机构申请补助。"广东省技术转移服务机构库"中的技术转移服务机构按照指南要求，在省科技厅指定平台提交奖补申请和相关证明材料（包括机构上一年度促成交易的技术合同认定登记证明、技术交易资金到账凭证、机构与交易双方或任意一方签订的技术服务合同及其服务费用发票、服务资金到账凭证等，如以作价入股方式达成的技术交易，需提供工商注册证明）。

4. 审核。省科技厅对申请奖补的材料进行审核。

5. 公示。省科技厅对拟奖补情况进行公示。

6. 发放奖补资金。对公示无异议的奖补项目，省财政向技术转移服务机构发放奖补资金，获得奖补的专业技术转移服务机构应将财政资金重点用于引进培育技术经纪人或奖励机构人员绩效支出。

7. 监督管理。对存在弄虚作假、骗取财政资金等行为的企业，省财政厅追缴其财政补助资金，省科技厅将其列入严重失信记录名单。

第四节　技术转移体系建设政策法规摘编

1.《中共中央　国务院关于深化体制机制改革加快实施创新驱动发展战略的若干意见》（中发〔2015〕8号）：

"（二十）建立高等学校和科研院所技术转移机制

逐步实现高等学校和科研院所与下属公司剥离，原则上高等学校、科研院所不再新办企业，强化科技成果以许可方式对外扩散。

加强高等学校和科研院所的知识产权管理，明确所属技术转移机构的功能定位，强化其知识产权申请、运营权责。

建立完善高等学校、科研院所的科技成果转移转化的统计和报告制度，财政资金支持形成的科技成果，除涉及国防、国家安全、国家利益、重大社会公共利益外，在合理期限内未能转化的，可由国家依法强制许可实施。"

2.《国务院关于印发国家技术转移体系建设方案的通知》（国发〔2017〕44号）：

"二（五）激发创新主体技术转移活力。

强化需求导向的科技成果供给。发挥企业在市场导向类科技项目研发投入和组织实施中的主体作用，推动企业等技术需求方深度参与项目过程管理、验收评估等组织实施全过程。

促进产学研协同技术转移。发挥国家技术创新中心、制造业创新中心等平台载体作用，推动重大关键技术转移扩散。依托企业、高校、科研院所建设一批聚焦细分领域的科技成果中试、熟化基地，推广技术成熟度评价，促进技术成果规模化应用。支持企业牵头会同高校、科研院所等共建产业技术创新战略联盟，以技术交叉许可、建立专利池等方式促进技术转移扩散。加快发展新型研发机构，探索共性技术研发和技术转移的新机制。充分发挥学会、行业协会、研究会等科技社团的优势，依托产学研协同共同体推动技术转移。"

"二（七）发展技术转移机构。

强化政府引导与服务。整合强化国家技术转移管理机构职能，加强对全国技术交易市场、技术转移机构发展的统筹、指导、协调，面向全社会组织开展财政资助产生的科技成果信息收集、评估、转移服务。引导技术转移机构市场化、规范化发展，提升服务能力和水平，培育一批具有示范带动作用的技术转移机构。

加强高校、科研院所技术转移机构建设。鼓励高校、科研院所在不增加编制的前提下建设专业化技术转移机构，加强科技成果的市场开拓、营销推广、售后服务。……

加快社会化技术转移机构发展。鼓励各类中介机构为技术转移提供知识产权、法律咨询、资产评估、技术评价等专业服务。引导各类创新主体和技术转移机构联合组建技术转移联盟，强化信息共享与业务合作。鼓励有条件的地方结合服务绩效对相关技术转移机构给予支持。"

3.《国务院办公厅关于印发促进科技成果转移转化行动方案的通知》（国办发〔2016〕28号）：

"二（四）13.健全区域性技术转移服务机构。支持地方和有关机构建立完善区域性、行业性技术市场，形成不同层级、不同领域技术交易有机衔接的新格局。在现有的技术转移区域中心、国际技术转移中心基础上，落实'一带一路'、京津冀协同发展、长江经济带等重大战略，进一步加强重点区域间资源共享与优势互补，提升跨区域技术转移与辐射功能，打造连接国内外技术、资本、人才等创新资源的技术转移网络。"

"二（四）14.完善技术转移机构服务功能。完善技术产权交易、知识产权交易等各类平台功能，促进科技成果与资本的有效对接。支持有条件的技术转移机构与天使投资、创业投资等合作建立投资基金，加大对科技成果转化项目的投资力度。鼓励国内机构与国际知名技术转移机构开展深层次合作，围绕重点产业技术需求引进国外先进适用的科技成果。鼓励技术转移机构探索适应不同用户需求的科技成果评价方法，提升科技成果转移转化成功率。推动行业组织制定技术转移服务标准和规范，建立技术转移服务评价与信用机制，加强行业自律管理。"

4.《国务院办公厅关于发展众创空间推进大众创新创业的指导意见》（国办发〔2015〕9号）：

"二（四）支持创新创业公共服务。综合运用政府购买服务、无偿资助、业务奖励等方式，支持中小企业公共服务平台和服务机构建设，为中小企业提供全方位专业化优质服务，支持服务机构为初创企业提供法律、知识产权、财务、咨询、检验检测认证和技术转移等服务，促进科技基础条件平台开放共享。"

5.科技部等9部门《关于印发振兴东北科技成果转移转化专项行动实施方案的通知》（国科发创〔2018〕17号）：

"二（四）10.……发挥企业在市场导向类科技项目研发投入和组织实施中的主体作用，支持企业牵头会同高校、科研院所等共建产业技术创新战略联盟，以技术交叉、建立专利池等方式促进技术转移扩散。"

"二（六）18.建立高校和科研院所技术转移机构。在有条件的高校和科研院所建立健全专业化、市场化的科技成果转移转化机构和成果转化基地，统筹科技成果转移转化与知识产权管理职责和市场运营。试点探索科技成果转移转化有效机制与模式，建立职务科技成果披露与管理制度，培育一批运营机制灵活、专业人才集聚、服务能力突出、具有国际影响力的国家技术转移机构。"

"二（六）19.推动企业加强科技成果转化应用。支持东北地区国有企业、科技型中小企业与高校、科研院所联合设立技术转移机构，共同开展研究开发、成果应用与推广、标准研究与制定等。……"

"二（六）20.完善东北区域技术转移服务体系。支持推动国家技术转移东北中心（长春）、东北科技大市场、哈尔滨育成中心建设，提升科技成果转化服务功能，强化与其他国家技术转移区域中心的协同合作，构建区域技术交易网络平台，提升技术交易服务能力。建立健全东北省、市、县三级技术转移工作网络。……"

"二（六）21.加快国际技术转移。发挥东北地区在"一带一路"的节点作用,加快国际技术转移中心建设,鼓励企业开展国际技术转移。……"

6. 科技部《关于印发国家技术转移示范机构管理办法的通知》(国科发火字〔2007〕565号):

"第二条 ……技术转移机构,是指为实现和加速上述过程提供各类服务的机构,包括技术经纪、技术集成与经营和技术投融资服务机构等,但单纯提供信息、法律、咨询、金融等服务的除外。

技术转移机构可以是独立的法人机构、法人的内设机构。"

"第三条 技术转移机构是以企业为主体、市场为导向、产学研相结合的技术创新体系的重要组成部分,是促进知识流动和技术转移的关键环节,是区域创新体系的重要内容。"

"第五条 技术转移机构的主要功能是促进知识流动和技术转移,其业务范围是:

(一)对技术信息的搜集、筛选、分析、加工;

(二)技术转让与技术代理;

(三)技术集成与二次开发;

(四)提供中试、工程化等设计服务、技术标准、测试分析服务等;

(五)技术咨询、技术评估、技术培训、技术产权交易、技术招标代理、技术投融资等服务;

(六)提供技术交易信息服务平台、网络等;

(七)其他有关促进技术转移的活动。

第六条 大学和科研机构应建立技术转移机构或机制,整合大学和科研院所的内部资源,将其承担的国家重大科技计划、竞争前技术与共性关键技术研发、引导战略产业的原始创新和重点领域的集成创新所形成的成果,尽快转移和扩散到企业。

第七条 现有的综合性技术交易服务机构应发挥区域技术交易枢纽的作用,利用公共信息服务平台,提供覆盖技术转移全程的一站式、网络化的技术转移公共服务。"

第十三章 技术市场

技术市场是技术商品转移、转化过程中各种关系作用和生产要素互动的总和,是技术转移的主要通道。

第一节 技术市场发展沿革

改革开放以后,我国实行公有制基础上有计划的商品经济,在各项经济活动中引入市场机制,伴随着科技体制改革出现了大量自发的技术交易行为,科技成果的商品属性得到社会认同,科技成果的交易管理成为当时的科技政策重点。"技术市场是科技体制改革的突破口",这是中共中央在《关于科学技术体制改革的决定》中提出的,综观近40年技术市场发展的历程,大致可以分为以下4个阶段。

一、萌芽阶段(1980—1984年)

1980年10月,国务院颁布了《关于开展和保护社会主义竞争的暂行规定》,首次肯定了技术的商品属性,提出了"对创造发明的重要技术成果要实行有偿转让"。在这一政策的激励下,技术服务等技术贸易活动在全国迅速开展,各种形式的技术贸易机构不断涌现。1980年年底,沈阳市和武汉市科委相继成立了技术交易服务机构,把技术当作商品,进行了技术贸易。截至1984年,据不完全统计,全国地、市以上科技开发交流中心有1100多个，技术交易协调组织机构发展到3000多个，举办大规模的技术交易会240多次。当时单项技术交易规模较小，平均每份技术合同金额在5万元以下。

这一阶段以1980年沈阳市科委和武汉市科委成立技术交易服务机构为标志。1980年国务院肯定了技术的商品属性，各地积极探索开展技术交易活动，具有技术交易服务性质的机构不断涌现。

二、快速发展阶段（1984年11月至1993年11月）

1984年11月，国务院常务会议做出"加速技术成果商品化，开放技术市场"的决议，肯定了技术交易行为。1984年12月，国家科委、国家经委和国防科工委在北京召开了技术市场座谈会，研究开放技术市场问题。1985年1月10日国务院发布了《关于技术转让的暂行规定》，为科技成果有偿转让，推动技术市场的发展提供了政策依据。

1985年3月，中共中央发布了《关于科学技术体制改革的决定》，把开拓技术市场列为科技体制改革的重点，提出要促进科技成果商品化，开拓技术市场。1985年4月，国务院批准国家科委、国家经委和国防科工委提出的《关于开放技术市场几点意见的报告》，成立了全国技术市场协调指导小组，办公室设在国家科委，主要负责对全国技术市场进行宏观指导，协调各业务部门的关系，推动技术市场的发展。指导小组成立后，提出了"放开、搞活、扶植、引导"的技术市场发展方针。同年，在北京举行了"首届全国技术成果交易会"，参加交易的人员达30余万人次，签订技术合同4180项，合同成交金额21亿元。从此，技术市场成为推动我国科技与经济社会发展的重要动力。

为促进和规范技术市场的发展，1986年国家科委制定并颁布了《全国技术市场管理暂行办法》，明确了技术市场的业务范围是技术开发、技术转让、技术服务、技术咨询、技术培训、技术承包、技术入股和技术出口等。同时，国家科委批准成立中国技术市场管理促进中心，承担部分技术市场管理职能。同年10月，中国技术市场联合开发集团成立，是由中央50多个部、委、总公司的科技管理部门联合成立的松散联合体。随后，中科院等先后建立了一批行业性的技术中介机构。1988年，国家科委成立了技术市场管理办公室，负责全国技术市场管理工作。

1987年，《中华人民共和国技术合同法》（简称《技术合同法》）经六届全国人大常委会第二十一次会议审议通过。为贯彻落实《技术合同法》，1989年3月15日国家科委以国家科学技术委员会令的形式发布了《技术合同法实施条例》，对技术合同的订立、履行、变更和解除、仲裁和诉讼等做出了详细规定。1990年7月6日，国家科委发布了《技术合同认定登记管理办法》，同年7月27日发布了《技术合同认定规则（试行）》。至此，我国技术市场政策法规体系基本建立，技术市场不断发育成熟。2000年2月16日，科技部、财政部和国家税务总局共同制定了《技术合同认定登记管理办法》（国科发政字〔2000〕63号），2001年7月18日发布了《技术合同认定规则》（国科发政字〔2001〕253号），并沿用至今。

这一阶段以1984年11月国务院常务会议做出开放技术市场的决定为标志，技术市场快速发展，建立了以《技术合同法》为核心的法律法规和政策体系。

三、技术市场体系建设阶段（1993年12月至2015年9月）

1993年12月科技部与上海市人民政府共同组建了上海技术交易所。此后，以北京、深圳、武汉、沈阳、西安、成都等城市为核心，逐步建设了10多个区域性骨干常设技术交易市场。同时，技术交易市场的形式得到了进一步拓展，中国技术交易信息服务平台、中国创新驿站、浙江省网上技术市场、华南技术交易网等公共信息服务网络相继建立起来。技术市场的建立，与金融市场、产权市场、信息市场、劳动力市场等要素市场进行了对接与融合，初步形成了技术与人才、资本、产权等资源聚集的平台。

1999年，上海市科委、上海市国资委共同出资建立了国内首家技术产权交易所，实现了技术和资本的结合，实现了技术市场、金融市场和产权市场的融合。此后，北京、深圳、成都、西安等地纷纷成立了技术产权交易机构，提供信息、交流、洽谈、展览、技术融资等服务，初步实现了通过技术产权交易市场配置要素资源。到 2003 年，全国各省市先后建立了近 40 家技术产权交易所，有力地促进了技术产权与金融资本的结合。2004 年年初，上海技术产权交易所与上海产权交易所合并，成立了上海联合产权交易所，使技术产权交易在一个更大的、更规范的平台上深入开展，从而引发了国内一些技术产权交易机构与当地产权交易机构合并。

随着互联网技术的发展，全国网上技术市场也得到迅速发展。网上技术市场包括：国家有关部门建立的技术交易网站，如国家科技成果信息网、中国技术交易网、中国技术联播网等；地方政府建立的技术交易网，如浙江网上技术市场；企业建立的技术交易网。

链接：

>浙江网上技术市场设立于 2002 年 6 月，由浙江省人民政府、科技部和国家知识产权局共同主办，浙江省科学技术厅和全省 11 个地级市人民政府具体承办，浙江电信分公司协办。政府负责抓好市场规划、建设、管理、组织、协调、监督等基础性工作；搭建网络环境和平台，依法对市场秩序进行监管，对交易主体的身份进行认定，并提供网络安全运行的技术保障。浙江网上技术市场不收任何摊位费和上网费，全部实行免费上网交易。

>浙江省人民政府不断加大对浙江网上技术市场的政策扶持力度，对科技项目全面推行课题制和招投标制，省级重大科技项目都要求进行招标，同时要求全省所有的市、县（区）科技部门开展科技项目的招投标，并把在浙江网上技术市场上招标成功的项目作为科技型中小企业创新基金、农业成果转化基金、重大高新技术产业化项目的申报重点。自 2002 年起，浙江省政府每年投入 500 万元建设经费，全力打造浙江网上技术市场。同时，每年出资 100 万元设立专项奖励资金，评选优秀成交奖、优秀组织奖等，以奖励技术市场工作中成绩突出的市县和省内外高等院校、科研院所。

>浙江网上技术市场与数十个县级分市场连接，并在省内外

数千家企业、高校、科研院所、风险投资机构、技术中介机构等设立了众多交易网点，形成综合集成、全省联动、共建共享的资源平台、交流平台和交易平台。其服务内容与形式灵活多样，主要做法有：一是有规范招投标、简易招投标、成果交易、在线洽谈等多种交易方式；二是以研发劳务交易和科技成果交易为特色，大规模组织企业难题项目招标、科技部门的课题招标和政府及企业联合的重大科技攻关项目招标，实行全天候、信息化的技术服务；三是通过社会化服务，组织科技人员对中小企业遇到的共性技术和关键技术问题进行攻关；四是采取分散的全天候的日常交易与每年一次全省集中交易相结合的方式，每年举办一次集中交易活动。

2007年年初，上海技术交易所在上海市科委的支持下，开始探索上海创新驿站建设。2010年8月起，科技部火炬中心在北京、天津、黑龙江、上海、浙江、安徽、湖北、深圳、四川、广东共10个省（市）启动了中国创新服务网络（中国创新驿站）。

2013年2月5日，《科技部关于印发技术市场"十二五"发展规划的通知》（国科发高〔2013〕110号）中，提出在"十二五"时期，技术市场建设和发展的重点任务：一是深入推进国家技术转移促进行动，实施以技术转移和成果转化为主线的"科技服务体系火炬创新工程"；二是推动科技服务体系建设与发展，促进技术市场发展环境持续优化，形成制度、组织和机制三位一体的现代技术市场体系。

这一阶段以1993年12月上海技术交易所成立为标志，积极探索技术交易的有形市场、技术产权交易市场和网上技术市场等各种交易媒介，建设多元的技术市场体系。在这一阶段，国家和地方各类类型的技术交易市场不断涌现，出现了区域性技术交易市场、行业性技术交易市场、创新驿站、科技大市场等。

四、技术市场升级阶段（2015年10月以来）

2015年以来，以《促进科技成果转化法》修改施行为标志，实施

《促进科技成果转化法》若干规定、科技成果转移转化行动方案和《国务院关于印发国家技术转移体系建设方案的通知》，破除了制约技术市场发展的体制机制障碍，技术市场得到较快发展，技术合同数量和成交金额大幅增长（表13-1）。

2017年5月27日，《科技部关于印发"十三五"技术市场发展专项规划的通知》（国科发火〔2017〕157号）中，提出在"十三五"时期，技术市场的重点任务：一是进一步完善政策体系；二是加强技术市场配置技术、资本、人才等要素的能力；三是健全技术转移和成果转化机制，强化技术转移和成果转化市场化服务；四是通过实施促进科技成果转移转化行动，全面推进全国技术转移一体化建设，形成全国技术市场大流通格局。

表13-1　近3年技术合同成交情况

年份	登记技术合同数/项	同比增长率	成交金额/亿元	同比增长率
2019	484 077	17.50%	22 398.39	26.56%
2018	411 985	12.08%	17 697.42	31.83%
2017	367 586	14.71%	13 424.22	17.68%
2016	320 437		11 406.98	15.97%

第二节　技术市场概念与作用

技术市场与资本市场、信息市场和劳动力市场一样，是一种生产要素市场，所交易的是技术商品，是科技成果转移的主渠道。

一、技术市场的概念

所谓技术市场，是指从事技术交易服务和技术商品经营活动的场所，包括"市"与"场"两个部分，"市"是指交易，"场"是指场所。技术交易主要是通过开展技术开发、技术转让、技术咨询、技术服务、技术承包等活动并签订技术合同形式进行的。有狭义和广义之分，狭义的技术市场是指技术商品交易的场所，如技术交易所、知识产权交易中心、技术产权交易所等；广义的技术市场是指技术商品交换关系的总和，包括技术商品的生产者（科技成果完成者，包括科技成果完成单位和完成人）、经营者（包括技术经纪人、创新驿站、科技中介服务机构等）、消费者（主要是指实施科技成果转化的企业）之间的关系。

技术商品是无形的，一般依附在人才、书刊、声像、机器设备等有形的载体上，技术市场一般通过以下形式表现出来。

1. 科技交流会、展览会等，是以科技成果为交易内容的，如每年 4 月在上海举办的中国（上海）国际技术进出口交易会和每年 10 月在深圳举办的中国国际高新技术成果交易会，以及北京科博会、深圳高交会、杨凌农博会等大型科技展会，都是一种集市性质的技术交易市场。

2. 科技咨询服务机构、科技智库等，主要为政府、高校院所、企业等机构提供决策咨询服务、工程技术咨询服务、管理咨询服务等。

3. 行业技术服务机构，包括共性技术研发机构、工程技术（研究）中心、技术创新服务平台、产业技术创新战略联盟等，主要为行业内中小企业提供技术开发、技术咨询等服务。

4. 技术转移服务机构，包括技术经纪人、技术交易所、高校技术市场等，利用所掌握的科技信息、拥有的专业能力和技术团队，为科技成果的供给方与需求方之间开展合作、进行交易提供专业的服务。从事技术转移服务，必须遵循技术创新的市场规律，按照技术市场的 3 个基本要素——用户（企业）、行为（"四技"服务）、产品（科技成果或技术商品）先对市场进行分析，然后才能开展技术转移。

5. 各种类型的技术交易所、技术产权交易所、知识产权交易中心等技术交易机构。自 1993 年上海技术交易所成立以后，北京、湖北等地先后成立了技术交易所，天津、青岛等地成立了技术产权交易所。科技部披露的数据显示，各种类型的技术交易机构超过了 1000 家。浙江省科技厅与浙江大学于 2017 年发起设立的浙江知识产权交易中心，是集技术成果交易、中介服务、咨询服务、项目孵化于一体的服务平台。这些机构都具有技术交易功能。

6.各类技术交易服务机构,包括技术经纪机构、技术转移服务机构、创新驿站,以及其他促进技术交易的科技中介服务机构等。

技术市场的表现形式比较多,除上述列举的外,还有科技人才交流会、科技商店、专业技术展会等。技术市场一方面抓"市"的发展,同时也探索"场"的建设。

链接:

> 西安科技大市场是由西安市科技局与西安高新技术开发区管委会于2011年2月共同组建的技术市场服务平台,通过模式创新、政策支撑、服务集成等举措,促进技术交易、仪器设备资源共享、政策服务、科技资源交流与合作等进行市场化运作。为促进科技大市场建设,加强技术转移服务,西安市科技局先后配套出台了《西安市促进技术交易、设备共享补助实施办法》(市科技〔2011〕594号)、《西安市加快技术转移转化的若干措施》(市科技〔2016〕32号)等。西安科技大市场为了更好地发挥"交易、共享、服务、交流"四大功能,组建了专业管理运营团队,为挖掘科技资源的供需信息,搭建共享交易市场平台,创新资源互通对接机制,聚集科技中介服务资源,落实政府扶持奖励政策,促进科技资源优化配置等提供全方位的服务。
>
> 一是在技术交易方面,西安科技大市场采取了以下两项措施:①建立健全信息发布和技术项目挂牌交易机制,创新技术交易系统,为技术交易双方搭建一个开放的交易平台,为科技中介机构提供服务需求;②落实西安市技术交易补贴政策,对委托开发和购买技术的企业,按其交易额的一定比例给予资金补贴,可降低企业购买技术的创新成本。
>
> 二是在设备共享方面,西安科技大市场也采取了以下两项措施:①建立了供求信息沟通交流机制,为设备共享各方提供一个开放的基础信息平台;②落实西安市设备共享补贴政策,对使用

共享仪器设备的企业和资源单位给予补贴和奖励，其目的是调动一线管理人员的积极性，促进科研设施资源的开放共享。

三是在政策服务方面，西安科技大市场加强政策落实服务，通过政策咨询、宣传、培训和代办等方式，帮助企业享受各类科技政策。

四是充分发挥技术市场的功能，促进科技与经济融合更加紧密。

二、技术交易的主要方式

技术市场的交易需要签订技术合同，而技术合同分为技术开发、技术转让、技术咨询和技术服务4种类型，通常合称为"四技"合同，通过"四技"活动实现科技资源的合理配置和有效流动。科技成果转移一般是根据《合同法》的规定签订技术合同实现的。

1. 技术开发合同，是指当事人之间就新技术、新产品、新工艺或者新材料及其系统的研究开发所订立的合同，包括委托开发合同和合作开发合同。合同标的是新技术、新产品、新工艺或者新材料及其系统，即在签订合同时当事人尚未掌握的技术方案。

2. 技术转让合同，是指当事人之间就已经掌握的技术成果的知识产权转让所订立的合同。技术转让包括专利权转让、专利申请权转让、专利实施许可、技术秘密转让、软件著作权转让、软件著作权许可使用、植物新品种权转让、集成电路布图设计专有权转让、集成电路布图设计专有权许可使用等。

3. 技术咨询合同，是指一方当事人（受托方）为另一方（委托方）就特定技术项目提供可行性论证、技术预测、专题技术调查、分析评价所订立的合同。所谓特定技术项目，是指技术咨询合同的委托人向受托人咨询的项目，委托人应当阐明所需咨询的问题，并提供技术背景材料及有关技术资料、数据。受托人据此充分理解委托人所要咨询的问题，并进行咨询，提交咨询报告。

4. 技术服务合同，是指当事人一方以技术知识为另一方解决特定技术问题所订立的合同，不包括建设工程合同和承揽合同。所谓特定技术问题，包括改进产品结构、改良工艺流程、提高产品质量、降低产品成本、节约资源能耗、保护资源环境、实现安全操作、提高经济效益和社会效益等专业技术问题，由委托人向受托人提出，由受托人帮助委托人解决。

技术服务合同还包括技术中介合同和技术培训合同。

合同当事人在各种类型的合同标的中明确技术开发、转让、咨询、服务内容，其技术交易部分能独立成立而且合同当事人单独订立合同的，应按照相应的技术合同类型订立技术合同。如果当事人签订的技术合同标的中含有技术开发、技术转让、技术咨询、技术服务中的两种或两种以上的，能够分别签订相应类型技术合同的，应当分别签订。

在4类技术合同中，技术服务合同的成交额居首位，并占一半左右，以2015—2017年为例，技术服务合同成交额分别为5058.96亿元、5851.13亿元、6862.17亿元，分别占技术交易额的51.00%、51.29%、50.85%。

随着技术市场交易内容的不断丰富，已从"四技"服务不断向工程设备、技术投融资、企业并购等多样化和集成化方向发展。另外，科技企业产权、科技成果投资、风险投资等构成的技术产权交易也发展迅速。

三、技术合同认定登记

根据《技术合同认定登记管理办法》（国科发政字〔2000〕63号）和《技术合同认定规则》（国科发政字〔2001〕253号）规定，技术合同认定登记是指技术合同登记机构对技术合同当事人申请认定登记的合同文本从技术上进行核查，确认其是否符合技术合同要求的专项管理工作。这就要求技术合同认定登记人员需具有专业技术背景，能对技术合同是否属于技术合同及属于何种技术合同做出结论，并核定其技术交易额（技术性收入）。

1. 技术合同认定登记的目的。

一是加强技术市场管理，促进技术市场健康有序发展。技术的无形性决定了技术交易往往不是在有形的市场进行的，这也决定了技术市场主要是无形市场，而通过技术合同认定登记，可以统计并反映无形的技术市场的交易结果。

二是保障国家有关促进科技成果转化法律法规和政策的实施。技术市场的发展，技术交易的实现，对经济发展和社会进步是有积极的促进作用。因此，国家对技术交易实行财税、金融扶持政策。技术合同认定登记有助于国家政策的落实，并更好地发挥政策的扶持作用。

2. 技术合同认定登记的功能。技术合同认定登记具有两项重要功能：一是加强对技术市场和科技成果转化工作的指导、管理和服务；二是进行相关的技术市场统计和分析工作。由于只是对通过认定登记的技术合同成交额进行统计，统计数据并不能完全反映技术合同的成交情况，更不能反映技术市场的成交情况。

根据《技术合同认定登记管理办法》（国科发政字〔2000〕63号）规定，技术合同登记机构对申请登记的技术合同进行审查，发现存在以下问题的不予登记：一是当事人拒绝出具或者所出具的证明文件不符合要求的；二是印章不齐备或者印章与书写名称不一致的；三是其技术标的或内容存在违反国家有关法律法规的强制性规定和限制性要求；四是合同主体不明确的；五是合同标的不明确，不能使登记人员了解其技术内容的；六是合同价款、报酬、使用费等约定不明确的；七是合同名称与合同中的权利义务关系不一致且拒不补正的；八是合同条款含有非法垄断技术、妨碍技术进步等不合理限制条款的。上述8个方面的问题，有的是合同主体不明确、有的是合同实质性要件不完备、有的是权利义务关系不清晰、有的是合同条款违反法律法规规定等，如不及时补正，会影响技术合同的履行。这也充分说明，对技术合同条款及其规范性进行形式审查和实质性审查，有利于技术合同的履行，也有利于技术合同政策的落实。

通过技术合同认定并进行登记的技术合同，无论形式要件还是实质要件，都要符合《合同法》的规定，也就是说，技术合同认定登记可以起到规范技术合同的签订、保障合同双方的合法权益、促进技术合同的履行等作用。

根据《促进科技成果转化法》及相关文件规定，技术合同认定登记涉及科技成果转化奖励和报酬金的提取，且所提取的奖酬金不受工资总额限制，不纳入工资总额基数，可以享受有关个人所得税、企业所得税的减免，充分体现了国家对科技成果转移转化的激励导向作用。签订的合同是否属于技术合同，属于哪一种类型的技术合同，直接影响政策适用。因此，当事人签订技术合同、申请技术合同认定登记，技术合同登记机构办理技术合同认定登记是一项非常严肃的工作，必须严格按照《技术合同认定规则》和《技术合同认定登记管理办法》执行。

四、技术市场的功能

技术市场经过近40年的发展，在优化配置技术资源方面发挥了积极作用，主要体现在以下7个方面的功能。

1. 技术市场极大地释放了科技人员的创造潜能，极大地激发了科技人员投身科技创新活动的热情。技术市场使得科技成果（含科技知识、专业技能等，以下同）能够像商品一样进行交换，科技成果可以像资产一样用于创业，为大批科技人员（包括大学教师和科研院所的科研人员）通过创新创业活动进入市场实现自身价值创造了条件；使得科技人员的智力劳动能够创造财富，使得一大批科技人员通过知识创新和技术创新为企业提供技术研发、技术咨询等服务，实现了名利双收。

2. 技术市场促进了企业提升创新能力和市场竞争力，使企业实施开放式创新成为可能。大企业、中小企业等各类企业通过技术市场获取技术开发、产品开发、工艺开发和经营管理所需要的技术成果，吸引科技人员兼职兼薪，通过产学研结合与高校院所合作研发，大大提升了研发创新能力，降低了研发风险，减少了研发成本，提高了研发效率，加快了新产品上市速度和产品的更新换代速度，大大提升了企业的市场竞争力。同时，通过技术市场将本企业研发取得的不适合本企业实施转化的科技成果进行交易，不仅取得了技术性收入，部分或全部收回了研发成本，还繁荣了技术市场，促进了其他企业的健康发展。技术市场还促进了企业之间的技术流动和技术依赖程度显著提高，从以往以单个企业为主的技术创新模式逐步转变为多企业间的协同创新和集群创新。显然，技术市场有助于企业加大研发投入，加大人才的引进与使用力度，进而可有效提升我国企业整体的技术创新能力和技术吸收能力。

3. 技术市场促进科技与经济的紧密结合。随着我国技术市场与国际市场的接轨，可以通过国际技术贸易获得国际先进技术成果，进而可以大大缩小我国与发达国家之间的技术距离，也有助于我国把握住世界新科技革命的脉搏、抓住发展机会。

4. 技术市场改变了我国科技投入结构。不断活跃的技术市场，改变了以往单一的财政科技投入结构，为高校院所和企业进行 R&D 投入提供了重要渠道。在国务院新闻办公室于 2019 年 5 月 24 日举行的国务院政策吹风会上，工业和信息化部副部长王志军介绍，在全社会 R&D 投入结构中，我国企业研发投入占全社会研发投入的比重超过 70%。技术市场使得通过市场配置科技资源的自主性进一步增强，并促进了以企业为主体、市场为导向、产学研相结合的技术创新体系逐步形成。

5. 技术市场加速了大批科技成果向现实生产力转化。在电子信息、先进制造、新材料、新能源、生物医药等领域，一大批具有知识产权的科技成果通过技术市场进行转移并实现了转化。从科技部公布的 2019 年全国技术合同交易数据可知，2019 年的技术交易额为 15 711 亿元，这充分显示了我国技术市场的规模，也显示了科技成果转移转化的规模。

6. 技术市场扶植一大批高技术服务和科技中介机构的发展，促进了产业结构的优化与升级，并深刻地改变了技术创新的模式。1980 年年底，沈阳市和武汉市科委在国内率先设立了技术市场中介服务机构，到 1993 年年底全国第一家常设技术市场——上海技术交易所成立，到 2007 年，全国共有 19 646 家技术交易及服务机构从事"四技"活动，各级常设技术交易市场 200 多家，技术产权交易机构近 40 家。同时，科技中介服务模式不断创新。技术也是资产，是一种无形资产，也具有价值和使用价值，可以与有形商品之间进行互换；技术市场的繁荣需要大量科技中介的参与，科技中介这种职业的重要性和历史地位逐渐得到了认可。

7. 技术市场转变了人们的思维方式。技术商品化理论是技术市场的基石，这一理念的形成，促使人们认识到技术能以商品的形式进入市场并进行流通和交换，进而认识到科技人员创造性劳动是有偿的。这又引申出技术的资产属性，进而有助于人们认识到技术作为生产要素可以像物质财产一样参与分配。由此可见，技术市场有助于形成尊重知识、尊重人才、尊重创造的社会风尚。

第三节　技术市场建设

技术市场与其他要素市场一样，需要加大政策扶持力度，促进其大力发展。

一、国家技术市场监督管理体系

中央层面，我国已经建立了比较完善的技术市场监督管理体系。

1. 科技部是技术市场的主管部门。其职责是"牵头国家技术转移体系建设，拟订科技成果转移转化和促进产学研结合的相关政策措施并监督实施。指导科技服务业、技术市场和科技中介组织发展"。为履行这一职责，科技部设立成果转化与区域创新司，承担技术市场管理职能，包括：一是承担国家技术转移体系工作；二是提出科技成果转移转化及产业化、促进产学研深度融合、科技知识产权创造的相关政策措施建议；三是推动科技服务业、技术市场和科技中介组织发展。

为指导和促进技术市场的健康发展，科技部定期发布技术市场发展规划或专项规划，并每年向社会公布年度全国技术合同交易数据。

2. 科技部火炬高技术产业开发中心承担技术市场管理职能。在其14项职能中有2项是技术市场管理方面：一是技术市场研究方面，即研究我国技术市场发展的状况和问题，提出技术市场的发展规划及有关政策，为科技部宏观决策提出建议和对策。二是技术市场管理方面，包括以下3项职能：①承担全国技术市场日常运行管理，以及登记、统计、培训、信息、技术转移等工作；②联系和协调全国技术市场管理机构；③开展科技成果推广和产业化咨询服务等工作。

二、地方技术市场监督管理体系

与中央相对应的省（区、市）科技行政部门是所在地技术市场的主管部门，并设立成果转化处，或指定相关处室承担技术市场管理职能，负责本地技术合同认定登记工作，落实国家技术转移转化扶持政策。

省级科技部门所属事业单位，如科技交流中心、生产力促进中心、技术转移中心、科技成果转化服务中心、高新技术创业服务中心等机构配合科技部门履行技术市场管理职能，或承担具体的管理工作。

各省（区、市）一般也设立了技术市场协会、技术转移协会等社会团体组织，发挥政府与社会、科技与经济的联系功能，在技术市场建设中发挥助推作用，并开展相关的技术市场服务，是当地技术市场组织体系中不可或缺的组成部分。

三、促进技术市场发展的政策措施

国家对技术交易活动实行财税、金融扶持政策，对企业技术转让收入减免企业所得税，开具增值税普通发票的，可以免征增值税；对以转让、许可方式转化科技成果的，科技人员获得的科技成果转化收益可以减按50%计入应纳税所得额缴纳个人所得税等。

国家高度重视技术市场发展，《促进科技成果转化法》与《科学技术进步法》《合同法》和地方技术市场法规共同构成了技术市场法律保障体系。《企业所得税法》及其实施条例规定了技术交易的税收优惠政策。国家技术转移体系建设方案、科技成果转移转化行动方案、技术市场发展专项规划和地方各种类型的规划性文件共同构成了技术市场政策支持体系。

第四节　技术市场政策法规摘编

1.《科学技术进步法》（2007年）：

"第二十七条　国家培育和发展技术市场，鼓励创办从事技术评估、技术经纪等活动的中介服务机构，引导建立社会化、专业化和网络化的技术交易服务体系，推动科学技术成果的推广和应用。

技术交易活动应当遵循自愿、平等、互利有偿和诚实信用的原则。"

2.《促进科技成果转化法》（2015年）：

"第三十条　国家培育和发展技术市场，鼓励创办科技中介服务机构，为技术交易提供交易场所、信息平台以及信息检索、加工与分析、评估、经纪等服务。

科技中介服务机构提供服务，应当遵循公正、客观的原则，不得提供虚假的信息和证明，对其在服务过程中知悉的国家秘密和当事人的商业秘密负有保密义务。"

3.《国务院关于印发国家技术转移体系建设方案的通知》（国发〔2017〕44号）：

"二（六）建设统一开放的技术市场。

构建互联互通的全国技术交易网络。依托现有的枢纽型技术交易网络平台，通过互联网技术手段连接技术转移机构、投融资机构和各类创新主体等，集聚成果、资金、人才、服务、政策等创新要素，开展线上线下相结合的技术交易活动。

加快发展技术市场。培育发展若干功能完善、辐射作用强的全国性技术交易市场，健全与全国技术交易网络联通的区域性、行业性技术交易市场。推动技术市场与资本市场联动融合，拓宽各类资本参与技术转移投资、流转和退出的渠道。"

4.《国务院办公厅关于印发促进科技成果转移转化行动方案的通知》（国办发〔2016〕28号）：

"二（四）12.构建国家技术交易网络平台。以'互联网+'科技成果转移转化为核心，以需求为导向，连接技术转移服务机构、投融资机构、高校、科研院所和企业等，集聚成果、资金、人才、服务、政策等各类创新要素，打造线上与线下相结合的国家技术交易网络平台。……"

5.《国务院关于加快科技服务业发展的若干意见》（国发〔2014〕49号）：

"二（二）技术转移服务。

发展多层次的技术（产权）交易市场体系，支持技术交易机构探索基于互联网的在线技术交易模式，推动技术交易市场做大做强。……"

6.《国务院关于推动创新创业高质量发展打造"双创"升级版的意见》（国发〔2018〕32号）：

"三（九）完善知识产权运营公共服务平台，逐步建立全国统一的知识产权交易市场。"

7.《企业所得税法》：

"企业的下列所得，可以免征、减征企业所得税：

（四）符合条件的技术转让所得。"

8.《企业所得税法实施条例》：

"第九十条　企业所得税法第二十七条第（四）项所称符合条件的技术转让所得免征、减征企业所得税，是指一个纳税年度内，居民企业技术转让所得不超过500万元的部分，免征企业所得税；超过500万元的部分，减半征收企业所得税。"

9.《财政部　国家税务总局关于居民企业技术转让有关企业所得税政策问题的通知》（财税〔2010〕111号）：

"一、技术转让的范围，包括居民企业转让专利技术、计算机软件著作权、集成电路布图设计权、植物新品种、生物医药新品种，以及财政部和国家税务总局确定的其他技术。

其中：专利技术，是指法律授予独占权的发明、实用新型和非简单改变产品图案的外观设计。

二、本通知所称技术转让，是指居民企业转让其拥有符合本通知第一条规定技术的所有权或5年以上（含5年）全球独占许可使用权的行为。"

10.《财政部　国家税务总局关于将国家自主创新示范区有关税收试点政策推广到全国范围实施的通知》(财税〔2015〕116号):

"二、关于技术转让所得企业所得税政策

1.自2015年10月1日起,全国范围内的居民企业转让5年以上非独占许可使用权取得的技术转让所得,纳入享受企业所得税优惠的技术转让所得范围。居民企业的年度技术转让所得不超过500万元的部分,免征企业所得税;超过500万元的部分,减半征收企业所得税。"

11.《国家税务总局关于技术转让所得减免企业所得税有关问题的通知》(国税函〔2009〕212号):

"二、符合条件的技术转让所得应按以下方法计算:

技术转让所得=技术转让收入-技术转让成本-相关税费。

技术转让收入是指当事人履行技术转让合同后获得的价款,不包括销售或转让设备、仪器、零部件、原材料等非技术性收入。不属于与技术转让项目密不可分的技术咨询、技术服务、技术培训等收入,不得计入技术转让收入。

技术转让成本是指转让的无形资产的净值,即该无形资产的计税基础减除在资产使用期间按照规定计算的摊销扣除额后的余额。

相关税费是指技术转让过程中实际发生的有关税费,包括除企业所得税和允许抵扣的增值税以外的各项税金及其附加、合同签订费用、律师费等相关费用及其他支出。

三、享受技术转让所得减免企业所得税优惠的企业,应单独计算技术转让所得,并合理分摊企业的期间费用;没有单独计算的,不得享受技术转让所得企业所得税优惠。"

12.《技术合同认定登记管理办法》(国科发政字〔2000〕63号):

"第六条　未申请认定登记和未予登记的技术合同,不得享受国家对有关促进科技成果转化规定的税收、信贷和奖励等方面的优惠政策。

第七条　经认定登记的技术合同,当事人可以持认定登记证明,向主管税务机关提出申请,经审核批准后,享受国家规定的税收优惠政策。"

13.《科技部关于印发"十三五"技术市场发展专项规划的通知》(国

科发火〔2017〕157号）：

"'十三五'时期，技术市场的重点任务是进一步完善政策体系，加强技术市场配置技术、资本、人才等要素的能力，健全技术转移和成果转化机制，强化技术转移和成果转化市场化服务，通过实施促进科技成果转移转化行动，全面推进全国技术转移一体化建设，形成全国技术市场大流通格局，有力支撑科技创新与经济社会发展。"

14.《中共中央 国务院关于构建更加完善的要素市场化配置体制机制的意见》（2020年3月30日）：

"五、加快发展技术要素市场

（十五）健全职务科技成果产权制度。深化科技成果使用权、处置权和收益权改革，开展赋予科研人员职务科技成果所有权或长期使用权试点。强化知识产权保护和运用，支持重大技术装备、重点新材料等领域的自主知识产权市场化运营。

（十六）完善科技创新资源配置方式。改革科研项目立项和组织实施方式，坚持目标引领，强化成果导向，建立健全多元化支持机制。完善专业机构管理项目机制。加强科技成果转化中试基地建设。支持有条件的企业承担国家重大科技项目。建立市场化社会化的科研成果评价制度，修订技术合同认定规则及科技成果登记管理办法。建立健全科技成果常态化路演和科技创新咨询制度。

（十七）培育发展技术转移机构和技术经理人。加强国家技术转移区域中心建设。支持科技企业与高校、科研机构合作建立技术研发中心、产业研究院、中试基地等新型研发机构。积极推进科研院所分类改革，加快推进应用技术类科研院所市场化、企业化发展。支持高校、科研机构和科技企业设立技术转移部门。建立国家技术转移人才培养体系，提高技术转移专业服务能力。

（十八）促进技术要素与资本要素融合发展。积极探索通过天使投资、创业投资、知识产权证券化、科技保险等方式推动科技成果资本化。鼓励商业银行采用知识产权质押、预期收益质押等融资方式，为促进技术转移转化提供更多金融产品服务。

（十九）支持国际科技创新合作。深化基础研究国际合作，组织实施国际科技创新合作重点专项，探索国际科技创新合作新模式，扩大科技领域对外开放。加大抗病毒药物及疫苗研发国际合作力度。开展创新要素跨境便利流动试点，发展离岸创新创业，探索推动外籍科学家领衔承担政府支持科技项目。发展技术贸易，促进技术进口来源多元化，扩大技术出口。"

第三篇
科技成果转化管理

科技成果转化就是将科技成果的潜在价值转化为现实生产力。科技成果转化管理的目的是加快科技成果转化的进程，提高科技成果转化的效率和成功率。

本篇分6章，第十四章从科技成果概念出发，介绍科技成果转化的4个模型，以深化对科技成果转化的认识；第十五章对科技成果转化方式进行比较分析，并分析了转化方式选择的影响因素；第十六章对从研发到转化的整个过程介绍科技成果转化的过程管理；第十七章从在职、兼职、离岗3个方面阐述科技成果转化人才管理；第十八章从科技成果转化奖酬金分配的类型、受益人、分配与监督4个方面进行奖酬金分配管理；第十九章从科技成果转化影响因素和年度报告两个角度加强成果转化的宏观管理。

第十四章 科技成果转化概念及模型解析

加强科技成果转化管理,推进科技成果转化工作,首先要弄清楚科技成果转化概念。概念清晰,才能做到方向不偏、目标明确,进而才有可能找到并采取切实可行的措施。

第一节 科技成果转化概念

科技成果转化管理的前提是要认清并理解科技成果转化的内涵。科技成果转化作为法律术语,有其法定的概念和解释;作为科技术语,其内涵很丰富。

一、科技成果转化法定概念

《促进科技成果转化法》规定,本法所称科技成果转化,是指为提高生产力水平而对科技成果所进行的后续试验、开发、应用、推广直至形成新技术、新工艺、新材料、新产品,发展新产业等活动。这一法定概念可以从以下5个方面来理解。

1.转化目的是提高生产力水平。生产力是指创造财富的能力。马克思主义认为,生产力是指人类改造自然的能力,包括劳动者、生产工具和劳动对象3个要素。其中,劳动者和生产工具统称为生产资料。科技成果转化有助于劳动者积累丰富的生产经验，提高劳动技能，也有助于改进和创造新的生产工具，有助于扩大劳动对象的范围。因此，科技成果转化有助于提高生产力，或者说，通过科技成果转化提高生产力水平。正因如此，国家为促进科技成果转化，加大了体制机制改革力度和财税金融的扶持力度。

2.转化的对象是科技成果。即成果转化的前提是有科技成果，而且主要是应用技术成果（可参阅本书第一章）。当然，科技成果转化所转化的科技成果，既是通过科研项目或课题的立项，经过研究开发活动所取得的成果，也可以是已进入公知领域、不再受知识产权保护的科技知识、科技信息等。前者是科研活动的继续，后者是利用科技知识、科技信息等进行新的研究开发及应用推广活动。

3.转化活动包括对科技成果所进行的后续试验、开发、应用、推广等一项或若干项活动的组合。通过这些活动，改变了科技成果的知识形态，如产生新的知识，或将知识应用到产品、工艺等上面。

试验是指验证产品设计和工艺设计是否合理，是否符合实际所进行的研究活动。通过试验取得数据，用以修订原产品设计和工艺设计中存在的问题。试验不是一次性完成的，是试验、修订、再试验、再修订多次反复试错的过程。后续试验是在前续已试验的基础上进行的更多试验。

开发是指以利用为目的，对科技成果进行发掘，包括产品开发、工艺开发等。试制也是一种开发，是指试着研制新产品，并通过试验、试用等验证新产品是否符合实际，并不断地进行修改完善，直至制成符合要求的新产品。

应用是指使用科技成果转化所获得的新产品、新工艺、新材料和新服务，目的是获得投资回报、满足需求、解决问题等。

推广是指扩大应用范围，成果推广就是扩大科技成果的应用范围。

技术移植、技术运用也都属于这里的"应用、推广"范畴。

4.转化结果是新技术、新工艺、新材料、新产品，即科技成果转化的中间环节，变现前的"中间品"，将这些中间品在市场上销售，就实现了市场价值。"新"是相对于某组织现有的技术、工艺、材料和产品而言的，是与该组织认为与其现有技术、工艺、材料和产品相比是新的,不一定要求是全新的。

新技术是指组织从未使用过的技术。这是相对组织而言的。一项技术已发展了多年,被其他的领域广泛使用,但该组织从未使用过,对该组织来说,仍是一种新的技术。

新工艺是指新的生产方法或加工程序。工艺是指劳动者利用生产工具将原材料、半成品加工成制成品的方法与过程。新工艺是相对于一个组织的现有工艺而言的,比现有工艺有所创新的工艺。

新材料是指新发展或正在发展的具有优异性能的材料,包括新的结构材料和有特殊性质的功能材料等。

新产品是从市场营销意义上来讲的一个概念,包括新发明产品、改进的产品和新的品牌。新产品的"新"是相对的,可以是在生产销售方面,在功能或形态上发生改变,与现有产品有差异;也可以是产品进入新的市场;或者给消费者提供新的利益或新的效用的产品。

上述4个"新"是科技成果转化的直接结果,或中间结果,或知识形态或实物形态的结果,即科技成果改变了其原有的形态,经转化而产生的新形态,是成果转化的直接结果,但还不是价值形态的结果。

5. 转化的最终目标是发展新产业。产业既指财富,表明科技成果转化的结果是社会财富的增加,也指产业部门或经济部门,即按照一定标准划分的财富,表明科技成果转化不只是规模的简单扩大,或者说"量"的增加,更体现出"质"的提升,即出现社会分工,实现高质量的发展。

发展新产业就是通过科技成果转化,产生新的社会分工,形成新的产业。新产业就是随着科技成果转化和新兴技术的发展而出现的新经济部门或行业。新产业是科技成果转化的价值形态,表明科技成果转化是商业活动。一个新产业的出现,往往不只是一项新技术、新工艺、新材料、新产品的发展,而是标志着生产力的飞跃。

上述5个方面的内容从不同侧面反映了科技成果转化的内涵,起点是科技成果,终点是新的产业,主要活动是后续试验、开发、应用、推广,这些活动的直接结果是 4 个 "新"，终极目标是新产业。

二、科技成果产业化

科技成果产业化是指通过对科技成果的研究、开发、应用和推广或者通过技术引进、消化、吸收和扩散而使科技成果实现规模生产的过程。这一过程大致可分为以下两个阶段：

第一阶段为商品化阶段，它包括研究与开发、中间试验直至成为商品。商品是指用于出售的产品，而产品是指可以满足某种需求的劳动成果，即具备某项功能而满足需求。

第二阶段为产业化阶段，包括样品制造与批量生产，并在这过程中形成社会分工，逐步形成新的经济部门或产业。科技成果转化只有形成了一定规模的批量生产，并形成社会分工，对经济结构调整起到积极促进作用才能称为实现了产业化。

综上所述，科技成果转化涉及面比较广，因而是一项系统工程。在筹划科技成果转化时，应当综合考虑，以便少走弯路。

三、科技成果转化与技术转移的区别与联系

科技成果转移或技术转移，与科技成果转化，从内涵上是不同的，但很容易混淆。例如，《国务院关于印发国家技术转移体系建设方案的通知》（国发〔2017〕44 号）中提出"国家技术转移体系是促进科技成果持续产生，推动科技成果扩散、流动、共享、应用并实现经济与社会价值的生态系统"。其中，"科技成果持续产生"是指科研活动，"科技成果扩散、流动、共享"是科技成果转移，即国家技术转移体系包括科研、科技成果转移和科技成果转化 3 个内容。《深圳经济特区技术转移条例》对技术转移的定义，也包括了成果转化内容。

对于技术转移与成果转化的关系，存在着很多不同的认识。有的认为技术转移就是科技成果转化，将两者等同起来。有的认为科技成果转化是价值转移，技术转移包含了科技成果转化。有的认为科技成果转化

包含了技术转移。其实，两者有较大的区别，具体表现如下。

1. 内涵不同。技术转移的重心在"移"，即技术的形态不会发生变化。成果转化的重心在"化"上，科技成果的形态要发生变化，即对科技成果进行后续试验会产生新的知识；对科技成果进行开发会产生新技术；对科技成果进行应用、推广，会产生新工艺、新材料、新产品等。

2. 两者的目的不同。技术转移的目的是将技术转移到实现其价值的机构，包括以下两种情形：一是技术持有人不具备技术成果转化条件或能力的，将技术成果转移到能够将该成果转化为现实生产力的主体，由该主体实施成果转化；二是技术持有人虽然具备成果转化的能力和条件，但不能实现该成果转化的最大价值，而是转移到更能实现该成果价值的主体去转化。科技成果转化的目的就是将科技成果转化为现实生产力，实现其经济社会价值。

3. 两者存在因果关系。技术转移是该成果转化的前置程序，但不是必经程序。如果说转移是手段，则转化是根本目的。

4. 发生主体不同。技术转移发生在主体间，即从技术的供给方（技术拥有人）转移到技术的需求方（该技术的实施方），是知识流动，而科技成果转化发生在主体内部，从技术的研发部门向生产部门转移，是主体内部部门之间的价值转移，是将知识形态转化为实体形态。

区别技术转移（或科技成果转移）与科技成果转化的意义在于，技术转移应遵循知识流动规律和技术商品的市场交易规律，要通过政策、技术手段和有效的服务来促进知识流动和技术商品的交易；科技成果转化应遵循价值实现规律，构建并不断完善和延伸价值链，围绕市场需求开发市场需要的商品（包括产品和服务），着重解决人才激励、资金融通、市场准入和原辅材料供应链安全等问题。

第二节　科技成果转化模型

科技成果转化不只是对已有成果进行转化，更重要的是，在科研立项时，就要谋划成果转化，在研发过程中部署成果转化，在研发完成以后实施成果转化。

一、从研究开发到成果转化

《促进科技成果转化法》第二条规定了科技成果、职务科技成果和科技成果转化3个法定概念。科技成果是知识；职务科技成果是产权，即赋予知识以产权；科技成果转化是实现知识的价值。将这3个概念结合起来就是，通过研究开发取得科学技术新知识，通过申请知识产权或自我保密取得知识产权，再通过转化实现知识产权的价值，即知识→产权→价值实现。

科技成果转化的过程就是将科技成果转化为技术产品，并实现其市场价值的过程，是从研究开发到生产再到消费的全过程，一般由以下3个阶段构成：研究开发（Research, Development and Innovation）、中试放大和商业化、应用推广和扩散（Applications & Diffusion）。研究开发是将知识、技术变成样品（机、件），是技术物化的过程，劳动者主体是科研人员；中试放大和商业化是将物化的技术进行商品化，将样品（机、件）变成可以销售的商品，劳动者主体是工程技术人员；应用推广和扩散是将商品销售出去，满足消费者的需求，劳动者主体是营销人员和技术支持人员。这3个方面的优化组合使科技成果转化过程表现出研究技术化、技术商品化、商品产业化、产业国际化和商品流通网络化等发展趋势。

为了说明科技成果转化过程，把握科技成果转化规律，本节采用以下4种模型来说明。

二、科技成果转化的投入产出模型

科技成果转化是一项经济活动，既有投入也有产出，投入的是人力、物力、财力，产出的是人才成长、产值利税和新的产业、新的知识，如图14-1所示。

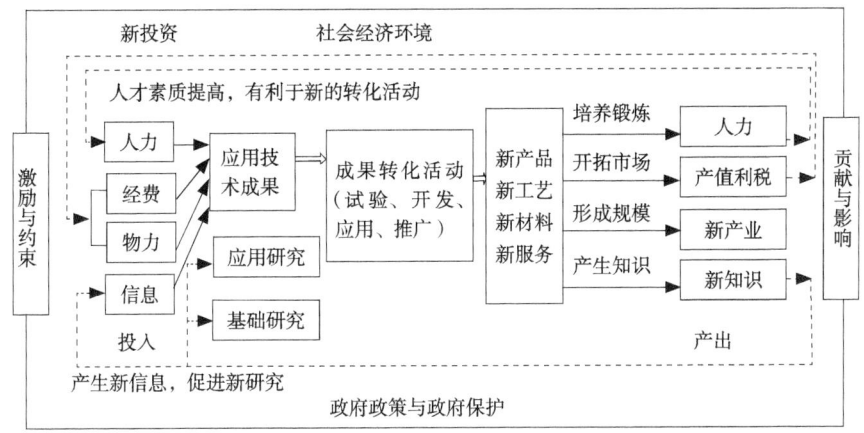

图 14-1　科技成果转化活动的投入产出模型[1]

图 14-1 可以做如下说明。

1. 应用技术成果是在基础研究、应用研究成果基础上开发取得的。虽然基础研究、应用研究成果往往不具有商业价值,不能直接进行转化,但通过基础研究、应用研究活动取得的应用技术成果,原创性强,可掌握核心知识产权,技术不受制于人,尽管投入巨大,研发周期很长,但可以取得持续的、垄断的经济回报。

2. 在应用技术成果的基础上,投入人力、经费、物力、信息等,进行成果转化活动。成果转化的投入也不小,视应用技术成果的成熟度不同而不同。在实施科技成果转化或投入科技成果转化之前,应当先判断成果的成熟度,再测算人力、物力、财力等方面的投入需求,并做出合理的预算。

3. 科技成果转化活动主要是对科技成果进行后续的试验、开发,对科技成果进行应用、推广。每一项成果的转化活动是不同的,有的要进行后续试验,有的要进行产品开发、工艺开发等,有的要对科技成果进行应用活动,有的要进行推广活动。为此,要对科技成果进行分析,确定所要进行的转化活动,并对所需经费进行预算。

4. 科技成果转化的直接结果是新产品、新工艺、新材料、新服务。新产品和新服务是直接面向消费者(顾客),满足消费者(顾客)的现实

---

[1] 上海市高新技术成果转化服务中心.上海高新技术成果转化实证研究[M].上海:上海科学技术文献出版社,2005:9.

需求，或激发其潜在需求，如帮助消费者（顾客）解决其生产、生活中存在的问题，或帮助消费者（顾客）提高生产效率、产品或服务的品质、生活水平等。新工艺是指生产产品或提供服务的工艺，是工艺开发的成果。新材料则是顾客生产活动的中间投入要素。

5. 科技成果转化的产出很丰富，不仅收获产值利税，实现较高的投资回报，取得丰厚的经济效益。经过一轮成果转化活动，人才得到了较快的成长和锻炼，其素质与能力得到较大的提升，也收获了新的知识，为新一轮成果转化奠定了良好的基础，也会促进基础研究和应用研究活动的深入开展。

6. 科技成果转化活动既受社会经济环境的影响，也受政府政策和规制的影响。因此，在科技成果转化中，要善于分析经济社会中的机遇与挑战，充分利用政策的激励，遵守政府的规制，善于借助经济社会中的有利因素，克服或避免不利因素。对此要提前做好谋划。

7. 从总体来看，科技成果转化既要有巨大经济回报的激励，也要受到人财物和政府规制的制约；既要充分认识科技成果转化对社会经济发展的贡献，也要充分认识可能产生的影响。

总之，科技成果转化的投入产出模型，从投入与产出的角度，可以说明科技成果转化活动的大致过程及其影响因素，而且反映了科技成果转化是一个螺旋上升的过程。这一模型有助于从战略上把握科技成果转化规律，从宏观角度解释科技成果转化对经济社会发展和人才成长的影响。

三、科技成果转化需求导向模型（线性模型）

科技成果转化一般是以需求为导向的，主要有两种情形：一是在实施科技成果转化之前，要进行需求分析，有需求则启动成果转化，没有需求则暂时不启动；二是发现有市场需求的，则寻找可以转化的科技成果，找到了所需要的科技成果则启动该成果的转化。这一模型如图14-2所示，并进行如下说明。

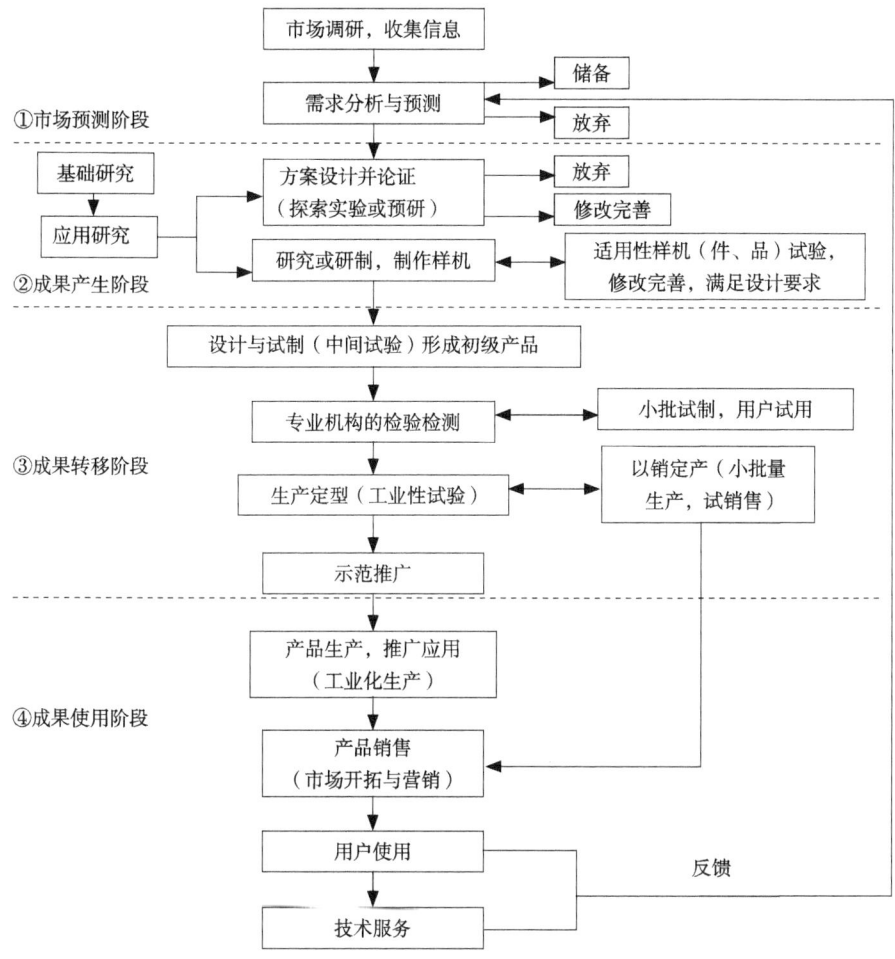

图 14-2 科技成果转化需求导向模型[①]

1.该模型将科技成果转化分为市场预测、成果产生、成果转移和成果使用 4 个阶段。

市场预测是指判断有否市场需求，有需求则进入转化流程，没有市场需求则进行技术储备或放弃。这是确定科研目标的阶段。

成果产生是指根据市场需求对基础研究、应用研究成果进行后续的试验、开发，产生应用技术成果。这是围绕市场需求进行科研的阶段，也是风险最大的阶段，其结果是形成产品雏形。

---

① 上海市高新技术成果转化服务中心.上海高新技术成果转化实证研究[M].上海：上海科学技术文献出版社，2005：15.

成果转移是指利用应用技术成果进行新产品、新工艺开发,将科技成果转移到产品(服务)、工艺上去。这是将科技成果转化为产品或服务的阶段,是成果转化的关键阶段,是将产品雏形转化为完成小批量生产,或者说,完成对生产工艺进行可行性论证。此时,风险依然较大,如能顺利通过这一阶段,则基本上可以迈入产业化生产。

成果使用是指消费者(顾客)使用新产品,满足自己的需求,而作为科技成果转化者的企业则实现了该成果的价值,取得了经济回报。这是规模生产阶段,也是科技产品的消费阶段,并不断扩大生产规模,扩大市场销售,也可能引发新的科研活动。

2. 市场预测阶段。这一阶段包括市场调研和需求分析两个环节。

(1)市场调研,收集信息。成果转化应从市场调研开始,广泛收集市场信息。这是企业或成果转化者在启动成果转化之前必须要做的工作。在进行市场调研的过程中,可以基于已有的科技成果转化需要,也可对消费者(顾客)的痛点、痒点等进行分析,试图找到解决办法。

(2)需求分析与预测。对收集来的市场调研信息进行分析,判断需求是否存在,预测有多大的需求,并做出是否需要进行成果转化的决策。

需求分析的结果一般有3种:一是有较大的需求,应该启动成果转化;二是储备,即市场还不太明朗,等市场明朗时再启动;三是放弃,即市场需求不大,不值得启动成果转化。在这一步,必须确定目标客户是谁,优先满足哪一部分客户的需求。这是成果转化的核心问题。

市场预测就是要确定科技成果转化的目标和任务,进而确定科技成果转化的具体步骤,增强针对性,避免盲目性。

3. 成果产生阶段。这一阶段就是先进行知识技术化,再进行技术商品化,这两个环节依次进行。

(1)方案设计并论证(产品或服务的设计)。消费者(或顾客、用户、客户,以下同)是通过购买产品或服务来满足其需求的,因此,实施成果转化的人(包括法人、自然人,以下同)需要进行转化方案设计,其中最重要的是进行产品(含服务,以下同)设计,而产品设计又必须根据目标客户的问题或需求进行。为此,在这一步骤,成果转化人应根据目标客户的需求来定义产品并设计产品。也就是说,成果转化的第一步就是定义并设计产品。不过,这一过程并不会很顺利,会存在多次反复,对产品的设计方案进行反复推敲并修改完善,甚至可能因找不到合适的产品方案,或没有准确定义产品概念,导致"放弃"的情形出现。

(2)研究或研制,制作样机(产品或服务的制作)。这是将纸面上的产品设计方案制作成实物形态的产品样机(品、件),并通过样机(品、件)试验、测试、使用等方式,发现产品样机(品、件)中存在的各种问题,并对产品样机(品、件)进行修改完善,使之满足产品的设计要求,满足目标客户需要的基本功能,具备相应的使用性能。这实际上就是从产品设计转入产品制作了,即将知识形态转化为实物形态。对于服务也是如此。

4.成果转化为产品或服务阶段。这一阶段是利用技术开发产品和工艺,通过产品试用、试销等实现技术转移,实现成果的价值。

(1)设计与试制(中间试验)形成初级产品。产品制作出来以后,要将单件产品制作转入批量制作,即进入工艺设计了。工艺设计一般需经过小试、中试和生产定型3个逐步放大的过程。一般来说,小试是指在实验室进行操作,主要摸索工艺路线,以检验能否进行批量生产;中试,又称实验室产品的生产性试验,是指把在实验室制作的产品放在指定的生产位置(生产车间)上进行试验,以取得各种工艺参数,确定产品规格,检验产品质量,测试工艺稳定性,以解决工业化生产所面临的技术问题。这是科技成果产业化的必备环节。

(2)专业机构的检验检测。产品在投放市场前,必须经过专业机构的检验检测,以判断是否符合相关产品标准,是否存在质量隐患。通过相关专业机构的检验检测,产品才可以进入市场试销、用户试用。

(3)生产定型(工业性试验)。这也被称为工业装置试验、工业化生产试验或大试,是在中试基础上进行生产规模放大,包括检验能否适用现有的生产线,其结果就是可以进行大批量生产,而且大批量生产的产品一致性好、质量稳定可靠、单位生产成本可大幅下降、可大批量供应等。当然,有些产品是以销定产,即小批量生产,没有必要进行大批量生产。

（4）示范推广。这主要是指新产品营销，即推销新产品的有关活动，包括实施示范工程，召开新产品新闻发布会、产品功能宣讲会，进行产品试用等，以便目标客户了解产品功能与效用；进行市场考察，使产品适应不同的市场；发布广告、扩大新产品的知名度等。

5. 成果使用阶段。消费者通过购买产品并进行消费，满足需求，实质上就是使用科技成果。

（1）产品生产，推广应用（工业化生产）。产品生产进入正常的规模化生产阶段了，产品质量稳定可靠，生产工艺已经定型。此时，科技成果和市场均已进入比较成熟的阶段。

（2）产品销售（市场开拓与营销）。此时，产品的销售渠道已经建立起来了，步入了正常的状态。

（3）用户使用。用户使用产品，产品的技术性能可以满足用户的要求。

（4）技术服务。厂家为用户提供技术服务，帮助用户正确使用产品。

从上述各个步骤看，这个转化模型实质上侧重于产品开发与工艺开发，也是一般企业进行产品开发与工艺开发的主要步骤或流程，还不完全是科技成果转化流程。毕竟科技成果转化不能简单地等同于产品开发和工艺开发，应远比产品开发与工艺开发复杂。但从中可看出，成果转化并不简单，同时，市场需求是成果转化的驱动力。

需求导向模型反映了科技成果转化是如何进行的，需经历哪些过程，对企业实施科技成果转化有较强的指导作用，也有助于政府制定支持企业实施科技成果转化的政策，并为企业的成果转化提供有针对性的服务。

四、魔川—死谷—达尔文海转化模型

从科技成果的商业化过程来看，一般需经历科学研究→技术开发→成果转化→产业化，或者基础研究→应用开发→成果转化→产业发展等几个过程。

从技术的商业化程度来看，比较知名的是日本学者出川提出的"魔川—死谷—达尔文海"的创新理论模型，如图14-3所示。该模型认为，从科学研究到商业化的整个过程，可分为研究、开发、商业化、产业化4个阶段。这一模型的关注点不在于这4个阶段本身,而在于这4个阶段之间的转换。

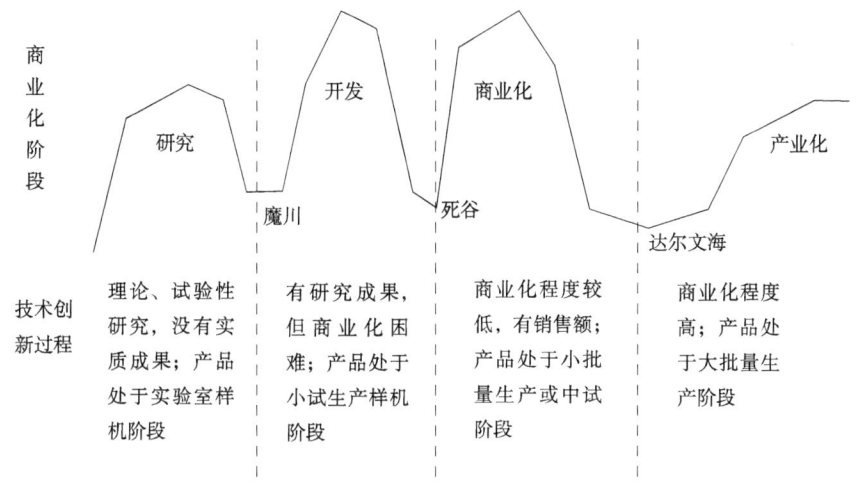

图14-3 "魔川—死谷—达尔文海"的创新理论模型

1. 4个阶段的比较。 研究→开发→商业化→产业化,每个阶段的任务不同,思维方式不同,管理方式也不同。

(1)研究,是指从市场需求出发,研究出若干技术种子[①],并从中找到真正需要的技术种子。研究阶段是指探索并且确立技术种子的阶段。其主要任务是确立技术种子,此时目标还不太明确,采取发散性思维的方式广泛搜索各种各样的技术种子。这一阶段所需经费相对较少,因而采取发散型管理,一般由高校院所、企业的研究机构负责,由研究人员承担。

(2)开发,是指根据市场的目标,选择真正需要的技术种子。开发阶段是指利用研究出来的技术种子开发产品的阶段。通过市场调查与分析,从市场上捕捉到需求,即产品开发的目标,因而其目标比较明确,需要采用收敛性思维的方式,并有必要采取围绕市场目标而开发产品的收敛型管理。这一阶段所需费用大大增加,比研究阶段高出一个数量级水平。开发活动一般由技术开发人员承担,往往由企业的开发部门负责。

(3)商业化,是指将研制的产品销售出去的过程,即由产品变商品

---

① 技术种子是指能够开发出产品、工艺的技术单元。一项技术由若干技术单元构成,有些技术单元不需要开发,利用现有技术就可以解决问题。而有些问题的解决,单纯利用现有的技术还不行,还必须在现有技术基础上开发出新的技术。所需开发的新的技术单元被称为技术种子。

的过程。产品强调功能,即能满足需要,强调的是必须有使用价值,而商品强调出售,必须具有交换价值。

商业化阶段是指向消费者售卖所开发的产品,并产生收益的阶段。从产品到商品,由于消费者对象并不能完全确定,因而往往实行以扩大顾客对象的范围而进行的发散型管理,以便让尽可能多的消费者成为目标客户。由于市场拓展需要大量的费用,因此,本阶段所需费用往往比开发阶段所需经费又提高了一个数量级,销售额也会不断增长。但管理不好的话,会产生"死谷"问题。

(4)产业化,是指形成系列化和品牌化的经营方式和组织形式。产业是指财富,也是由若干企业或组织集合成一类产业部门,产业化则是由若干个企业或组织结成产业集合的过程,这个过程就是分工协作,因而是从量变到质变的过程。

产业化阶段是指全面展开产品的批量生产与销售的阶段,步入全面参与市场竞争的阶段。要么满足消费者新的需求,要么以更新颖的功能、更好的性能、更低的价格、更高的性价比替代已有产品。这一阶段投入更大,面临的竞争更激烈。这一阶段的核心目标是在激烈的市场竞争中取胜。

4个阶段的特征比较如表14-1所示。

表14-1　4个阶段的特征比较

	目标任务	经费投入	管理模式	负责机构	负责人员
研究	研究种子	较少	发散型管理	高校院所、企业研究所	研究人员
开发	开发产品	数倍于研究经费	以需求为目标的收敛型管理	企业开发部门	开发人员
商业化	售卖产品	数倍于开发经费	以顾客为对象的发散型管理,企业内部调整管理方式	企业市场营销部门	营销人员
产业化	扩大规模	数倍于商业化经费	以在市场竞争取胜而进行投资与生产的管理	事业部、生产厂、管理部门	投资与生产人员

2. 4个阶段之间的转换。研究→开发→商业化→产业化,从一个阶段过渡到另一个阶段要经历许多波折,跨越许多障碍。

（1）魔川。从科学研究到技术开发，就是将科学知识转化为可解决问题、满足需求的技术。这一转化过程不会一帆风顺，要经历许多波折和障碍，这些波折和障碍被称为魔川。好比进入一座迷宫，看不清道路的方向，找不到出路，只有试探性地寻找出路，即不断试错。这是由技术的不确定性造成的。也就要求研究人员进行大胆的探索、试错，努力克服技术的不确定性。利用萃智法，可以设法解决这些不确定性。叶立国（2018）认为，科学技术有4个方面的不确定性，即科学技术理论层面的不确定性、科学技术功能的不确定性、科学技术研究的不确定性和人类主观意志的不确定性[①]。魔川主要是指这些不确定性。

（2）死谷。从开发到商业化的过程中，所经历的障碍叫作"死谷"（死亡之谷）。这是因顾客的不确定性导致的。这就要求研发人员或者科技成果转化人员准确定义顾客的需求，即需要对顾客进行大量的调研，找到顾客的痛点、痒点。图14-4可说明"死谷"是如何产生的。

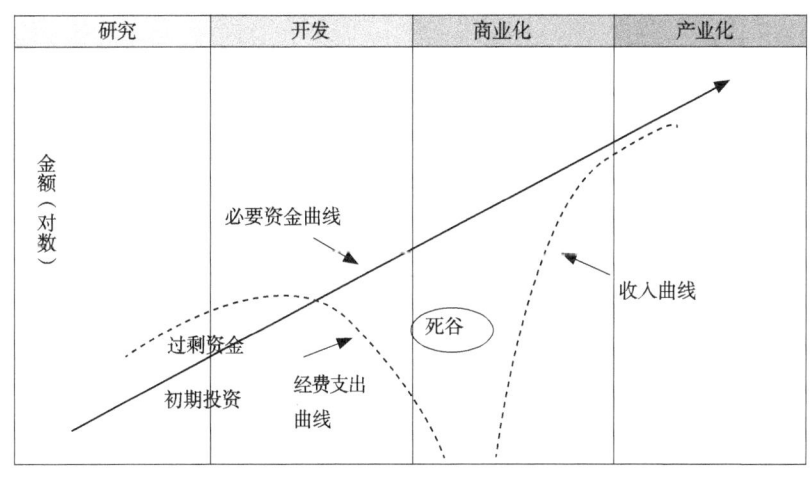

图14-4　死谷的产生

（资料来源：出川、田边的《研究·技术规划学会》）

"死谷"发生在从开发阶段转移到商业化阶段过程中。

图14-4有3条线：一是图左侧的曲线是经费支出曲线，即从开发

---

① 叶立国.科学技术的四种不确定性及其风险规避路径：基于约纳斯"责任伦理"的考察[J].中国石油大学学报(社会科学版)，2018（4）：80-84.

到商业化的过程中，经费越用越少，直至枯竭；二是图右侧的曲线是收入曲线，即产品销售出去可以获得收入，销售得越多，则收入越多；三是自左下往右上的直线是初期投资线，该线的位置越高，表明初期投资额越少。

经费支出曲线与收入曲线之间形成一个峡谷，这两条曲线与初期投资线之间所围成的空间越大，表明资金短缺的矛盾越大，大到一定程度以后，会导致因现金流枯竭而难以为继，即陷入"死亡"。故这个峡谷被称为"死亡之谷"，即"死谷"。

破解死谷之道，无非是增加初期投资、尽量节省开支和尽快实现新产品销售这3条途径，如图14-5所示。

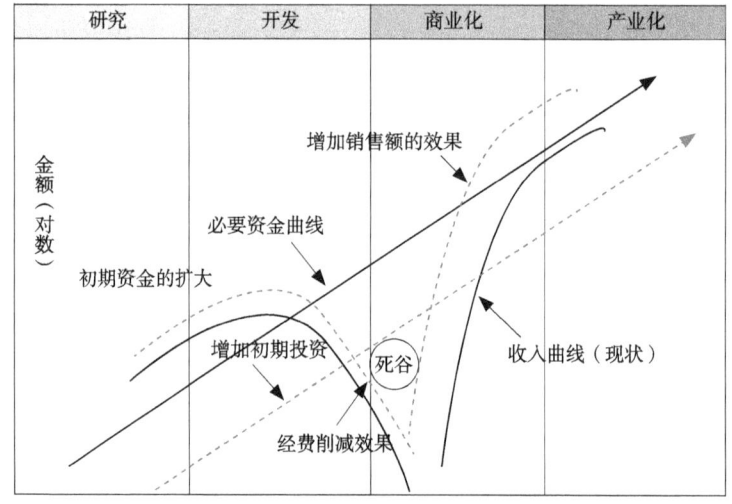

图14-5 死谷的形成过程及破解的办法

（资料来源：出川、田边的《研究·技术规划学会》）

要减缓"死谷"影响，有以下3个解决办法：

一是节省经费的使用，不该花的钱尽量不花，使有限的经费投入可支持更长的时间；

二是尽快取得收入，不追求技术的完美，而是尽快将产品销售出去，在初期投入的经费用完之前，可获得现金收入，避免现金断流；

三是加大初期投资或增强融资能力，及时补充所需要的资金。

上述3项举措中的任何一项举措，都可以减缓"死谷"的程度，或者避免"死谷"的出现。

从图14-5可以得出成果转化能否成功的3个基本判据：一是在成果转化阶段，资金投入没有计划的，因容易陷入"死谷"而不易成功；二是在成果转化阶段，一味追求技术完美的人，因不能及时向市场销售产品获得收入而容易导致资金枯竭；三是初期投资不大，而后续投资跟不上，容易陷入"死谷"而不易成功。因此，在成果转化阶段，尽量节约经费，尽快实现销售，及时启动融资，三措并举成功的概率相对较大。

（3）达尔文海。从商业化到产业化所经历的障碍被称为"达尔文海"。这是由市场竞争的不确定性造成的，即市场竞争适用丛林法则，优胜劣汰，成本低者胜，成本高者被淘汰。在竞争中取胜的关键在于成本是否足够低。在这一阶段，主要矛盾已经从技术的不确定性、顾客的不确定性转移到市场竞争的不确定性。降低市场竞争的不确定性，首先要不断降低产品的单位成本，提高产品的性能，即为顾客提供高性价比的产品；其次要注重商业模式开发；最后要保障原材料供应链的安全。

"魔川—死谷—达尔文海"的创新模型将着眼点放在研究→开发→商业化→产业化各阶段转换中的问题或障碍，每成功地跨越一个障碍，或者解决每一个阶段的难题，科技成果的成熟度就将跨上一个新台阶。通过这一模型，政府制定政策时，将政策关注点放在阶段转换的问题上，以提高政策的针对性和有效性；企业和科技人员在实施科技成果转化时，要将重点放在顾客和成本上，集中资源解决核心问题。

五、创新扩散模型

一项科技成果如果不能达到预期的投资收益率，其转化的动力就不会强，就难以达到转化的目的。从创新扩散的角度，即利用埃弗雷特·M.罗杰斯（Everett M. Rogers）的创新扩散模型，也称技术采用模型，或者技术采用生命周期模型来看待科技成果转化，它是一条钟形曲线（Bell Curve），如图14-6所示。

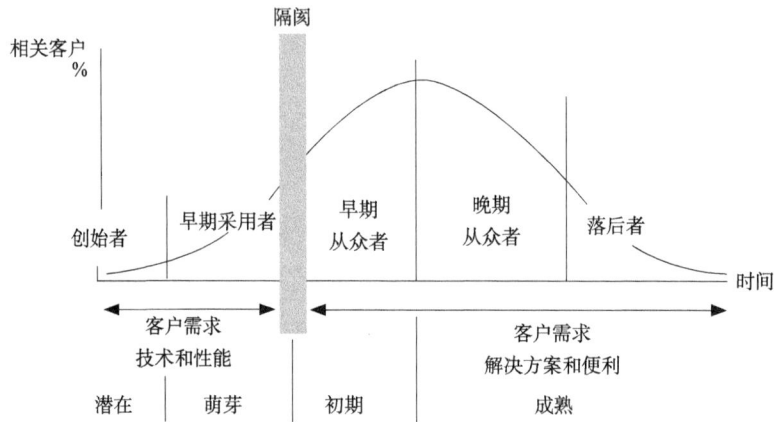

图 14-6　埃弗雷特·M. 罗杰斯（Everett M. Rogers）的创新扩散模型

如图 14-6 所示，埃弗雷特·M. 罗杰斯从市场成熟度角度，将技术采用者分为创新者（高科技爱好者）、早期采用者（愿景先行派）、早期从众者（早期大众、价格和品质重视派）、晚期从众者（晚期大众，随大流派）和落后者（讨厌高科技）五类，每一类创新者分别对应着市场发育的"潜在""萌芽""初期""成熟"4 个阶段[①]。根据埃弗雷特·M. 罗杰斯的研究，上述 5 类使用者人数占使用总人数的比例分别为 2.5%、13.5%、34.0%、34.0% 与 16.0%。

1. 创新者。是指发现有未被满足的市场需求，或者存在待解决的问题等，进行研究开发的人或组织研究开发的单位。这个阶段意味着存在潜在的市场需求，将这个阶段称为潜在。

2. 早期采用者。创新者通过研究开发，开发出了可满足市场需求或解决所存在问题的产品或服务，使用该产品或服务的人称为早期采用者。这时，产品或服务因刚推出，还不成熟，价格比较高，质量不稳定，因而使用的人并不多。真正使用的人往往是那些求新求变的人，或者的确在生产生活中存在待解问题的人，他们对价格不敏感。这个时候，市场还没有真正形成，市场前景也不明朗，因此，将这个阶段称为萌芽。

3. 早期从众者。市场发展到这个阶段，开始有人跟风了，但这些人

---

① 埃弗雷特·M. 罗杰斯. 创新的扩散 [M]. 辛欣，译. 北京：中央编译出版社，2002：246-249.

对产品或服务的价格、性能、质量等比较敏感。如果价格下降，性能较高，质量稳定可靠，会有一大批的人购买。这批人被称为早期从众者。随着产品设计的不断改进，功能不断完善，生产工艺不断优化，批量扩大，产品的单位生产成本下降较快，质量稳定可靠，性价比大幅提高，新的产品或服务会被越来越多人接受，因而购买的人会越来越多，即初步形成一定的市场规模。这个阶段被称为初期。

4. 晚期从众者。随着产品设计的进一步优化，生产工艺进一步完善，产品的单位生产成本进一步下降，质量更加可靠稳定，性价比更高，该产品或服务得到进一步普及，一些原本不接受新的产品或服务的人也开始使用。这部分人被称为晚期从众者。此时的市场已经成熟了。

5. 落后者。当产品或服务开始走下坡路了，到这个时候才购买该产品或服务的人，被称为落后者。这部分人比较保守，不太接受新生事物。不过，此时的市场进入衰退期了。

埃弗雷特·M.罗杰斯认为，市场对创新的接受并不是一个连续的过程，各阶段的转换也不是一帆风顺的，也要跨越许多沟沟坎坎。在创新者与早期采用者之间、早期采用者与早期从众者之间、早期从众者与晚期从众者之间、晚期从众者与落后者之间都存在裂缝。其中，在早期采用者与早期从众者之间的裂缝比较大，被称为"隔阂（分歧点）"，这个隔阂被杰弗里·摩尔（Geoffrey Moore）在其所著的《跨越鸿沟》一书中称为"鸿沟"。前者代表初期市场，后者代表主流市场，从初期市场跨入主流市场需要跨越这条"鸿沟"。这条"鸿沟"跨过去了，市场就取得了成功，跨不过去就意味着失败。跨越"鸿沟"的过程就是科技成果转化，即优化产品或服务的功能，大幅降低成本进而降低售价，大幅提高产品质量。根据杰弗里·摩尔的研究，全新市场、现有市场与细分市场的鸿沟存在显著差异，其中，全新市场的鸿沟比较大，跨越难度也比较大；现有市场的鸿沟较小，跨越难度相对小些。

上述利用4个模型从不同的角度解释了科技成果转化及其过程，各有侧重，但都能说明一些问题。从中可发现，科技成果转化比较复杂，涉及因素多，涉及环节多，实施科技成果转化时必须要做好谋划。

第三节　科技成果转化效率测算

反映一个国家、一个地区、一个单位的科技成果转化情况往往会想当然地使用科技成果转化率，但是"科技成果转化率"这一概念受到了广泛的质疑，甚至被认为是伪命题。[①] 这是怎么回事？

一、对"科技成果转化率"的衡量

从指标上来看，如果能够对"科技成果转化率"进行直接的测算和衡量，那么，对科技成果转化效率的测算就简便易行而且可直观比较。目前，"科技成果转化率"概念使用面临的主要问题是对该指标的测算并未形成一致的标准。

如果用科技成果转化的数量来计算"科技成果转化率"，那么其计算公式并不复杂，可以表示为：

科技成果转化率=已转化科技成果数/应转化科技成果数。　　（14-1）

式（14-1）成立需同时满足以下3个条件：

一是"已转化科技成果数"与"应转化科技成果数"均可以统计出来，得出确定的数据。

二是"已转化科技成果数"包含于"应转化科技成果数"，即前者是后者的子集。

三是"已转化科技成果数"与"应转化科技成果数"是属于同一个分类标准确定的。

同时符合这3个条件，或者换言之，如果能够对科技成果转化测算公式的因子进行统一规范，那么是完全可以使用"科技成果转化率"这一指标的，当前的主要问题就在于缺乏统一规范。

由于科研活动的特殊性，加之科技成果缺乏统一的界定标准（可参阅

[①] 陈宝明，林新. 全面客观评价科技成果转化成效 [J]. 科技中国，2018（3）：34-35.

本书第一章对科技成果概念的解析），要同时符合上述3个条件很不容易。因此，还没有哪一个机构正式发布了科技成果转化率，即便有些单位测算并发布了自己的科技成果转化率，但是在使用上无法进行比较。

二、慎用"科技成果转化率"

我国实行科技成果登记制度，并按照基础理论成果、应用技术成果和软科学研究成果3种类型进行登记。从理论上讲，科技成果转化率应当将某一时期登记的应用技术成果数作为"应转化科技成果数"，将这一阶段已经得到转化的科技成果，包括以转让、许可、作价投资方式转化的科技成果作为"已转化科技成果数"，即可计算出该时期的科技成果转化率。

然而，没有实行已转化科技成果登记，如何获得该时期的"已转化科技成果数"？如不能获得该时期的"已转化科技成果数"，就没有办法计算该时期的科技成果转化率。

国家实行技术合同认定登记制度，是否可以使用同一时期的技术转让合同认定登记数视作"已转化科技成果数"？答案也是否定的，原因在于：

1. 技术转让包括专利申请权转让、专利权转让、专利实施许可和技术秘密转化4种类型。专利申请权、专利权和技术秘密虽然也是科技成果，但与科技成果登记的科技成果是不同的，不属于同一分类标准。已登记的科技成果可能是由若干件专利权、专利申请权、技术秘密构成，不符合前述的第3个条件。

2. 科技成果转化方式不只包括转让、许可和作价投资，还包括自行实施转化和合作转化。目前自行实施转化的科技成果数量，没有哪个途径可以获得。以合作方式转化科技成果需要签订技术合同，但一般是签订技术开发合同，并按照技术开发合同进行登记。这种情形不符合前述第2个条件。

3. 在某一时期签订技术转让合同转化的科技成果，不一定是同一时期取得的科技成果，有可能是该时期之前或之后取得的。例如，某单位2018年将某项发明专利许可一家企业使用，但该发明专利是该单位2007年提出申请的。这种情形有可能不符合前述第1个条件。

综上所述，科技成果转化率要慎用，只有在完全符合前述 3 个条件的情况下才可使用，特别是要慎重运用科技成果转化率进行横向或纵向比较。当前，我国还缺乏综合反映科技成果转化情况的指标体系。在一些情况下虽然经常引用科技成果转化率这一指标，但是由于没有建立严格规范的统计体系和标准，科技成果转化率尚不能全面客观反映我国整体的科技成果转化情况。特别是如果简单地用"科技成果转化率"来衡量科技成果转化活动就存在很大的局限性，实际上会带来"只有成熟的成果才能转化、科技成果转化过程不需要各方面衔接配合"的误导，甚至产生"把科技成果转化过程不完善简单归因于科技成果质量不高"等问题。

为此，建议借鉴国际经验，开展成果转化多维度评价。一是要加强对科技成果转化特点和规律的认识，在评价中充分反映科技成果转化全链条、多环节，以及转化主体和转化形式多样化等特点。二是在统计体系中扩充相关监测指标，充分考虑与国际指标的衔接和可比性，完善统计数据基础。三是研究建立科技成果转移转化评价指标体系，开展全面、综合的监测与评价，为科学制定相关政策、促进科技成果转化提供客观依据。

专利实施率在一定程度上能够反映科技成果转化的效率，但是不能用专利实施率来替代科技成果转化率，原因有二：一是虽然专利也是科技成果，但通常所称的科技成果包含了若干项专利，专利与科技成果仍处于不同层面；二是一些专利并不是为了实施转化，而是用于防止侵权。

第十五章　科技成果转化方式及其选择

《促进科技成果转化法》第十六条规定："科技成果持有者可以采用下列方式进行科技成果转化：（一）自行投资实施转化；（二）向他人转让该科技成果；（三）许可他人使用该科技成果；（四）以该科技成果作为合作条件，与他人共同实施转化；（五）以该科技成果作价投资，折算股份或者出资比例；（六）其他协商确定的方式。"各种转化方式有何不同？对于一项科技成果，该如何选择转化方式？选择成果转化方式时，需考虑哪些因素？这些问题是本章需要回答的。对于政府而言，可以根据各种转化方式的特点，出台扶持政策，梳理并优化各种转化方式的管理流程，制定各种类型转化合同的示范文本，支持企业和高校院所选择有利于成果转化的方式。

第一节　科技成果转化方式及其比较

《促进科技成果转化法》第十六条规定的各种转化方式的内涵、特点分析如下。

一、自行投资实施转化

它是指科技成果所有人对所完成的科技成果进行投资并实施转化。这种转化方式的特点比较简单。科技成果所有人就是科技成果转化人、科技成果转化的投资人，不存在技术交易，不发生知识产权转移，科技成果所有人取得全部的转化收益，承担全部的转化风险。

这种方式的优点是在科研立项时，可以统筹布局、协同推进科技项目研发、科技成果转化与后续研发，科技成果所有人享有科技成果转化的所有收益。

其缺点是没有整合社会资源，不与他人发生技术、融资等联系。

这种方式一般不适合高校院所，主要原因在于：一是科技成果转化是科技活动，但更主要是经济活动，是市场经营活动，这与高校院所的定位不符；二是高校院所缺乏自行投资科技成果转化所需要的经营人才、经营资本和市场资源，难以进行投资；三是从经营活动的角度看，科技成果转化的核心是抓住市场机会，但高校院所对市场需求的嗅觉不灵敏，对市场的变化不敏感，难以抓住市场机会；四是从科技活动的角度看，科技成果转化的核心是工艺开发，降低成本，提高性价比，但高校院所的科研人员擅长科学研究、实验室研发，不擅长工艺研发，也缺乏工艺研发的条件。

这种转化主要适用于企业，企业自行立项、自主研发，自行投资实施转化，是当前企业的主要做法。随着企业实施开放式创新，这种做法受到了挑战。

二、科技成果转让

科技成果转让是指科技成果所有人（即让与人）将科技成果的知识产权，包括专利权、软件著作权等，转让给科技成果转化人（即受让人），交易标的是科技成果中的知识产权，一般通过成果所有人与成果转化人之间签署科技成果转让合同来完成。最常见的形式是高校院所等出让科技成果，企业受让科技成果。

1.双方当事人的权利与义务。科技成果转让涉及让与方与受让方两个主体，一方的权利就是另一方的义务，权利与义务要对等。而权利与义务的基础是合同标的，即拟转让的科技成果。双方签订科技成果转化合同时，要将拟转让科技成果的内容、范围界定清楚，包括技术指标、创新性、先进性等，对双方的权利与义务事先进行约定。转让方的主要权利是收取转让价款，主要义务是提交相关技术资料，办理知识产权转移手续，并对受让方提供相关的技术指导、培训等，直到受让方掌握并实施科技成果为止。受让方的主要义务是按照转让合同约定支付价款，主要权利是获得拟转让成果的知识产权，接收技术资料和技术指导等。同时，交易双方必须约定验收标准，以确定双方的权利与义务是否履行完毕，还要约定各自承担的保密义务，以及后续改进及其归属。

2. 转让价格的确定。科技成果转让合同的核心条款是转让价格，包括支付方式，这又与科技成果的成熟度、知识产权质量、技术开发的难易程度、与已有技术成果相比的先进性程度、预期收益等因素有关。

转让价格是双方谈判的焦点，而价格的确定及其支付与交易双方对拟转让科技成果的技术含量、技术成熟度、知识产权保护的完整性、市场容量、经济效益前景、投资回收周期长短、投资风险大小等因素密切相关，交易各方一般要对拟交易的成果进行分析评估，并达成共识。协议签订以后，凭转让合同办理知识产权转移手续。

3. 特点。科技成果转让方式具有以下特点。

一是科技成果转化收益及其风险原则上由让与方全部转移到受让方，即让与方收取转让费，一般不与科技成果转化的效果直接关联，也不承担转化的风险。受让方取得了科技成果所有权，可以实施、许可他人实施、转让给他人、禁止他人实施等。不过，为了平衡交易双方的权利义务关系，平衡双方的风险，交易双方可以在转让合同中约定，按照"入门费+提成费"的支付方式支付价款，即提成费的支付是按照科技成果转化效果确定支付价款的多少。科技成果转化超出预期，则支付的价款更高，如低于预期则支付的价款少。这样可以平衡交易双方的风险，即降低了受让方承担的风险、加大了对让与方的约束。

二是受让方投入的资金较大，包括支付科技成果受让费、交易费用和转化科技成果的费用等，因而受让方应具有较强的投资能力，包括较强的经济实力和融资能力。

三是交易过程比较复杂，交易时间比较长。科技成果转让涉及知识产权转移，往往涉及科技成果资产评估、定价、知识产权转移等复杂问题，处理这些问题需要花费不少时间。

四是技术交易往往不够彻底。科技成果的无形性决定了科技成果完成人仍占有该成果，尽管让与方需要对受让方提供技术培训和指导，但科技成果完成人掌握的非编码知识不可能全部转移给受让方，受让方需要付出较多的努力才能掌握同等水平的非编码知识。

五是科技成果转让既可充分发挥高校院所的科研优势，也可发挥企业的生产经营优势和市场优势，比较适用于技术成熟度和市场成熟度均比较高的科技成果。

三、科技成果许可

科技成果许可即科技成果所有人（即许可人），通过订立合同将科技成果的知识产权许可给科技成果转化人（即被许可人）的行为，被许可人取得实施科技成果知识产权的权利，科技成果所有人收取许可使用费。

1. 许可使用标的。科技成果许可使用的标的是科技成果知识产权的实施权，包括以下内容：一是专利权、计算机软件著作权、集成电路布图设计专有权等有证技术成果的许可使用；二是技术秘密的许可使用，因技术秘密没有取得知识产权证书，技术秘密属于无知识产权证书的科技成果；三是上述两种类型科技成果的许可使用，即有证技术成果与无证技术成果结合的许可使用。

2. 科技成果许可合同当事人的权利与义务。科技成果许可也涉及许可人与被许可人两个主体，双方交易的标的是科技成果知识产权的实施权，所体现的是科技成果所有人对其实施权的处分，一方的权利对应于另一方的义务，权利与义务也要对等。双方签订科技成果许可合同时，许可方的主要权利是取得许可使用费，主要义务是提供被许可人实施科技成果所必要的技术资料，并对被许可方提供相关的技术指导、培训等，直至被许可方掌握并实施科技成果为止。被许可人的主要义务是按照许可合同的约定支付价款，主要权利是接受技术资料和技术指导等。同时，双方还需约定验收标准，以确定双方的权利与义务是否履行完毕，以及各自承担的保密义务、后续改进及其成果归属。

3.许可使用方式。根据许可使用的授权范围及权力大小，可以分为独占实施许可、排他许可、普通许可和交叉许可、分许可等。独占许可是指只允许被许可人使用科技成果，科技成果所有人不可以使用该成果。排他许可是指科技成果所有人和被许可人均可以使用该科技成果，科技成果所有人不得再允许其他人使用该成果。普通许可是指除被许可人以外，科技成果所有人可以使用，还可以将该成果允许其他人使用。不过为避免恶性竞争，一般会限定在某个时间段和区域里实施。交叉许可是指相互授权，即一些在已有专利技术的基础上进行改进所取得的改进专利，实施基础专利时需要使用改进专利，实施改进专利时又要用到基础专利，在这种情况下，最好的解决办法是交叉许可。分许可是指科技成果所有人允许被许可人将该成果许可给第三人使用。

4.许可使用费的确定。科技成果许可使用费与被许可人实施科技成果的效果及可取得的预期收益大小有关。而被许可人的预期收益大小与科技成果的创新性、先进性、研发难度、知识产权等因素有关，也与许可使用方式、使用年限、使用范围有关。被许可人实施科技成果有明确的目的和希望达到的效果，愿意支付的许可使用费与其预期目的、效果呈正相关。因此，许可使用费要根据上述因素综合确定。

5.特点。科技成果许可方式的主要特点是不涉及知识产权转移。这一特点决定了与科技成果转让相比，有以下优点。

一是科技成果许可程序相对简便，因为在交易过程中，一般不需要进行资产评估，也不需要办理知识产权转移手续，交易成本也相对低些。

二是被许可人支付的许可使用费比转让费低，而且可采取提成费或"入门费+提成费"的支付方式，被许可人的资金支付压力要小一些。

三是被许可人承担的风险要小一些。当科技成果中的专利权、软件著作权等知识产权被宣告无效、被新的技术替代等情形出现时，被许可人受到的损失也会相对小些。

6.优、缺点及适用情形。科技成果许可的优点是有利于科技成果更快、更好地转移，也有利于科技成果所有人对该成果进行后续研究开发，并不断提高技术水平。不足之处在于，被许可人只取得了该成果的使用权，并没有因此获得相应的技术能力。

科技成果许可适用于各种情形，无论科技成果的技术成熟度、市场成熟度是否高，被许可人不要求必须拥有科技成果的知识产权，都可以采取这种方式。

四、合作转化

合作转化即科技成果所有人与合作方订立合作转化协议，发挥各自的优势，共同转化科技成果的行为。

1.主要做法。合作转化的情形一般是，由高校院所提供科技成果，并负责后续研发，由企业等合作方提供小试、中试等设施，以及生产线、实验场地等条件，围绕目标客户的需求，配合高校院所对科技成果进行后续试验、产品试制与定型、工艺开发、负责产品的市场推广等。

合作双方通过签订合作转化协议，约定收益共享、风险共担的办法。《促进科技成果转化法》对合作转化科技成果的权利义务关系做出了规定。

链接：

《促进科技成果转化法》

第四十条 科技成果完成单位与其他单位合作进行科技成果转化的，应当依法由合同约定该科技成果有关权益的归属。合同未作约定的，按照下列原则办理：

（一）在合作转化中无新的发明创造的，该科技成果的权益，归该科技成果完成单位；

（二）在合作转化中产生新的发明创造的，该新发明创造的权益归合作各方共有；

（三）对合作转化中产生的科技成果，各方都有实施该项科技成果的权利，转让该科技成果应经合作各方同意。

第四十一条 科技成果完成单位与其他单位合作进行科技成果转化的，合作各方应当就保守技术秘密达成协议；当事人不得违反协议或者违反权利人有关保守技术秘密的要求,披露、允许他人使用该技术。

2. 特点。采用合作方式转化科技成果,主要有以下 3 个方面的特点。

一是合作转化的实质是合作各方发挥各自的优势,开展互补性合作的过程。合作的过程就是资源共享、优势集成的过程。

二是一般不涉及知识产权转移,但在合作过程中会产生新的知识产权。

三是在合作转化中,合作双方的关系是比较松散的。要形成比较紧密的合作关系,需要双方达成高度共识,签订比较完善的合作协议。为此,在合作协议中需明确在科技成果转化的各个环节各自享有的权利和承担的义务,特别是风险分摊和利益分成的办法。如能妥善处理好风险分摊和利益分成,享有的权利与需承担的义务对等,取得的预期收益与其承担的风险对等,各自的付出与其收益对等,就能够形成合力,进而降低成果转化中的不确定性,化解成果转化中的矛盾,进而保障合作转化的顺利进行。

3. 优、缺点及适用情形。合作转化的优点是可以发挥合作各方的优势,有利于合作双方当事人形成合力。同时,对于企业来说,不必支付科技成果的使用费或转让费,因此,合作门槛低。不足之处在于要形成紧密的合作关系比较困难,如果合作双方不能达成高度共识,合作关系往往是不紧密的,也就难以达到预期的合作目的。

合作转化适用于一方难以独立实施科技成果转化的情形,包括科技成果成熟度不够高、市场前景不明朗等情形。

五、作价投资

作价投资是指科技成果所有人将科技成果知识产权作价出资投入到企业,取得该企业股权(份)的行为,科技成果所有人参与该企业的经营管理,分享经营收益,分担经营风险。科技成果作价投资以后,由被投资企业取得科技成果所有权,并被纳入其无形资产进行经营管理。

1. 性质。科技成果作价投资在性质上属于科技成果转让与投资同时进行，既是科技成果转让行为，也是科技投资行为。从科技成果转让角度，科技成果所有人要将所投资的科技成果知识产权转移到被投资企业，并办理知识产权转移手续，科技成果转化的风险也一并转入被投资企业。从投资角度看，科技成果所有人以转让收入方式进行投资，取得被投资企业的股权，成为被投资企业的股东。

2. 特点。作价投资方式的突出特点是科技成果所有人与其他投资人结成紧密的合作关系，尽其所能地投入资金、技术、市场渠道、人才、资源等，并结成利益共享、风险共担的经营实体。

3. 优点。作价投资对科技成果所有人、科技成果完成人、被投资企业及其投资人都具有吸引力。对科技成果所有人而言，可继续对该成果进行研究开发，并分享其转化收益，而且不受知识产权保护期限的限制。对科技成果完成人而言，可以因享受股权奖励而取得被投资企业的股权，参与被投资企业的经营管理和科技成果转化工作，参与成果转化的积极性高。对于被投资企业的其他投资人而言，无须支付现金就可获得对科技成果所有权的控制及其转化收益，是一种成本低、风险小的交易方式。对于被投资企业而言，将科技成果所有人和科技成果完成人的利益与企业的经营业绩绑定在一起，科技成果所有人会全力支持、科技成果完成人会全力参与该成果的转化及后续研发，各方可形成实施科技成果转化的合力，因而更有利于该成果的转化。

4. 不足。作价投资是一种投资行为，对高校院所而言，存在以下4个方面的问题：一是高校院所以科技成果作价投资，与其科研、教学的职能定位不符，加之高校院所在清理所办企业，因而投资程序比较复杂；二是科技成果作价投资涉及国有资产保值增值，受监管压力较大；三是科技人员成为被投资企业的股东，必将花费其不少时间和精力，可能对其正常的科研与教学工作产生影响；四是科技成果只兑现了股权，而不是现金，对科研的促进作用有限。

尽管各种转化方式有各自的特点，相互之间有较大的差异，但对于一项比较成熟的科技成果来说，高校院所和企业可以根据自身的实际情况选择使用，且双方需达成共识。对于不成熟的科技成果，可选择自行投资实施转化、合作转化的方式来提高成果的成熟度，也可以通过许可方式与被许可人结成紧密的合作转化关系，来提高成果的成熟度。

第二节　影响科技成果转化方式选择的因素

尽管对于一项科技成果可以选择各种转化方式，但每种转化方式的差异性较大，影响因素较多，由于现实的约束条件较多，应该存在一种比较合适的转化方式。了解影响科技成果转化项目实施的因素，对于政府推进科技成果转化，对于高校院所、企业和科技人员实施科技成果转化，都是很重要的。

一、科技成果转化方式涉及的因素

各种科技成果转化方式涉及的主要因素如下。

1. 转化主体。各种转化方式都存在以下 3 个主体：一是科技成果所有人，其能决定采取哪一种成果转化方式；二是科技成果转化人，即对科技成果实施转化的法人、自然人，其也能决定采取哪一种成果转化方式；三是科技成果完成团队，其能影响甚至决定采取哪一种转化方式。上述 3 个主体均能决定一项成果如何转化，当他们意见不一致时，需要充分沟通并达成共识。在协商中，需要分析各种转化方式的利弊，并在此基础上形成共识。

2. 科技成果成熟度。转化对象是科技成果，行业不同、技术领域不同、资助来源不同、完成单位不同等，科技成果存在显著差异，即使是同一单位在同一技术领域取得的成果，其成熟度也会不同。成果的成熟度不同，采用的转化方式也有所不同。

3. 技术差距。《促进科技成果转化法》第十六条规定的科技成果转化方式，除自行投资外，都是技术转移，其中科技成果转让、许可、作价投资是知识产权成果的转移，而合作转化是非知识产权成果的转移。技术转移之所以发生，是因为主体间存在技术差距，差距越大，技术转移的动力越强、速度越快，转移的效果越好。由于主体间拥有的知识是异质的，科技成果转化中的技术转移是双向的。加之知识的交流与碰撞可以引发创新，在科技成果转化中，一般会产生新的知识。

4. 知识产权。科技成果转化方式的差异性，主要体现在是否发生知识产权转移。知识产权是否发生转移、多大程度的转移，又会影响成果交易价格，进而影响成果转化风险等。

5. 科技成果完成团队参与。无论哪一种转化方式，科技成果完成团队都是利益主体，也基本上是实施主体，即基本上都需要科技成果完成团队参与科技成果转化。无论哪一种转化方式，都需要考虑科技成果完成团队参与科技成果转化，其利益都需要得到充分保障，其积极性需要被充分激发出来。

6. 收益与风险。无论哪一种转化方式，都存在转化风险，包括技术高度复杂、决策不当、知识产权保护不力、投资过大等因素所带来的风险，但转化风险因素及其承担是不同的。风险与收益应该是同等的，取得多大的收益就需要承担多大的风险，承担多大的风险就应该取得多大的收益。如果两者不同等，会严重影响科技成果转化的顺利进行。

7. 资金投入。成果转化需要资金投入，成果转化方式不同，资金投入也来源不同。而且资金投入来源、力度都会直接影响科技成果转化的成效。

8. 政策因素。每一种转化方式，都有相应的扶持政策。国家和地方出台了扶持科技成果转化的政策，而且各个地方的政策扶持方式、力度和办法有所不同。因此，转化方式不同，可享受到的扶持政策是不同的。

二、科技成果转化方式选择时应考虑的因素

科技成果转化方式选择时需考虑的因素很多，主要包括以下方面。

1. 科技成果所有人的属性。科技成果所有人是国家设立的高校院所，不可采用自行投资实施转化，优先选用许可方式，尽量不采用作价投资方式。这是由高校院所的职能定位决定的。如果采用作价投资方式，作价投资兑现给科技成果完成人及对成果转化做出重要贡献人员的股权奖励以

后，剩下的股权不宜由高校院所作为持股单位，可做以下处理：一是转移到高校院所持股平台；二是将股权转让给科技人员或其他投资者，予以变现；三是如果没有持股平台也不能变现的，需建立规范，加强管理。科技成果所有人是科技人员的，可采取自主创业的办法进行转化。采用科技成果转让、许可、作价投资等方式的，要考虑能否监督技术合同的履行，并获得自身的权益。如果做不到这一点，宁愿放弃合作。这也正是政府有关部门需要关注的，在政策上、服务上，能够保障科技人员的合法权益。

2. 科技成果所有人与转化人（或转化方）之间的技术差距。国内外研究发现，技术转移不易发生在技术差距过大的主体之间，较小的技术差距有利于技术转移成功。

技术差距（或技术距离），是指技术的转出方与技术的转入方之间的差距。如果将转出方与转入方的技术水平进行比较，两者的差距可称为技术势能差。技术势能差越大，技术转移的动力越强，越有利于技术转移。但不是技术势能差越大越好，科技成果转化要顺利进行，应具备最小的技术距离，即实施科技成果转化应有的技术水平与其实际技术水平之间的差距。各种转化方式所要求的最小技术距离是不同的。

自行投资实施转化、科技成果作价投资、合作转化科技成果3种方式，因科技成果完成人（单位与个人）参与科技成果转化，不存在技术距离问题。无论科技成果所有人与科技成果转化人之间的技术距离有多大，科技成果完成人参与成果转化，可以解决双方技术差距大的问题。但合作转化的，合作方应具备相应的能力。

以转让、许可方式转化科技成果的，需要考虑技术距离这个因素，且不得低于最小技术距离，即受让方、被许可方需具备实施科技成果转化的能力。

科技成果所有人和转化人之间的技术距离较大的，一般不宜选择科技成果转让、许可，而倾向于选择科技成果作价投资。这是因为对于前两种方式，转化人不具备转化科技成果的能力，不能对科技成果进行消化吸收，而对于作价投资方式，转化人可借助科技成果所有人的技术力量转化科技成果。

有关研究表明，当技术距离扩大到一定程度以后，合作转化的意愿会降低，购买科技成果的意愿反而会增强，因为科技成果转化一旦取得成功，合作方的技术能力会有显著的提升。

在其他影响因素既定的情况下，技术距离越小，科技成果转化方对科技成果的吸收能力越强，成功转化科技成果的可能性就会加大。

3. 科技成果自身的特点及其技术成熟度。不同行业、不同领域的科技成果，其转化难度、门槛、所需要的投资及其周期等相差比较大。例如，医药行业的科技成果转化，需要进行临床前研究、临床研究、申报药证等，需要的投资巨大，要花的时间至少 6 年以上，甚至 10 年以上。一般来说，医药行业的科技成果在取得药证以前，药企是不会感兴趣的。而电子信息领域的科技成果转化，投资较小、门槛较低。因此，科技成果转化要遵循所属行业的发展规律和科技创新规律。

技术成熟度低的科技成果，需要投入较多的人力、物力、财力进行后续试验与开发，不确定性较高，风险也较大。对于这样的科技成果，没有较强的研发力量和较强的投融资能力，是难以实施转化的。对于这样的成果，不宜采用转让、许可和作价投资方式，宜采取自行投资转化或合作转化方式，通过这两种转化方式提高成果的技术成熟度，再采取转让、许可、作价投资方式。因此，选择转化方式时，要判断科技成果的技术成熟度。

4. 知识产权是否转移。从国家和地方的政策文件规定来看，在评价一个地方的创新能力时，知识产权数量是重要指标；企业在申请高新技术企业认定和科技型中小企业评价，以及享受软件企业税收优惠政策时，都需要拥有知识产权；高校院所在向主管部门报送科技成果转化年度报告时需要报告知识产权拥有情况；教育部门在对高校院所进行评价时，知识产权拥有量是一个重要指标等。总之，在科技成果转化时需要考虑知识产权这个因素，包括科技成果是否拥有知识产权、科技成果所有人是否愿意转移知识产权、科技成果转化方是否需要知识产权等。

科技成果转化不涉及知识产权或知识产权转移的，不可能是转让、许可、作价投资的转化方式。如果科技成果转化人需要取得知识产权所有权，就需要采用转让、作价投资方式；如不需要知识产权所有权的，可采用许可方式，也可采用合作转化方式。因此，知识产权是否转移，决定了采用哪一种转化方式。

有时，知识产权的保护期限也可能影响转化方式的选择。例如，中山大学有一项技术——"一种化痰止咳药物及其制备方法专利技术"，经过科研团队近20年的研究，已完成三期临床。发明人提出为期8年的实施许可，因该专利只剩下5年的有效期而不可行。委托一家评估公司评估，评估公司认为新药研发周期长，难以测算其经济效益，会导致其评估价值降低。经咨询有关方面后，最终以2000万元转让给化州化橘红药材发展有限公司。

5. 转化所需资金的投融资能力。同一项科技成果的转化，采用不同的转化方式，需要的投资相差较大。科技成果转化需要的资金投入包括以下3个方面：一是取得科技成果权利的费用，包括转让费、许可使用费等；二是科技成果交易费用；三是转化科技成果所需的经费投入。不同的转化方式，上述3项费用是不同的。

对于自行投资转化的，不必投入资金获取科技成果，也不存在交易费用，而且可以利用本单位的科研开发人才和设施等，成果转化所需的投资可以低一些。

对于科技成果转让的，需要支付科技成果转让费用和交易费用，不能利用科技成果所有人的科研条件，需要投入资金与成果转化有关的人才、设施等，所需投资比较大。如果能够根据成果转化收益的一定比例支付转让费，可以降低投资压力。

对于科技成果许可的，只需支付许可费用，而且许可费用可根据成果转化收益的一定比例支付，因此，支付的许可费用比转让费用更低些。因不涉及知识产权转移，交易费用也会低很多。投入实施科技成果的费用也相对会低一些。总体来说，与科技成果转让相比，所需投资会低不少。

对于作价投资，无须支付费用就可以获得科技成果，交易费用与科技成果转让一样多。科技成果完成人因股权奖励获得了新设立企业的股权，并参与科技成果转化，新设立的企业可以充分利用科技成果完成人，而不必引进或少引进科研人员，也可利用科技成果所有人的科研条件，这样可以减少一些投资。

对于合作转化，无须投入资金便可获得成果，也不存在交易费用，而且还可以利用科技成果所有人的资源，以及合作单位的人力、物力和财力等资源，新增投资比较少。

科技成果的技术成熟度也会影响资金投入。技术成熟度低的，所需投资更多。同样的道理，市场成熟度也会影响资金投入。因此，在测算经费投入时，既要考虑转化方式，也要评价科技成果的技术成熟度和市场成熟度。科技成果转化的市场类型及其市场成熟度也会影响资金投入。

转化科技成果所需的资金投入，除取决于科技成果本身的技术成熟度和市场成熟度，也取决于市场容量及期望达到的商业化、产业化程度。在科技成果转化时，应当评价科技成果转化方的经费投入能力。不过，科技成果转化人的转化意愿及其大小，取决于该成果实施转化的预期回报水平，包括投资回收期。

6. 目标市场类型及市场成熟度。科技成果转化所面向的市场是全新的市场，还是现有市场，或者细分市场。不同的市场类型，需要跨越的鸿沟不同。全新市场鸿沟很大，要跨越该鸿沟，需要投入的资金最多，风险更大，不确定性也更大。细分市场次之，相比而言，现有市场最小。对于不同市场类型的科技成果转化，应采取不同的策略，采用合适的转化方式。对于全新市场，转化所需的时间更长，不确定性更大，预期收益也更大，宜采用作价投资方式。通过作价投资，形成紧密型的利益共同体，并不断进行融资，以整合更多的社会资源，不断分散成果转化风险。对于现有市场，可以采用转让或许可方式。而对于细分市场，则处于上述两者之间，可选择合适的转化方式。

同样的道理，对于市场成熟度低的科技成果，可以采取作价投资方式，并经过多轮融资，不断提高市场成熟度，分散转化风险；也可以采用先自行投资或合作转化，在市场成熟度达到一定程度以后，再采用作价投资方式。对于市场成熟度高的科技成果，可以采取转让、许可等方式进行转化。对于介于两者之间的科技成果，可以选择合适的转化方式。

7.预期转化收益与风险大小及其承担能力。一般来说,科技成果转化的预期收益与市场容量大小、转化人的转化能力及其市场竞争力等因素有关。科技成果转化人转化科技成果的能力越强,市场竞争力越强,预期收益就越高,就越有动力加大资金投入,资金投入的意愿和能力也会增强。

成果转化能力与转化方式有关。对于同一项科技成果,自行投资转化的能力只局限于本单位,受研发思维的制约,加之整合社会资源的能力受限,因而相对是比较弱的。采用转让、许可方式的,选择有较强转化能力的企业对科技成果实施转化,转化能力比科技成果所有人更大,因而更有利于科技成果的转化。采用合作转化方式的,增加了合作单位的能力,如果能够平衡合作双方的利益、风险,结成紧密的合作关系,则转化能力会得到显著增强。采用作价投资方式的,科技成果所有权与投资人结成股权投资关系,而且可以通过不断的融资,不断集成资源,结成更加强大的利益共同体,成果转化能力也会得到不断增强。

科技成果转化的风险大小与该成果的技术成熟度和市场成熟度有关,成熟度低则不确定性大,潜在的风险高。对于同一项成果的转化,采用不同的转化方式,风险的承担是不同的。自行投资转化的,科技成果所有人虽然取得了所有的转化收益,但承担了所有的风险。如果不能承担所有的风险,则可能得不到任何收益。采用科技成果转化方式的,成果转化风险全部转移到科技成果受让人,成果受让人承担的风险最大。采用许可方式的,被许可人只需承担实施该成果的风险,与转化该成果的风险相比要低得多。其实,作价投资的风险按照股权比例进行分摊,因转化能力强,加之投资各方结成了紧密的股权关系,转化风险其实要低得多。采用合作转化方式的,看似分担了风险,如果合作双方没有形成共识,反而增加了协调难度,不确定性可能会增加而导致风险增长。

对于低风险的成果转化项目可以采取转让、许可方式,对于高风险的成果转化项目,宜采取合作转化或作价投资方式,以分散成果转化的风险。

一般来说,风险与收益是呈正相关的,预期收益越高,则潜在的风险越大。无论选择哪种转化方式,要降低风险,就必须平衡风险与收益。如果风险与收益失衡,一方得益多而承担的风险小,看似占便宜,实则更亏，因为对方会产生失衡心理而不尽心，会达不到预期目标。

8. 研发人员是否需要参与成果转化及其参与度。科技成果转化是对科技成果进行后续试验、研发、应用、推广，因而在科技成果转化过程中，科研人员的参与度是不同的。以自行投资转化、合作转化和作价投资3种方式转化科技成果的，科技成果完成团队可以全程参与科技成果转化，而以转让、许可方式转化科技成果的，需要科技成果完成人提供技术指导、培训等服务。

科技成果的技术成熟度不同，要求科技成果完成人的参与度也是不同的。技术成熟度越低，越要求科技人员参与，并进行后续试验、开发，以不断提高科技成果的技术成熟度。

根据《促进科技成果转化法》第四十五条规定，采用不同的转化方式，科技成果完成人享有的奖酬金的计算方式、计算公式均是不同的。

如果需要科研人员参与科技成果的转化，则在选择科技成果转化方式时，需选择有利于科研人员参与的转化方式，并建立相应的激励与约束机制，以确保在需要时科研人员能够并积极地参与其中。如果需科技人员全程参与成果转化，则宜选择作价投资方式，通过股权奖励，激励科技人员全情投入。

是否需要科研人员参与，也取决于科技成果转化人的消化吸收能力。以转让、许可方式转化科技成果的，受让方、被许可方应有较强的消化吸收能力和实施能力，且对科技成果所有人及科技人员的依赖性较小。

9. 是否需要进行后续研究开发。进行后续研发可以提高研发与创新能力，无论对于科技成果所有人还是科技成果转化人，科技成果转化都会使研发与创新能力得到提升，因为这两者是相辅相成的。科技成果所有人与转化人均要考虑这个因素。如果要通过科技成果转化来提升科研与创新能力，则选择转化方式时要妥善处理好这一诉求。

成果转化方式不同，后续研发的主体不同，后续研发成果的归属也不同。在科技成果转化中，是否需要进行后续研发，以获得较强的研发与创新能力？如果需要进行后续研发，则应由谁承担？后续研发所需要的经费由谁投入？所取得的成果归谁享有？一般来说，后续研发所取得的成果应归后续研发者享有。

自行投资转化的,由科技成果所有人进行后续研发,研发成果归其所有。

以转让方式转化的,一般由受让人进行后续研发,研发成果归受让人所有。

以许可方式转化的,一般由科技成果所有人进行后续研发,研发成果归许可人所有。

以作价投资方式转化的,一般由被投资企业进行后续研发,研发成果归该企业享有。

以合作方式转化的,谁研发归谁所有,合作双方共同进行后续研发,研发成果归双方共有。

当然,在科技成果转化合同中,对科技成果后续研发及其成果归属有约定的,依照约定。

在上述因素中,核心是技术成熟度和市场成熟度。同时,需要考量的因素还包括相关技术配套程度、政策支持度、经济社会影响、产业转型升级等。

第十六章 科技成果转化过程管理

科技成果转化需从科研立项开始谋划，随着科研的不断深入，在科研项目完成以前，研发与转化可同步进行，以科研为主、转化为辅；在科研项目完成以后，转入以科研为辅、转化为主的阶段，直至最终目标的实现。政府部门和管理机构可从《促进科技成果转化法》第十条规定中看到在应用类科技项目管理方面应该如何体现"四抓"的要求：一是"有关行政部门、管理机构应当改进和完善科研组织管理方式"，将科研活动与成果转化活动统筹考虑，避免科研与实际需求脱节、与成果转化脱节；二是"在制订相关科技规划、计划和编制项目指南时"要坚持需求导向、问题导向和效果导向；三是在科研立项时，要着眼于转化应用，防止科研与转化脱节；四是在验收时，要将成果转化纳入验收内容和依据，实现科研与转化之间的无缝联结。

第一节 科技项目立项管理

科技成果转化所指的成果是应用技术成果，即应用类科技项目完成以后所取得的成果。因此在应用类科技项目立项时，就要同步谋划成果转化。

一、立项要求

《促进科技成果转化法》第十条规定"利用财政资金设立应用类科技

项目和其他相关科技项目，有关行政部门、管理机构应当改进和完善科研组织管理方式，在制订相关科技规划、计划和编制项目指南时应当听取相关行业、企业的意见"，并将科技成果转化作为项目立项的重要内容和依据。这是规范应用类科技项目（含其他相关科技项目）立项的做法。理解这一规定，需把握以下3个关键词。

1.财政资金。财政资金由国家预算资金和国家预算外资金所组成。前者属于国家集中性的财政资金，后者属于分散的、非集中形式的财政资金。"利用财政资金设立应用类科技项目和其他相关科技项目"是指各级政府以财政科技投入设立的应用类科技项目，既包括各级科技部门设立的科技项目，也包括其他部门设立的科技项目，既包括财政科技计划、财政专项资金和基金设立的项目，也包括科技项目资助方式的人才计划项目等。

2.科研组织管理。一般来讲，科研组织管理可以有以下两种理解。

一是科研组织与科研管理的合称。科研组织是指将科研人员、科研仪器设施、科技信息等科研资源以一定的方式组织起来，如实行课题组负责制、研究组负责制（即PI制）、科研团队负责制等方式组织科研人员，建立实验室将科研仪器设施组织起来，设立科技信息中心将科技信息组织起来。科研管理是指为实现一定的目标而对科研活动、科研资源、科研组织等进行管理，包括科研项目立项，对科研计划执行情况进行监督、检查，科技评价，科技项目验收等。

二是科研组织的管理，即对科研组织进行管理，如对科研团队、研究组进行考核、评价等管理。这一理解相对狭义，应该适用于特定情况。

从宏观和微观上看，科研组织管理也有所不同。微观上是指高校院所、企业和其他组织的科研组织与管理，宏观上是指政府推进科研活动的方式方法。"有关行政部门、管理机构应当改进和完善科研组织管理方式"是指有关行政部门、管理机构应优化和完善财政科技投入方式、科研项目组织方式、科研项目管理方式。近年来，国家先后发布了一系列管理文件，如《国务院关于改进加强中央财政科研项目和资金管理的若干意见》（国发〔2014〕11号）、《国务院印发关于深化中央财政科技计划（专项、基金等）管理改革方案的通知》（国发〔2014〕64号）、《关于进一步完善中央财政科研项目资金管理等政策的若干意见》（中办发〔2016〕50号）、《国务院关于优化科研管理提升科研绩效若干措施的通知》（国发〔2018〕25号）等。

3.科技规划、计划和项目。科技规划是指在研究科技系统、经济系统和社会系统的相互关系的基础上，提出一段时期内经济与社会发展中的重大科技问题，勾画出相应的发展蓝图，并设计出蓝图的实现途径、措施、步骤等具体方案。科技计划是指根据科技规划安排，有目标、有步骤地组织和实施科学研究与试验发展活动及相关科学技术活动的载体。科技项目是指由一组有起止时间、有成本和资源约束条件、要达到符合规定要求目标的相互协调的过程。科技项目是对科技发展活动进行管理和组织的基本单元，有竞争性项目和使命性项目两种组织方式。三者的关系是：科技规划是通过一系列科技计划来实施，而科技计划既是科技规划落实的关键，又是通过一系列科技计划项目来实施。

"在制订相关科技规划、计划和编制项目指南时"要"听取相关行业、企业的意见"，就是要求政府组织制订的科技规划、计划和编制的项目指南要符合行业、企业发展的要求，体现应用型科研应真正是以应用为导向。但仅听取行业、企业意见还是不够的，在实施应用类科技项目时，应以企业为申报主体，或企业牵头联合高校院所申报。

国家设立的高校院所、研究开发机构等科研事业单位编制科技规划、计划和编制项目指南时，也需要听取行业、企业意见，也要围绕行业发展趋势、企业发展需求进行，避免科研脱离实际。

二、立项原则

抓好科技成果转化，需要从科研立项抓起。应用类科技项目立项需坚持以下5个导向。

1.目标导向。科技计划是为实现科技规划的目标而设立的，而科技计划的目标又是通过设立一系列科技计划项目来实现的。《国务院关于改进加强中央财政科研项目和资金管理的若干意见》（国发〔2014〕11号）提出"对于事关国家战略需求和长远发展的重大科研项目，应当集中力量办大事，聚焦攻关重点，设定明确的项目目标和关键节点目标，并在任务书中明确考核指标"，中共中央办公厅、国务院办公厅印发的《关于实行以增加知识价值为导向分配政策的若干意见》（厅字〔2016〕35号）提出"对目标明确的应用型科研项目逐步实行合同制管理"。根据这些规定，科技项目在立项时，需提出具体的科研目标，而该目标又要符合科技规划提出的目标和科技计划要达到的目标。设计科技计划、编制科技项目指南时，需要提出明确的目标，科技项目申报单位在提出科技项目时，需根据项目指南的要求提交项目申报书，提出要实现的目标，包括科技项目要解决的问题，达到的技术指标，以及项目成果转化以后要解决的经济社会发展问题，取得的经济效益和社会效益等。

2.需求导向（市场导向）。需求是相对于供给而言的，理想的状态是供需动态平衡，包括总量平衡和结构平衡。如果供给不足，则要增加供给，以达到供求平衡。如果供给过剩，则要减少供给或刺激需求，实现供求平衡。一般的需求是容易通过增加供给来满足的，但高级的需求必须通过创新增加供给。科技项目的提出与实施需针对一般供给无法满足的更高层次的需求，或创造新的供给以激发新的需求，包括现实的需求和创造出新的需求，以引领经济社会发展。需求导向应以企业为主体，这就需要企业及其科研人员有敏感的嗅觉，能够感知到这样的需求。

3.问题导向。科研是为了解决问题，包括制约行业发展的共性技术问题、制约产业发展的"瓶颈"技术问题，以及影响社会治理、环境保护、民生发展等的问题。而科研的结果就是要解决所存在的问题。例如，圆珠笔的质量一直不过关，问题出在笔头和墨水两个方面的技术不过关。圆珠笔看似小东西，实则其中有高技术。针对这个问题，国家先后设立重大科技项目组织产学研多方面的力量联合进行研发。

4.应用导向。应用类科技项目必须强调应用，围绕应用进行研发，研发成果需解决应用上的问题。项目申请单位在提出项目计划、申请科研立项时，就要围绕应用场景进行立项，甚至有必要由研究方与应用方联合提出项目计划，并共同进行研究开发。例如，在某港口建设集装箱自动化堆场的科技项目，该港口就是应用场景，建成了集装箱自动化堆场，该项目就完成了，该成果也转化了。而且该成果还可推广到其他集装箱码头。

5. 效果导向。应用类科技项目在立项时不仅要应用，还要达到预期的应用效果，即达到相关的指标要求，包括速度、成本、效率、质量标准、合格率等。如果只应用，而达不到预期效果也是不行的。为此，在项目立项时，需提出相应的技术指标及其他相关指标，并按照该指标进行验收。

上述 5 个导向各有侧重，应用类科技项目立项时，需不同程度地坚持上述 5 个导向。

三、立项程序

中共中央办公厅、国务院办公厅印发的《关于深化项目评审、人才评价、机构评估改革的意见》（中办发〔2018〕37 号）提出"国家科技计划项目一般采取公开竞争的方式择优遴选承担单位。对具有明确国家目标、技术路线清晰、组织程度较高、优势承担单位集中的重大科技项目，可采取定向择优或定向委托等方式确定承担单位"。应用类科技项目一般采用招标方式进行立项，招标过程主要由编制指南、发布招标信息（发布指南、预审、预登记）、项目受理、项目评审（专家评审、独立观察员监督评审会、评审结果公布）几个阶段构成。

1. 编制项目指南。政府科技部门及其他相关部门（以下简称"项目招标部门"）根据科技规划设立科技计划，并根据该计划的定位，通过召开专家座谈会、企业座谈会、书面征集项目指南等方式，收集各方意见建议，找出共性需求和需要攻克的关键技术问题、技术难题，经提炼后形成项目指南建议，再听取行业和企业意见，确定项目指南。

2. 发布项目指南。为避免只有熟悉的面孔申报项目，除按发文途径发布指南外，项目招标部门需要通过各种途径扩大指南的知悉范围，动员企业申报或企业联合高校院所进行申报。

3. 项目申请。项目申请人根据项目指南准备申请材料，并在招标的截止日期之前，可通过网络、邮寄两种方式递交申请。如果所申请的项目与招标中的内容不相符，是不会被批准的。如果申请人没在截止日前递交申请，就错过了本轮申请。项目招标部门在招标结束之前不得对项目申请内容作评审或分析，在招标结束后的规定工作日以内，对收到的申请做好记录，并告知申请人。

4. 预审。为减少申请人因提出不符合要求的项目申请而浪费时间与精力，政府科技部门及其他相关部门可为潜在申请人就项目是否符合项目指南规定的招标范围与条件提供意见，即符合条件的，可以提出申请，不符合条件的，就没有必要申请了。这是一种非正式的咨询服务，不是必需的，而是政府部门跨前一步，主动服务，为减少不必要的项目申请而建立的项目预审机制。

5. 预登记。出于准备项目评审会及邀请外部专家的需要，可以采用项目预登记机制。项目招标部门可在招标结束前要求申请人提供项目参加人姓名、地址及项目名称与简介，并向申请人批复项目申请编号，用于项目申请人提出正式申请。这只是方便申请人提交项目申请，对申请人是否递交正式申请不具约束力。

6. 项目筛选。申请人递交项目申请之后，项目指标部门对每个申请项目进行形式审查，审查项目申请是否符合项目招标中的资格要求，重点审查项目的申请资格，如电子申请发出的日期、有关人员的签名或声明及申请的完整性等问题。符合项目指南资格要求的，予以受理，并向项目申请人发出项目受理通知书。当然，政府科技部门及其他相关部门可以公开招募专家协助筛选。

7. 专家评审。对于通过资格审查的项目申请，项目招标部门组织同行专家进行评审，一个项目一般送交至少3名独立的外部评审专家。评审专家按照评审标准，通常采用打分制方式，要求专家对照每一项指标的评审标准给出分数。申请项目的最终得分完全是建立在专家评分的基础上。

对于一些重大招标项目，专家评分只是作为项目筛选的依据，按照一定比例从中挑选一些申请项目参加项目答辩会。项目答辩会由项目招标部门组织，邀请3名以上专家组成专家组，项目申请人向专家组进行视频答辩或现场答辩，由项目申请人介绍项目的申请情况，专家组进行提问，并现场进行打分评价。

8. 评审结果公布。在专家组的建议基础上，项目招标部门对所有参加评审的项目进行排序，并决定拟资助的项目名单和拟不予资助的项目名单。对于拟资助的项目，按照项目决策程序进行报批。对于拟不予资助的项目，项目招标部门做出决定以后，向项目申请人发出不予资助理由的书面通知，并载明不予资助的理由。

9. 签订合同。对于资助的项目，项目招标部门向项目申请人发出简要评审报告，并与项目申请人签订书面合同。

上述列出项目立项的大致程序。对于目标明确的项目可采取定向委托方式，由项目立项部门提出明确的目标，与项目承担单位进行沟通协商，形成共识后签订委托合同。

第二节　发明披露及其处理

项目立项并获得资助之后，就进入了科研过程，科研人员按照项目合同确定的计划进度表进行研发。在研发中取得阶段性成果的，需要进行发明披露。科技成果转移转化应从发明披露开始。

一、发明披露及其重要性

《国务院关于印发国家技术转移体系建设方案的通知》（国发〔2017〕44号）提出"建立职务发明披露制度"。《教育部　国家知识产权局　科技部关于提升高等学校专利质量促进转化运用的若干意见》（教科技〔2020〕1号）提出高校应"逐步建立完善职务科技成果披露制度"，要求科研人员"主动、及时向所在高校进行职务科技成果披露"。从高校院所现行的科研管理制度看，并没有建立发明披露制度。

1. 内涵。发明披露是指科技项目的研究组（含课题组，下同）根据有关科研管理和科技成果转移转化规定，按照规定的程序和方式向本单位有关部门报告所取得的发明创造的行为。发明披露需把握以下要点。

一是发明披露是按照规定的程序和方式进行的。国家科研管理制度、科技成果转移转化制度等可以对发明披露做出规定，项目承担单位需建立健全科研管理制度和科技成果转移转化制度，对发明披露的程序和方式做出具体的规定。

二是发明创造应以书面形式、受控方式披露，披露的信息在做出是否涉及国家秘密和本单位技术秘密的判断之前，应确定为内部信息，不得在披露的任何环节泄露或公开。

三是发明披露的主体是项目研究组，项目承担单位应指定专门机构受理发明创造的披露，并对披露的发明创造做出评价。评价结果需反馈给项目组。

2. 重要性。对于应用类科技项目及其他相关科技项目，发明披露是一个很重要的节点，也是很重要的管理措施，其重要性体现在以下3个方面。

一是发明披露就是披露阶段性成果，是科研管理的重要抓手。应用类科技项目在研究开发过程中，往往要分为若干个关键阶段，每个关键阶段所取得的成果可称为阶段性成果。根据《国务院关于优化科研管理提升科研绩效若干措施的通知》（国发〔2018〕25号）规定，科研管理部门对科技项目的管理，主要是考核每个关键环节的绩效，即科研任务执行情况，是否取得阶段性成果。《科技部等6部门印发〈关于扩大高校和科研院所科研相关自主权的若干意见〉的通知》（国科发政〔2019〕260号）提出"项目实施期间实行'里程碑'式管理"。披露阶段性成果有助于判断项目的实质性进展，有助于对科研项目实行"里程碑"式的管理。

二是发明披露是科技成果转移转化的起点，是技术转移管理的重要抓手。应用性研究取得的成果应具有应用价值或实用价值，如可进行商业化应用，就应具有商业价值。这是成果转移转化的起点，此时技术转移机构及技术经理人可以启动成果转移转化工作。而科技成果转化又是《促进科技成果转化法》第十条规定的对应用类科技项目立项和验收的重要内容和依据。

三是通过发明披露，科研人员可完善其发明创造，有助于提高科研成果质量和科研水平。发明披露以后，可以对披露的发明创造进行评估评审,进而可提前发现发明创造中的不完善之处,便于科研人员完善其发明创造。

上述可见,发明披露是科研、科研管理和技术转移管理、成果转化管理的结合点。

要建立发明披露制度既容易又不太容易。沿袭传统的管理,没有建立完善的科技成果转化机制和流程,发明披露的价值是体现不出来的,科研人员固守传统的观念,是不乐意披露发明创造的。如果建立了完善的科研管理制度和科技成果转移转化制度与流程,发明披露是其中重要的一环,因而是顺理成章的。

一些地方充分认识到发明披露在科技成果转移转化中的重要作用,采取扶持政策,引导和支持高校院所建立发明披露制度。

从国外的实践看,一些知名大学设立了技术转移办公室(OTL),并建立了发明披露制度,而发明披露是其技术转移工作中一条比较好的经验。

二、发明披露的处理方式

技术转移机构或其他相关机构受理发明披露后,需对发明创造进行评估,《教育部 国家知识产权局 科技部关于提升高等学校专利质量促进转化运用的若干意见》(教科技〔2020〕1号)提出"有条件的高校要加快建立专利申请前评估制度","对拟申请专利的技术进行评估,以决定是否申请专利"。评估结果分为以下4种情形,分别对其进行处理(图16-1)。

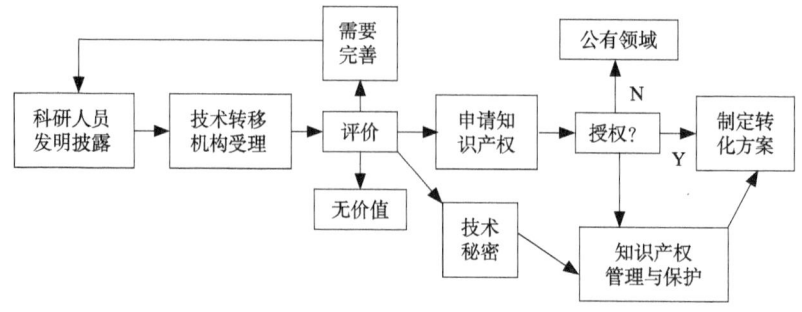

图 16-1 发明披露及其处理方式

1. 申请知识产权。符合专利申请条件且在产品（含服务）使用中需披露或难以保密的，需按照《专利法》及其实施细则的规定，向国家专利局提出专利申请。如果符合计算机软件著作权、集成电路布图设计专有权、植物新品种权等知识产权的，也需按照有关规定提出申请。

2. 作为技术秘密采取保护措施。对于配方、工艺、技术细节等技术信息，不必在产品的使用中披露，也难以通过反向工程等措施获得相关信息的，没有必要以公开技术信息来换取法律对它的保护，只需采取保密措施予以保护的，可以列为本单位的技术秘密。或者，虽有一定的商业价值，但目前的市场还没有形成，可以作为技术储备，留待条件成熟时再予以研究开发，暂时可以作为技术秘密。根据《反不正当竞争法》（2017）第九条第三款规定，保护技术秘密，需要注意以下要点。

（1）技术信息是新颖的，具有创新性。不具有新颖性，即可以从公开的信息渠道获得的技术信息，没有保密价值。

（2）有商业价值，即对它进行开发利用，可以带来商业利益。否则，没有保密价值。

（3）应采取保密措施。包括物理隔离，与涉密人员签订保密协议等。

3. 需要进一步完善。对于作为一项发明创造，还只是阶段性成果，还不完善，存在以下情形之一的，需退回科研人员做进一步的研发：一是申请知识产权的，创造性不明显或不完整；二是对于申请专利来说，实验数据还不充分，技术原理还不清晰，技术解决方案还不完整，适用范围不够大，导致其保护范围比较狭小，一旦公开，容易给他人带来启发，进而引发新的发明创造等；三是发明创造的创新性不强，申请知识产权的价值不大，有必要调整技术路线、研究方案等。有这样情形的，需退回科研人员，并指导科研人员进一步完善其发明创造。在对发明创造做进一步完善以后，再申请专利等知识产权。

例如，山东理工大学毕玉遂教授在研制化学发泡剂的关键技术过程中，为了一个配方，为了调整一个参数，需要做很多实验。通过调整不同的配方，就得出不同的结果，可发现很多不同的现象。毕玉遂在完成了所有实验以后，再提出专利申请。

4. 没有商业价值。如果发明创造是纯理论研究，没有商业价值或创新性不强，经调整技术路线，也不能取得有价值的发明创造，或者虽有一定的商业价值，但商业价值较小，没有必要申请知识产权。

发明披露的受理机构对发明创造进行评价时，应与科研人员进行充分沟通并形成共识，将发明创造的创造性充分发掘出来，判断该发明创造的商业价值，并运用知识产权法律法规对发明创造进行有效保护。

链接：

美国高校院所一般建立了较为严格的发明披露制度，要求科研团队按照规定向学校披露。美国托莱多大学的技术转移办公室（TTO）在《发明人指导手册》和《研究手册》中规定，所有教职工（包括全体教员、工作人员、访学的外国研究人员等）必须向校方披露所有科研成果；若发明人基于合同约定仅向校外个人或企业披露发明信息，应当与对方签订保密协议，且不得损害校方权益；若校方披露后再向第三方披露，应通知校方参与披露过程。

发明披露分以下几个过程：一是科研团队内部披露，即科研人员取得发明以后，向团队内部披露，完成团队内部的确权；二是科研团队向所在学院的知识产权专员披露，确定最佳的披露时机和形式；三是科研团队向学校技术转移办公室披露，填写发明披露表格，提交可申请专利的技术清单；四是科研团队向学校相关机构提交商业计划书；五是科研团队向专利代理人披露，提交详细的技术交底书；六是向专利局披露，正式提出专利申请。

美国大学为科研人员提供格式化的发明披露模板。

第三节 科技项目验收

应用类科技项目完成后，要按照《国务院关于改进加强中央财政科研项目和资金管理的若干意见》（国发〔2014〕11号）的规定申请项目验收，项目主管部门应按规定进行验收。

一、科技成果转化是应用类科技项目验收的重要内容和依据

《促进科技成果转化法》第十条规定，应用类科技项目要"明确项目承担者的科技成果转化义务"，并将科技成果转化作为验收的重要内容和依据。应用类科技项目的成果转化义务要体现在立项、研发、验收的各个环节。在立项阶段，要提出科技成果转化的目标、步骤和具体措施；在研发过程中，要在发明披露以后开展成果转化，以履行成果转化义务；在验收时，要将成果转化作为验收的重要内容和依据。成果转化没有达到预期目标的，原则上不能通过项目验收。

根据国家有关文件规定，应用类科技项目包括应用基础研究类项目、技术和产品开发类项目、应用示范类项目、市场导向类项目等。根据《国务院关于优化科研管理提升科研绩效若干措施的通知》（国发〔2018〕25号）规定，对以下4类应用类科技项目提出转化目标，设计转化指标，并将目标和相关指标的实现情况作为验收的主要内容和依据：对应用基础研究类项目，成果转化的重点是"支撑技术和产品开发的效果"；对技术和产品开发类项目，成果转化的重点是"成果转化应用情况及其在解决经济社会发展关键问题、支撑引领行业产业发展中发挥的作用"；对应用示范类项目，成果转化的重点是"规模化应用、行业内推广"和"产生的经济社会效益"；对市场导向类项目，成果转化的重点是"重点关注项目成果转移转化、应用推广及产生的经济社会效益"。根据《国务院关于改进加强中央财政科研项目和资金管理的若干意见》（国发〔2014〕11号）规定，市场导向类项目是以企业为主体，本身就是科技成果转化项目，根据项目预期取得的经济效益和社会效益设计成果转化指标，并将相关指标的完成情况作为验收的主要内容和依据。

项目承担者在立项时提出转化目标不要过高或过低，要合理，并留有余地，经过一定的努力是可以实现的；采取的措施要可行，在现有条件和

资源制约的情况下是切合实际的。

应用类科技项目强化成果转化，是将研发与转化同步规划、同步推进，避免两者脱节。也要清醒地认识到，在研发阶段进行的科技成果转化，主要是对科技成果进行应用、推广，并启动科技成果转化工作。在项目验收之后，就能顺利地从以研发为主转向以科技成果转化为主的新阶段。

二、验收程序与方法

《国务院关于改进加强中央财政科研项目和资金管理的若干意见》（国发〔2014〕11号）对科技项目的验收程序、方法等做出了规定。

1. 项目承担单位提出验收申请。应用类科技项目完成后，项目承担单位"应当及时做好总结，编制项目决算，按时提交验收或结题申请"。项目承担单位需根据项目任务书和项目合同要求，做好项目总结，包括整理科研数据、撰写研究报告，汇总与项目完成、形成研究结论有关的证明材料，如科技成果转化情况及相关证明材料，编制经费使用的决算报告，并委托符合要求的会计师事务所审计，出具审计报告。

项目承担单位"无特殊原因未按时提出验收申请的，按不通过验收处理"。所谓按时，就是按照项目任务书和合同规定的时间提出。"不按时提出验收申请"就是违反合同约定，是违约行为，就需要承担违约责任。

2. 项目主管部门对项目验收申请进行审查。在收到项目承担单位提交的验收申请及项目总结报告、经费决算报告，以及审计报告等相关证明材料后，项目主管部门应当以项目任务书和项目合同为依据"及时组织开展验收或结题审查，并严把验收和审查质量"。《科技部等6部门印发〈关于扩大高校和科研院所科研相关自主权的若干意见〉的通知》（国科发政〔2019〕260号）提出"合并财务验收和技术验收"，简化了验收程序。根据《促进科技成果转化法》第十条规定，对应用类科技项目的验收，项目主管部门要审查成果转化义务的履行情况。

3. 验收方法。项目主管部门"根据不同类型项目，可以采取同行评议、第三方评估、用户测评等方式，依据项目任务书组织验收"。《国务院关于优化科研管理提升科研绩效若干措施的通知》（国发〔2018〕25号）规定，对应用基础研究类项目可采用"以国际国内同行评议为主"的方式；对应用示范类项目"更多采取应用推广相关方评价和市场评价方式"；对市场导向类项目"可在结束后2~3年内进行绩效跟踪评价"。国发〔2018〕25号文没有对技术和产品开发类项目的验收方式做出规定，说明可以采用第三方评估、用户测评等方式。

4.验收后的有关事项处理。项目验收以后，项目承担者需做好以下工作：一是根据国发〔2014〕11号文规定，将项目验收结果纳入国家科技报告；二是根据《促进科技成果转化法》第十一条规定，项目承担者"应当按照规定及时提交相关科技报告，并将科技成果和相关知识产权信息汇交到科技成果信息系统"。国家通过科技报告和科技成果信息系统向社会公布"项目实施情况及科技成果和相关知识产权信息"。这些工作也是项目承担单位应承担的法定责任。

第四节　科技成果转化评价

科技成果转化评价是为了更好地促进科技成果转移转化，并主要从技术面、市场面、财务面和法律法规与政策面4个方面判断是否有转移转化价值。

一、科技成果转化的技术面评价

对于科技成果转移转化来说，技术面评价是最重要的一项评价内容，可以对科技成果的科学性、先进性、创造性、成熟程度及其应用前景进行评价，判断其商业化成熟度，进而对该技术给出比较明确的定位，以便更好地制订下一步的成果转移转化计划，以及后续试验、开发的科研计划。

一般可从以下几个方面对科技成果转化的技术面进行评价。

1. 技术上是否有重大突破。与现有技术相比，评价科技成果的创造性程度分为：突破性创新，改进性创新，一般性创新，或者微创新。在科技创新中，不要过于强调突破性创新或颠覆性创新，改进型或微创新也是很重要的，真正具有生命力的还是迭代创新，即持续的微创新。在迭代创新的过程中，有可能引发颠覆性创新。颠覆性创新，或突破性创新带有较大的偶然性，是可遇不可求的。而且，颠覆性创新、突破性创新发生以后，还是要进行改进型创新，使其适应经济社会发展。如果一味追求颠覆性创新，或突破性创新，而忽视改进型创新，技术能力不一定会提高，生产力水平也不会得到较大的提高。

2. 技术成熟程度。可以根据拟评价的科技成果所处阶段，来判断其成熟程度：如果已有同类产品生产，该项目已成功进行技术转让，则是非常成熟；如果已完成工业化生产试验，进行了批量生产，则技术比较成熟；如果已完成中试，即样品试验，则技术成熟度中等；如果正在进行样品试验，或仅完成产品设计或产品配方设计，则技术不够成熟。

3. 技术的难易程度。技术的难易程度可以从对科研人才的要求程度、科研与转化投入大小、技术的复杂性程度几个方面予以评价，这也反映了进入该领域的技术门槛高低。这一指标可以分为以下 5 个层次。

一是技术非常难：技术很复杂，需要进行科研分工，人才素质要求高，需要比较复杂的科研团队才能完成，科研投入大等。

二是技术比较难：科研分工比较复杂，人才素质要求比较高，技术比较复杂，科研投入比较大等。

三是技术难度一般：科研投入、人才素质要求一般，也不需要进行较复杂的科研分工，一般科技人员才就可掌握。

四是技术简单：一般人员即可掌握并生产。

五是无技术要求：技术难度等于零。

4. 技术垄断性。技术垄断性与资源禀赋、政府管制、技术的原创性等因素有关，原创性成果往往具有较强的垄断性。同时，也与知识产权保护水平与力度有关。可从国际首创、国内首创、国内领先、国内先进等进行评价。

5. 技术的生命周期。这是从整个技术的生命周期来评价，主要判断科技成果的技术处于整个技术领域、行业领域的早期、成长期、成熟期、衰退期等生命周期中的哪一个阶段。这与科技成果的成熟度不同。科技成果的成熟度是指科技成果本身，而技术的生命周期是将该技术放在技术领域或行业领域来看待。处于技术生命周期的不同阶段，可以判断科技成果转化的机会和时机。

二、科技成果转化的市场面评价

主要判断市场成熟度、预期市场容量、市场成长性、市场进出的难易程度等，可以从以下几个方面来评价。

1. 市场成熟度。科技成果的市场成熟度是指在罗杰斯的市场成熟度模型中处于哪一个阶段，是潜在、萌芽、初期还是成熟，主要从是否有使用者，有多少使用者，以及使用者的特性来判断。

2. 产品的市场前景。运用科技成果研制的产品或服务有多大市场容量及待开发的潜力，可以从几个程度来判断：市场容量巨大，前景广阔；市场潜力很大，有待大力开发；市场容量已饱和，需开辟新的市场空间。

3. 市场准入门槛。主要从市场进出是否容易来判断，包括市场本身特性、国家对该领域市场的监管程度等。这与行业领域的特性有关。有些行业领域的门槛很高，如生物医药领域，有些门槛很低，如电子信息领域等。

4. 市场空间或范围。是指产品或服务的主要市场是在本地、国内或者国外。本地市场的开发难度较小，而国外市场开发难度更大。

5. 市场类型。是全新市场，还是现有市场，或者细分市场。对于不同的市场类型，可以采取不同的开发策略。

6. 市场竞争状况。这跟市场类型有关。有的是国内国外均无厂家生产产品或提供服务。有的是国外有厂家生产或提供，但国内没有，也没有进入本国市场。有的是国际有此类产品或服务，且已进口到国内。有的是国内已有厂家生产销售等。

上述市场面的评价指标，有助于选择合适的转移转化方式，也是决定科技成果价值大小的重要因素。

三、科技成果转化的财务面评价

从财务指标，或经济指标来评价，包括研发成本、预期收益、投入产出期等。

1. 产品的技术附加值率，即材料费、加工费与产品出厂价的比率。比率越高则附加值越低，利润空间越小。一般认为，附加值率低于20%，基本上没利润空间，附加值率高于30%才可考虑投资，附加值率50%以上才有投资价值。而有些领域的附加值率高达80%以上。

2. 研发成本，可以核算该成果消耗的研发费用。研发成本越高，摊销到产品或服务的费用越高。

3. 估算预期收益。从预期可以实现的销售金额、生产成本、管理费用等，可以估算预期利润。而估算的销售金额是根据市场容量、可开发的市场能力等因素综合估算出来的。

4. 估算投资回收期，判断是否有投资该成果转化的价值。

上述财务面指标是评估科技成果价值的基础指标，综合这些指标，可以估算科技成果及其转化的价值。再利用技术面指标和市场面指标来调整成果的价值。

四、科技成果转化的法律法规与政策面评价

这主要判断科技成果的知识产权保护情况及其保护的有效性程度。同时，也要评价该成果的转移转化可享受哪些政策。

1. 知识产权拥有情况。取得了哪些知识产权，判断这些知识产权可否有效保护该成果的创造性部分。有些成果尽管取得了重大突破，但没有申请知识产权，或者虽有知识产权，但保护力度不足，其转化价值则大打折扣。好的成果应当有较好的知识产权保护组合。知识产权指标是科

技成果价值的约束性指标，一项成果也许能创造巨大的经济效益和社会效益，但没有取得知识产权，或者知识产权保护不完整，其商业价值基本等于零。

2.法规评价。判断该成果的转化涉及哪些法律法规，会受到哪些法律法规的制约，如何适用这些法律法规。在使用法律法规时，一般会增加环节，进而增加成本，但同时也是一道门槛，即提高了进入该领域市场的门槛。

3.政策评价。判断该成果的转移转化会得到哪些政策的支持，或受到哪些政策的制约。政策因素一般是驱动因素，充分梳理政策，并享受好有关政策，可加快科技成果转移转化进程。

政策法规面评价指标是科技成果价值的加分项或减分项，可以调整科技成果的市场价值。进行政策法规评价，有助于寻求科技成果转移转化的积极性因素，努力化解不利因素，助推科技成果转移转化。

链接：

中关村天合科技成果转化促进中心自2016年以来，基于科技服务业团体标准《科技成果转化成熟度评价规范》，在全国多个地方设立了分支机构，开展科技成果转化成熟度评价。评价指标体系分技术创新基因、转化过程要素和转化支撑条件3个维度，33个指标，满分500分。技术创新基因设置了研发团队实力（领军人才能力、研发团队实力）、创新成果水平（创新高度、创新难度、创新进度、创新成果）和成果智权管理（智权构成、智权管理和智权价值）3个方面9个指标。转化过程要素分产品化要素（功能特性、用户特性、成本特性、产品链特性）、产业化要素（研究开发系统、生产制造系统、产业链配套系统、客户服务系统）、商业化要素（政策影响、营销系统、模式创新、赢利预期）和资本化要素（运营团队、市场预期、风险控制、投资回报）4个方面16个指标。转化支撑条件设置了资源配置条件（人才资源、资金资源、产业资源、环境资源）和目标市场条件（市场规模、市场周期、市场细分和市场竞争）2个方面8个指标。中关村天合科技成果转化促进中心接受委托，组织相关专家进行评价，先由被评价项目方介绍项目情况，专家就项目情况进行质询交流，再由专家在评分表上评分，并写评语。综合专家评分和评语，得出ABCD等级并出具评价报告。评价报告书分7个部分：一是成果项目登记基础信息；二是成果项目技术与产品创新点及转化需求关键点简介；三是成果项目评价综合得分列表；四是成果转化成熟度专家综合建议；五是重点高分和重点低分附加说明建议；六是项目得分高中低指标分布图；七是项目评价综合等级报告。评价结果供委托方决策做参考。

第十七章　科技成果转化人才管理

人才是科技成果转化的关键，如何激发科技人员实施科技成果转化，取决于好的人才政策，也取决于优质的人才服务，以及科技人员投身到科技成果转化的渠道是否畅通。国家出台了一系列的鼓励政策，支持科技人员通过在岗、兼职、离岗等多种途径实施科技成果转化。

第一节　科技人员在岗实施科技成果转化

科技人员在岗实施科技成果转化是成果转化的主渠道。国家在职称评聘、考核评价、利益分配等方面鼓励科技人员在岗实施科技成果转化，不仅其合法权益可以得到充分保障，还可享有与从事其他科技活动同等的权益。

一、职称制度改革支持科技人员实施科技成果转化

职称是科技人员学术技术水平和专业能力的主要标志，职称评审政策会深刻影响科技人员的价值取向。科技成果转化是实践性很强的工作，包括产品开发、工艺开发、材料开发和工程应用等，业绩体现在经济效益和社会效益上，能力水平体现在解决实际问题大小与难度上。以往，科技成果转化本身在学术上原创性不强、技术水平不太高、难以发表高水平的学术论文，在职称评聘上往往容易"吃亏"，自然就会影响科技人员实施科技成果转化的积极性。为扭转这样的局面，中共中央办公厅、国务院办公厅印发

的《关于深化职称制度改革的意见》(中办发〔2016〕77号)提出了一系列改革举措,鼓励和引导科技人员实施科技成果转化。

在改革的原则上,提出"以品德、能力、业绩为导向","克服唯学历、唯资历、唯论文的倾向","实行分类评价"。从事科技成果转化的科技人员,与从事科学研究和其他方面的人才实行不同的评价标准和评价方法。

在评价标准上,一是科学分类评价能力素质;二是突出评价业绩水平和实际贡献。在能力素质的评价方面,不将论文作为评价应用型人才的限制性条件,对在基层一线工作的专业技术人才,"淡化或不作论文要求";"对实践性、操作性强,研究属性不明显的职称系列,可不作论文要求";"探索以专利成果、项目报告、工作总结、工程方案、设计文件、教案、病历等成果形式替代论文要求"。这些改革举措,扫除了科技人员实施科技成果转化在职称评审上的障碍。在业绩水平和实际贡献的评价方面,增加了成果转化、技术推广等方面的权重,"将科研成果取得的经济效益和社会效益作为职称评审的重要内容",这些改革举措有利于引导科技人员实施科技成果转化,扭转以往重研发轻转化、重论文发表轻成果应用推广取得的经济效益和社会效益的局面,引导科技人员不断深化研究,对科技成果进行后续试验、开发、应用、推广。

在评价方式上,"应用研究和技术开发人才评价突出市场和社会评价",这就避免了以往可能出现的以学术评价方式来评价应用研究和技术开发人才。

总之,国家实行的职称改革新政,一是激发科技人员实施科技成果转化;二是激励科研人员既重视研究开发又重视成果转化,可将研究开发与成果转化同等重要地对待。

二、人才分类评价支持科技人员实施科技成果转化

人才评价是人才资源开发管理和使用的前提。国家改革科技人才评价制度,实行分类评价,对从事科技成果转化的科技人员进行客观、公正的评价。

对从事基础和前沿技术研究、应用研究、成果转化等不同活动的人员实行分类评价。

根据中共中央办公厅、国务院办公厅印发的《关于分类推进人才评价机制改革的指导意见》（中办发〔2018〕6号）提出的人才评价机制改革举措，激励科技人员实施科技成果转化。

在评价标准方面，"坚持凭能力、实绩、贡献评价人才，克服唯学历、唯资历、唯论文等倾向"，实行差别化评价，对于科技人员实施科技成果转化扫除了论文障碍，克服了学术化评价倾向。

从事科技成果转化的人员包括应用研究和技术开发人才、主要从事科研工作的医疗卫生人才和技术技能人才等。对于不同的人才，评价侧重点不同：对应用研究和技术开发人才，在评价方式上"突出市场评价，由用户、市场和专家等相关第三方评价"，评价重点是"技术创新与集成能力、取得的自主知识产权和重大技术突破、成果转化、对产业发展的实际贡献等"；对主要从事科研工作的医疗卫生人才，"重点考察其创新能力业绩，突出创新成果的转化应用能力"；对技术技能人才，"重点评价其掌握必备专业理论知识和解决工程技术难题、技术创造发明、技术推广应用、工程项目设计、工艺流程标准开发等实际能力和业绩"。技术创新与集成、创新成果的转化应用、解决工程技术难题、技术推广应用、工程项目设计、工艺流程标准开发等都属于科技成果转化范畴，可见科技成果转化列入评价重点。中共中央办公厅、国务院办公厅印发的《关于深化项目评审、人才评价、机构评估改革的意见》（中办发〔2018〕37号）提出，将"成果转化效益"作为重要评价指标。科技成果转化能力强、贡献大的科技人才，都可以得到客观评价。

中共中央办公厅、国务院办公厅印发的《关于深化项目评审、人才评价、机构评估改革的意见》（中办发〔2018〕37号）提出"树立正确的人才评价使用导向"，"不把人才荣誉性称号作为承担各类国家科技计划项目、获得国家科技奖励、职称评定、岗位聘用、薪酬待遇确定的限制性条件"。据此，人才评价结果可用于科技计划项目承担、科技奖励评审、职称评定、岗位聘用、薪酬待遇确定等。对于薪酬待遇确定，中共中央办公厅、国务院办公厅印发的《关于实行以增加知识价值为导向分配政策的若干意见》（厅字〔2016〕35号）提出了"强化绩效评价与考核，使收入分配与考核评价结果挂钩"。

三、实行知识价值导向收入分配政策激励科技人员实施科技成果转化

厅字〔2016〕35号文提出了增加知识价值分配的"三元"薪酬结构，即从稳定提高基本工资、加大绩效工资的分配力度、落实科技成果转化的奖励激励措施，使科研人员收入与岗位职责、工作业绩、实际贡献紧密联系，与其创造的科学价值、经济价值、社会价值紧密联系。

根据厅字〔2016〕35号文规定，科技人员在岗转化科技成果，业绩突出的，可一举三得：一是根据"逐步提高体现科研人员履行岗位职责、承担政府和社会委托任务等的基础性绩效工资水平"规定，基础性绩效可得到稳定增长；二是根据"在绩效评价基础上，加大对科研人员的绩效激励力度"规定，绩效收入也会增加；三是根据《促进科技成果转化法》及相关政策，科技人员可通过科技成果转化获得合理收入。

厅字〔2016〕35号文赋予科研机构、高校更大的收入分配自主权，并对高校院所提出以下要求：一是制定以实际贡献为评价标准的科技创新人才收入分配激励办法；二是合理调节教学人员、科研人员、实验设计与开发人员、辅助人员和专门从事科技成果转化人员等的收入分配关系；三是对从事应用研究和技术开发的人员，主要通过市场机制和科技成果转化业绩实现激励和奖励。

综上所述，国家一系列新政，如果得到有效落实，可消除科技人员实施科技成果转化的职称评审、考核评价和收入分配等方面的障碍，可以实现名利双收。

第二节　科技人员兼职实施科技成果转化

科技人员兼职转化科技成果是科技成果转化的重要方式。《科技部等6部门印发〈关于扩大高校和科研院所科研相关自主权的若干意见〉的通知》(国科发政〔2019〕260号）提出，"支持和鼓励高校和科研院所专业

技术人员以挂职、参与项目合作、兼职、在职创业等方式从事创新活动"。这里的"创新活动"主要是科技成果转化活动。各级政府的科技、人力资源、高校院所的主管部门等要落实好国家政策，并提供相应的服务，引导和促进科技人员兼职兼薪和离岗创新创业。《中国科技成果转化年度报告2018》数据显示，2017年高校院所在外兼职从事科技成果转化和离岗创业人数为9910人，同比增长47.8%。这只是高校院所报出来的数字，实际上兼职转化科技成果的人数应该远不止这么多。

一、科技人员兼职转化科技成果的条件

为促进科技成果转移转化，《国务院关于印发实施〈中华人民共和国促进科技成果转化法〉若干规定的通知》（国发〔2016〕16号）和中共中央办公厅、国务院办公厅印发的《关于实行以增加知识价值为导向分配政策的若干意见》（厅字〔2016〕35号）都对科技人员兼职创新创业做出了规定。综合这两项规定来看，科技人员兼职创新创业的条件包括以下几个方面。

1. 兼职创新创业的主体是科技人员，特别是职务科技成果完成人。科技人员应该既包括在自然科学、工程技术、农业、医疗卫生等领域从事研究开发和工程技术的人员，也包括人文科学、社会科学、管理科学的教师和研究人员。当前，在实际操作中以实行专业技术序列的科技人员为主。

2. 兼职的前提是履行好岗位职责、完成好本职工作。科技人员不能因为兼职影响教学和科研。如果对教学或科研工作有影响的，单位可以不允许其兼职。履行好岗位职责是质的要求，完成好本职工作是量的要求。科技人员兼职实施科技成果转移转化会影响本职工作的，应选择离岗创新创业。

3. 目的是实施科技成果转化，即帮助科技成果受让方或被许可方、以科技成果作价投资所设立的企业转化科技成果，或者掌握技术开发、技术咨询、技术服务所涉及的技术知识提供技术指导。

因高校院所是科技创新的源头，且科技人员是科技成果的有效载体，为充分发挥高校院所的创新源头作用，国家先后出台多项政策支持科技人

员兼职创新创业，鼓励并支持高校院所通过各种途径向企业输出科技成果（含科技知识）。但对企业来说就有所不同，国家鼓励企业科技人员到高校院所兼职，通过人才交流实现产学研合作，但企业可以利用竞业限制条款，限制企业科技人员到其他企业兼职。总之，凡是有利于科技进步，有利于知识传播，有利于产学研结合的兼职，国家是大力支持的，但兼职创新创业有可能侵犯单位的合法权益的，则是限制的，甚至是禁止的。

二、科技人员兼职转化科技成果的程序

《国务院关于印发实施〈中华人民共和国促进科技成果转化法〉若干规定的通知》（国发〔2016〕16号）、中共中央办公厅、国务院办公厅印发的《关于实行以增加知识价值为导向分配政策的若干意见》（厅字〔2016〕35号）、《人力资源社会保障部关于支持和鼓励事业单位专业技术人员创新创业的指导意见》（人社部规〔2017〕4号）和《人力资源社会保障部关于进一步支持和鼓励事业单位科研人员创新创业的指导意见》（人社部发〔2019〕137号）都规定了科技人员兼职兼薪程序。从上述规定看，科技人员兼职应按照以下程序办理。

1.科技人员向单位提出兼职申请。兼职申请载明拟兼职单位及拟兼任的职位、兼职时间及期限、兼职收入，兼职目的、兼职期间是否影响本职工作、是否侵犯本单位的合法权益等。科技人员提交兼职申请，表明其兼职是自愿的。

2.单位对科技人员的兼职申请进行审核。主要审核科技人员兼职的目的，判断该科技人员是否存在不得兼职的情形，是否会侵害单位的技术经济权益，是否会存在利益冲突，判断是否有利于科技成果转移转化，是否会影响本职工作职责的履行。无正当理由，应当同意科技人员兼职。单位可以制定科技人员兼职管理办法，对兼职条件不足或不允许兼职的情形做出规定。

如无不得兼职的情形，应按照单位的决策程序决定是否同意，如同意，应留下"同意"的痕迹，如分管领导或主要负责人签字同意，或者由人事管理部门报经领导班子集体决策。

3.审核同意的，在本单位公示。未经单位同意，科技人员不得擅自兼

职。单位审核后，如无不同意的理由，应当同意科技人员兼职。对于同意兼职的科技人员，应当在本单位公示拟兼职单位及其职务、兼职期限等信息。公示的目的是监督，避免本职与兼职产生利益冲突，防止利益输送。

4.签订兼职协议或变更聘用合同。单位通过变更聘用合同，或者签订兼职协议，与科技人员约定兼职期限、保密、知识产权保护、兼职期间取得的知识产权归属等事项。如果是在职创办企业的，创业项目涉及事业单位知识产权、科技成果的，事业单位、科技人员、相关企业可以订立三方协议，明确权益分配等内容。

人社部规〔2017〕4号文主要规范专业技术人员兼职。专业技术人员包括科技人员或科研人员，对于科技人员或科研人员兼职，可以适用该文件规定。人社部发〔2019〕137号主要规范科研人员兼职。

科技人员按照国家有关规定办理兼职创新创业手续，并自觉接受有关规定的规范和约束，就可以受到制度的保护。否则，未经单位同意的兼职行为是违规的。是共产党员的，违规兼职创新创业的，属于违反《中国共产党纪律处分条例》第九十四条第三款规定，违规兼职办企业的，属于违反《中国共产党纪律处分条例》第九十四条第三款第（一）项规定。无论属于哪种情形，情节较轻的，给予警告或者严重警告处分；情节较重的，给予撤销党内职务或者留党察看处分；情节严重的，给予开除党籍处分。不是共产党员的，属于违反《事业单位工作人员处分暂行规定》（人力资源和社会保障部、监察部令第18号）第十八条第一款第（六）项规定的"违反国家规定，从事、参与营利性活动或者兼任职务领取报酬的"，可"给予警告或者记过处分；情节较重的，给予降低岗位等级或者撤职处分；情节严重的，给予开除处分"。

三、科技人员兼职的权利和义务

中共中央办公厅、国务院办公印发的《关于实行以增加知识价值为导向分配政策的若干意见》（厅字〔2016〕35号）和人社部规〔2017〕4号文都对科技人员兼职兼薪的权利义务做出了规定。从这两项规定看，科技人员兼职的权利义务如下。

1.兼职可享有的权利。科技人员兼职可享有以下权利。

（1）科技人员兼职取得的报酬，原则上归个人，但兼职报酬（包括股权及红利等收入）应如实报单位备案。有"原则"就有例外，例外情形应该是指如果科技人员兼职过程中要用到单位的物质技术条件或科技成果、技术资料，经单位同意的，应向单位支付使用费。这里的使用费，要么由兼职单位支付，要么从科研人员的兼职收入中扣除。当然，可能还有其他情形。

（2）在兼职单位的工作业绩或者在职创办企业取得的成绩可以作为其职称评审、岗位竞聘、考核等的重要依据，即兼职业绩与在本职取得的业绩一视同仁。

2.科技人员兼职应履行的义务。科技人员兼职必须合理、合法、合规。只有这样，才可以处理好兼职与本职的关系，避免因兼职而让本职工作打折扣，也可避免因兼职而侵犯本单位或兼职单位的技术经济权益，还可体现出兼职取酬是按劳分配。具体来说，科技人员兼职期间，应当履行以下义务。

（1）兼职行为不得泄露本单位技术秘密。单位的技术秘密应符合《反不正当竞争法》规定。单位要求科技人员承担保密义务的，科技人员必须履行保密义务。

（2）兼职行为不得损害或侵占本单位合法权益。例如，利用本单位的物质技术条件的，应当支付费用；利用本单位科技成果的，应当支付使用费。

（3）兼职行为不得违反承担的社会责任。社会责任是指环境保护、安全生产、社会道德及公共利益等方面的责任，是由经济责任、持续发展责任、法律责任和道德责任等构成。

（4）兼职获得股权及红利等收入应向单位报告。不仅兼职行为要接受监督，兼职收入也要接受监督。

（5）兼职收入应当依法缴纳个人所得税。科技人员的兼职收入不受本单位绩效工资总量限制，不影响本单位的绩效工资发放。这是一条重要的政策，扫除兼职的政策障碍。

担任领导职务的科技人员兼职按中央组织部于 2013 年 12 月印发的《关于进一步规范党政领导干部在企业兼职（任职）问题的意见》（中组发〔2013〕18 号）执行，即必须报经批准，并不得取酬。

科技人员履行兼职义务是享有权利的前提。如果不能处理好兼职与本职的关系，兼职侵害了本单位的合法权益，或侵害了兼职单位的合法权益，那么兼职是要禁止的。

四、高校院所应履行监管职责

鼓励和支持科技人员兼职创新创业，对高校院所提出了要求，高校院所需履行以下职责。

1. 划清兼职与履职的界线。科技人员在本单位管辖范围之内兼任多个岗位、在本单位及下属单位兼职，都属于履职行为，一般不按兼职兼薪处理。允许科技人员在与本单位无关联关系的单位兼职，属于兼职，可以兼薪。目前，国家政策允许科技人员兼职兼薪，但没有规定是否可在本单位投资的机构中兼职兼薪。不过，人社部就支持鼓励事业单位专业技术人员创新创业答问中提出："事业单位所属企业，包括独资企业或控股企业，都不在挂职、参与项目合作、兼职、离岗创业的范围内"，即在实操中科技人员不得在本单位投资的机构中兼职兼薪。

2. 制定科研人员兼职创新创业规定，对科研人员兼职创新创业应符合的条件、需办理的程序、可享有的权利、应履行的义务、科研人员兼职公示、兼职收入报备等做出明确的规定。如果单位没有规定，则要进行约定。如果高校院所没有出台兼职创新创业规定，可以认为是不作为或不尽责。

3. 与兼职人员签订兼职协议。根据人社部规〔2017〕4 号文规定，高校院所等"事业单位应当与专业技术人员约定兼职期限、保密、知识产权保护等事项。创业项目涉及事业单位知识产权、科研成果的，事业单位、专业技术人员、相关企业可以订立协议，明确权益分配等内容"。其中，约定好科技人员兼职期间所取得的知识产权的归属，是归本单位还是兼职单位，抑或本单位与兼职单位共享或按份共有。一般来说，完成谁的科研项目或科研任务，知识产权就归谁享有。或者说，科研项目体现谁的意志，由谁投资，谁承担风险，项目的知识产权就归谁所有。

4. 实行科研人员兼职公示制度，对经批准兼职的科研人员在单位内部公示，以便接受监督。同时，要求科研人员将兼职所得收入报单位备案，备案也是一种监督。这就是说，高校院所应当对科技人员兼职有很明确的支持态度，既要允许和支持，又要承担起管理责任，不能听之任之。

5. 加强对兼职人员的监管。既充分保障兼职创新创业人员的合法权益，又要加强对兼职创新创业人员履职尽责情况的考核，使本职与兼职之间相互促进，避免相互影响。当兼职影响到本职的履行时，应当采取有效的措施，如限制兼职，或改为离岗创业等。

总之，需要加强对兼职创新创业的监督，充分发挥兼职创新创业的积极效应，将其负面影响降到最小。

第三节　科技人员离岗创业转化科技成果

除在岗、兼职以外，科技人员还可选择离岗方式转化科技成果。由于兼职门槛低、机会成本小，科技人员会优先选择兼职方式实施科技成果转化。科研人员往往较少选择离岗方式。

一、离岗转化科技成果的情形

科技人员选择离岗方式转化科技成果，一般有以下两种情形。

1. 集中精力做好成果转化工作。人的精力是有限的，既要履行好岗位职责，又要实施科技成果转化，难以同时兼顾。当两者发生严重冲突、不可兼顾时，只能两者选其一，否则都做不好。

有时成果转化是一时性的工作，如果以转让、许可、作价投资方式转化科技成果时，受让方、被许可方、被投资企业实施科技成果有困难，需要科技人员集中一段相对较长的时间（如3个月以上），而本职工作的压力不小，难以同时兼顾时，科技人员可以选择离岗的方式，利用一段比较完整的时间，集中精力解决好科技成果转化中的问题。

2. 职业转型。离岗创新创业是给高校院所的科技人员"下海"办企业一个适应过程。一些科技人员从科研事业单位转到企业实施科技成果转化，会有一段适应期，包括心理上接受、能力上契合、收入有显著增加等。一旦适应了"下海"，在企业找到了更好的立足点，发现并可发挥自己的特长，就可安心待在企业。如果尝试以后，发现自己不适合经商办企业，还可退回到体制内，安心地搞自己的科研。

无论哪一种情形，国家都是大力支持的。《人力资源社会保障部关于支持和鼓励事业单位专业技术人员创新创业的指导意见》（人社部规〔2017〕4号）指出，科技人员离岗创业"是充分发挥市场在人才资源配置中的决定性作用，提高人才流动性，最大限度激发和释放创新创业活力的重要举措，有助于科技创新成果快速实现产业化"。

二、科技人员离岗创业申办程序

根据《人力资源社会保障部关于支持和鼓励事业单位专业技术人员创新创业的指导意见》（人社部规〔2017〕4号）的规定，科技人员申请离岗创业的，按照以下程序办理。

1. 科技人员书面申请。有离岗创业意愿的科技人员，向单位提出书面申请，阐明离岗创业的项目、缘由、初步计划、期限等。科技人员申请离岗，是因为创业项目需要花费一段时间集中精力去实施，离岗的理由要充分，计划方案可行。而且要承诺，是因实施创业项目（即科技成果转化）而离岗，不是因其他原因而离岗。有人想借离岗创业政策做其他事情，这就要坚持以信任为前提、以诚信为底线的原则，由申请人做出承诺。

2. 单位同意。单位审核科技人员离岗创业的书面申请，再综合考虑该科技人员离岗创业的理由是否充分，方案是否可行，离岗期间对单位的教学、科研工作是否有影响、有多大的影响，可否做出妥善的安排等，决定是否同意其离岗创业。

3. 订立离岗协议。选择离岗创业的科技人员，事业单位与科技人员的劳动关系发生了变化。一方面保留了劳动关系；另一方面又不在岗。针对这种情况，人社部规〔2017〕4号文提出，"事业单位与离岗创业人员应当订立离岗协议，约定离岗事项、离岗期限、基本待遇、保密、成果归属等内容，明确双方权利义务，同时相应变更聘用合同"。为确立新的劳动关系，要订立离岗协议，同时原有的聘用合同要做变更。

人社部规〔2017〕4号文还规定，"离岗创业项目涉及原单位知识产权、科研成果的，事业单位、离岗创业人员、相关企业可以订立协议，明确收益分配等内容"。这一提示性规定，就是在事前将有关知识产权问题约定清楚，避免以后产生知识产权纠纷。

三、科技人员离岗创业可享受的政策

为消除科技人员离岗创业的后顾之忧，国家在多个文件中规定了离岗创业政策。

《国务院关于进一步做好新形势下就业创业工作的意见》（国发〔2015〕23号）规定，离岗创业人员与原单位其他在岗人员同等享有参加职称评聘、岗位等级晋升和社会保险等方面的权利。

《国务院关于印发实施〈中华人民共和国促进科技成果转化法〉若干规定的通知》（国发〔2016〕16号）规定，"离岗创业期间，科技人员所承担的国家科技计划和基金项目原则上不得中止，确需中止的应当按照有关管理办法办理手续"。当然，这既是一项权利，也是一项义务。同时规定"在原则上给予不超过3年的时间内保留人事关系"。其中"原则上"意味着有例外。在不超过3年的创业孵化期内，科技人员可以做出是回到原单位还是留在企业继续创业的选择。如果有特殊情况，可以申请延长到5年时间。

中共中央办公厅、国务院办公厅印发的《关于实行以增加知识价值为导向分配政策的若干意见》（厅字〔2016〕35号）提出，"离岗创业收入不受本单位绩效工资总量限制"。离岗创业收入是指离岗人员从他

（她）工作单位获得的收入，应该归本人支配。该文件明确了离岗人员创业收入不受原单位绩效工资总额限制，避免了将其收入纳入原单位绩效工资总额，造成混淆。

《人力资源社会保障部关于支持和鼓励事业单位专业技术人员创新创业的指导意见》（人社部规〔2017〕4号）规定，"事业单位专业技术人员离岗创业期间依法继续在原单位参加社会保险，工资、医疗等待遇，由各地各部门根据国家和地方有关政策结合实际确定，达到国家规定退休条件的，应当及时办理退休手续。创业企业或所工作企业应当依法为离岗创业人员缴纳工伤保险费用，离岗创业人员发生工伤的，依法享受工伤保险待遇。离岗创业期间非因工死亡的，执行人事关系所在事业单位抚恤金和丧葬费规定。离岗创业人员离岗创业期间执行原单位职称评审、培训、考核、奖励等管理制度。离岗创业期间取得的业绩、成果等，可以作为其职称评审的重要依据；创业业绩突出，年度考核被确定为优秀档次的，不占原单位考核优秀比例"。从这一规定看，离岗创业人员可享受社保待遇，可同等参加年度考核。这些政策使离岗创业人员没有后顾之忧。

好的政策必须落实好，以消除科技人员的顾虑。只有这样，才能真正发挥离岗创业政策的作用，有力地推动科技成果转化。

四、科技人员离岗创业行为规范

根据《人力资源社会保障部关于支持和鼓励事业单位专业技术人员创新创业的指导意见》（人社部规〔2017〕4号）规定，离岗创新创业人员应遵守以下两项行为规范。

1.遵纪守法。离岗创业人员在离岗期间，仍然是事业单位编制人员，应当遵守事业单位工作人员管理规定。根据《事业单位人事管理条例》规定，事业单位工作人员不得旷工，应参加年度考核和岗位培训，遵纪守法等。人社部规〔2017〕4号文规定，"离岗创业期间违反事业单位工作人员管理相关规定的，按照事业单位人事管理条例等相关政策法规处理"。

2.离岗创新创业期满应按期返回。创业期限是事业单位与离岗创业人员订立的协议中约定的。创业期满应按期返回,既是国家规定,也是协议约定。人社部规〔2017〕4号文规定,"离岗创业期满无正当理由未按规定返回的,原单位应当与其解除聘用合同,终止人事关系,办理相关手续"。所谓"无正当理由",就是主观故意,就是违背诚实守信原则。如有正当理由,则要说明澄清。

五、高校院所应履行监管职责

高校院所不能一味地从严控制科技人员离岗创业,也不能一放了之,而应该落实好国家政策,履行好监管职责。

1. 制定科研人员离岗创业规定,对离岗创业的条件、申请程序、可享有的权利、应履行的义务等做出细化规定。如果没有规定,则要进行约定。如果高校院所没有出台离岗创新创业规定,可以认为是不作为或不尽责。

2. 与离岗创业人员签订协议并变更聘用协议。根据人社部规〔2017〕4号文规定,高校院所等"事业单位与离岗创业人员应当订立离岗协议,约定离岗事项、离岗期限、基本待遇、保密、成果归属等内容,明确双方权利义务,同时相应变更聘用合同"。其中,要约定好科技人员离岗期间所取得的知识产权的归属,一般来说,应归离岗创业企业所有。

3. 约定科技成果转化权益。人社部规〔2017〕4号提出,"离岗创业项目涉及原单位知识产权、科研成果的,事业单位、离岗创业人员、相关企业可以订立协议,明确收益分配等内容"。科技人员离岗创业转化职务科技成果的,需按照《促进科技成果转化法》及实施规定授予科技人员实施该成果,并明确转化收益的分配。

4. 履行相关管理责任。既充分保障离岗创业人员的合法权益,包括社保、工资、医疗、职称评审、培训、考核、奖励等待遇,又要监督离岗创业人员遵守事业单位工作人员相关管理规定等。对于离岗创业而空出的岗位,可根据相关规定聘用急需人才,将科技人员离岗创业带来的负面影响降到最小。

第四节　科技人员实施科技成果转化政策法规摘编

1.《中共中央关于深化人才发展体制机制改革的意见》(中发〔2016〕9号):

"七(二十二)鼓励和支持人才创新创业。研究制定高校、科研院所等事业单位科研人员离岗创业的政策措施。高校、科研院所科研人员经所在单位同意，可在科技型企业兼职并按规定获得报酬。允许高校、科研院所设立一定比例的流动岗位，吸引具有创新实践经验的企业家、科技人才兼职。鼓励和引导优秀人才向企业集聚。"

2.《国务院关于印发实施〈中华人民共和国促进科技成果转化法〉若干规定的通知》(国发〔2016〕16号):

"二(七)国家设立的研究开发机构、高等院校科技人员在履行岗位职责、完成本职工作的前提下，经征得单位同意，可以兼职到企业等从事科技成果转化活动，或者离岗创业，在原则上不超过3年时间内保留人事关系，从事科技成果转化活动。研究开发机构、高等院校应当建立制度规定或者与科技人员约定兼职、离岗从事科技成果转化活动期间和期满后的权利和义务。离岗创业期间，科技人员所承担的国家科技计划和基金项目原则上不得终止，确需终止的应当按照有关管理办法办理手续。"

3.中共中央办公厅、国务院办公厅《关于实行以增加知识价值为导向分配政策的若干意见》(厅字〔2016〕35号):

"四(二)科研机构、高校应优先保证科研人员履行科研、教学等公益职能；科研人员承担横向委托项目，不得影响其履行岗位职责、完成本职工作。"

"六、允许科研人员和教师依法依规适度兼职兼薪

(一)允许科研人员从事兼职工作获得合法收入。科研人员在履行好岗位职责、完成本职工作的前提下，经所在单位同意，可以到企业和其他科研机构、高校、社会组织等兼职并取得合法报酬。鼓励科研人员公益性兼职，积极参与决策咨询、扶贫济困、科学普及、法律援助和学术组织等

活动。科研机构、高校应当规定或与科研人员约定兼职的权利和义务，实行科研人员兼职公示制度，兼职行为不得泄露本单位技术秘密，损害或侵占本单位合法权益，违反承担的社会责任。兼职取得的报酬原则上归个人，建立兼职获得股权及红利等收入的报告制度。担任领导职务的科研人员兼职及取酬，按中央有关规定执行。经所在单位批准，科研人员可以离岗从事科技成果转化等创新创业活动。兼职或离岗创业收入不受本单位绩效工资总量限制，个人须如实将兼职收入报单位备案，按有关规定缴纳个人所得税。"

4.国务院办公厅《关于支持国家级新区深化改革创新加快推动高质量发展的指导意见》（国办发〔2019〕58号）：

"二（五）允许高校、科研院所和国有企业的科技人才按规定在新区兼职兼薪、按劳取酬。"

"四（九）创新完善新区管理机构选人用人和绩效激励机制，经批准可实施聘任制、绩效考核制，允许实行兼职兼薪、年薪制、协议工资制等薪酬制度。"

5.《人力资源社会保障部关于支持和鼓励事业单位专业技术人员创新创业的指导意见》（人社部规〔2017〕4号）：

"二、支持和鼓励事业单位专业技术人员兼职创新或者在职创办企业

支持和鼓励事业单位专业技术人员到与本单位业务领域相近企业、科研机构、高校、社会组织等兼职，或者利用与本人从事专业相关的创业项目在职创办企业，是鼓励事业单位专业技术人员合理利用时间，挖掘创新潜力的重要举措，有助于推动科技成果加快向现实生产力转化。

事业单位专业技术人员在兼职单位的工作业绩或者在职创办企业取得的成绩可以作为其职称评审、岗位竞聘、考核等的重要依据。专业技术人员自愿流动到兼职单位工作，或者在职创办企业期间提出解除聘用合同的，事业单位应当及时与其解除聘用合同并办理相关手续。

事业单位专业技术人员兼职或者在职创办企业，应该同时保证履行本单位岗位职责、完成本职工作。专业技术人员应当提出书面申请，并经单位同意；单位应当将专业技术人员兼职和在职创办企业情况在单位内部进

行公示。事业单位应当与专业技术人员约定兼职期限、保密、知识产权保护等事项。创业项目涉及事业单位知识产权、科研成果的，事业单位、专业技术人员、相关企业可以订立协议，明确权益分配等内容。"

"三、支持和鼓励事业单位专业技术人员离岗创新创业

事业单位专业技术人员带着科研项目和成果离岗创办科技型企业或者到企业开展创新工作（简称离岗创业），是充分发挥市场在人才资源配置中的决定性作用，提高人才流动性，最大限度激发和释放创新创业活力的重要举措，有助于科技创新成果快速实现产业化，转化为现实生产力。

事业单位专业技术人员离岗创业期间依法继续在原单位参加社会保险，工资、医疗等待遇，由各地各部门根据国家和地方有关政策结合实际确定，达到国家规定退休条件的，应当及时办理退休手续。创业企业或所工作企业应当依法为离岗创业人员缴纳工伤保险费用，离岗创业人员发生工伤的，依法享受工伤保险待遇。离岗创业期间非因工死亡的，执行人事关系所在事业单位抚恤金和丧葬费规定。离岗创业人员离岗创业期间执行原单位职称评审、培训、考核、奖励等管理制度。离岗创业期间取得的业绩、成果等，可以作为其职称评审的重要依据；创业业绩突出，年度考核被确定为优秀档次的，不占原单位考核优秀比例。离岗创业期间违反事业单位工作人员管理相关规定的，按照事业单位人事管理条例等相关政策法规处理。

事业单位对离岗创业人员离岗创业期间空出的岗位，确因工作需要，经同级事业单位人事综合管理部门同意，可按国家有关规定用于聘用急需人才。离岗创业人员返回的，如无相应岗位空缺，可暂时突破岗位总量聘用，并逐步消化。离岗创业人员离岗创业期间，本人提出与原单位解除聘用合同的，原单位应当依法解除聘用合同；本人提出提前返回的，可以提前返回原单位。离岗创业期满无正当理由未按规定返回的，原单位应当与其解除聘用合同，终止人事关系，办理相关手续。

事业单位专业技术人员离岗创业，须提出书面申请，经单位同意，可在3年内保留人事关系。对离岗创办科技型企业的，按规定享受国家创业

有关扶持政策。事业单位与离岗创业人员应当订立离岗协议，约定离岗事项、离岗期限、基本待遇、保密、成果归属等内容，明确双方权利义务，同时相应变更聘用合同。离岗创业项目涉及原单位知识产权、科研成果的，事业单位、离岗创业人员、相关企业可以订立协议，明确收益分配等内容。"

6.《人力资源社会保障部关于进一步支持和鼓励事业单位科研人员创新创业的指导意见》（人社部发〔2019〕137号）：

"一、支持和鼓励科研人员离岗创办企业

（一）完善离岗创办企业政策。科研人员开展"双创"活动可申请离岗创办企业，职称、年龄、资历、科技成果形式、获奖层次、获得专利与否均不作为限制离岗创办企业的条件。离岗创办企业申请应经事业单位批准，期限不超过3年，期满后创办企业尚未实现盈利的可以申请延长1次，延长期限不超过3年。离岗创办企业期限最长不超过离岗创办企业人员达到国家规定的退休年龄的年限。在同一事业单位申请离岗创办企业的期限累计不超过6年。"

"（三）保障离岗创办企业人员合法权益。允许离岗创办企业人员在所创办企业申报职称，所获得的职称可以作为其返回事业单位后参加岗位竞聘、重新订立聘用合同的参考。离岗创办企业业绩突出，其年度考核被确定为优秀档次的，不占人事关系所在单位考核优秀比例；经济效益或者社会效益显著的，可按国家有关规定给予表彰奖励。离岗创办企业人员依法继续在人事关系所在单位缴纳社会保险，其他基本待遇由各地各部门根据国家和地方有关政策结合实际确定。创办企业应当依法为离岗创办企业人员缴纳工伤保险费用，离岗创办企业人员发生工伤的，依法享受工伤保险待遇。"

"二、支持和鼓励科研人员兼职创新、在职创办企业

（四）维护兼职创新、在职创办企业人员在人事关系所在单位的合法权益。科研人员开展"双创"活动，可在保证保质保量完成本职工作的基础上，进行兼职创新、在职创办企业。兼职创新、在职创办企业人员继续享有参加职称评审、项目申报、岗位竞聘、培训、考核、奖励等各方面权

利，工资、社会保险等各项福利待遇不受影响。经与人事关系所在单位协商一致，科研人员兼职创新或在职创办企业期间，可以实行相对灵活、弹性的工作时间。

（五）加大对兼职创新、在职创办企业人员的政策支持。兼职创新、在职创办企业人员可以在兼职单位或者创办企业申报职称。到企业兼职创新的人员，与企业职工同等享有获取报酬、奖金、股权激励的权利，国家另有规定的从其规定。兼职单位或创办企业应当依法为兼职创新、在职创办企业人员缴纳工伤保险费，其在人事关系所在单位外工作期间发生工伤的，依法享受工伤保险待遇，由相关单位或企业承担工伤保险责任。鼓励企业为兼职创新人员参加个人储蓄性养老保险提供补贴。"

第十八章　科技成果转化奖酬金分配管理

2015年新修改的《促进科技成果转化法》大幅提高了奖酬金标准，将科技成果转化收益分配向科技人员倾斜。科技成果转化奖酬金分配需要处理好单位与科研团队、科研团队内部、科研人员与转化人员之间的利益分配关系，政策性强，处理得好能够更好地促进科技成果转化，否则会影响甚至制约科技成果转化。

为充分保障科技人员的合法权益，奖酬金分配管理成为科技成果转化管理的重要内容。

第一节　奖酬金分配类型

根据国家有关规定，科技成果转化奖酬金分配可分为以下4类情形。

一、科技成果转让与许可的奖酬金分配

根据《事业单位国有资产管理暂行办法》的规定，科技成果完成单位转让或许可，可取得现金收入，即将科技成果变现取得的纯收入。

根据《促进科技成果转化法》第四十五条第一款第1项规定，科技成果完成单位未规定、也未与科技人员约定奖励和报酬的方式和数额的，将该项职务科技成果转让、许可给他人实施的，从该项科技成果转让净收入

或者许可净收入中提取不低于 50% 的比例对为完成、转化职务科技成果做出重要贡献的人员给予奖励和报酬。这一规定可作如下解读。

1. 奖酬金计算公式。科技人员奖酬金 = 净收入 × 奖酬金分配比例。

2. 净收入的计算。《促进科技成果转化法》及实施规定没有规定"净收入"怎么计算，也没有给出解释。《中国科学院、科学技术部关于印发〈中国科学院关于新时期加快促进科技成果转移转化指导意见〉的通知》（科发促字〔2016〕97 号）规定，"在确定'科技成果转化净收入'时，院属单位可以根据成果特点做出规定，也可以采用合同收入扣除维护该项科技成果、完成转化交易所产生的费用而不计算前期研发投入的方式进行核算"。这一规定给出了两项重要的授权。

一是授权院属单位根据成果特点做出规定。也就是说，不采取一刀切做法，可以根据项目来源、成果的创新程度、院属单位的投入方式等规定净收入的核算方式。例如，中科院院属单位自行投资设立的科技项目所完成的科技成果，应该允许院属单位以自有资金投入的研发费用列支研发成本，予以扣除，否则院属单位没有投入科研和成果转化的积极性。此处的自有资金投入可以理解为对科技成果后续试验、开发的投入。这是充分尊重院属单位科技成果转化自主权，有助于院属单位较好地处理科研与成果转化的关系，单位与科研人员之间的利益分配关系。

二是为院属单位提供净收入计算的参考公式，即净收入 = 合同收入 – 科技成果维护费用 – 科技成果交易费用，可不扣除前期研发投入。其中，"不计算前期研发投入"是一种很重要的导向，或计算方式。

"前期研发投入"是否作为研发成本予以扣除取决于该投入的投资主体及其性质。如果投资主体是企业，在计算净收入时前期研发投入应作为成本予以扣除。如果投资主体是国家财政，并不要求收回投资成本，属于捐赠或资助性质，则在计算净收入时，可不扣除前期研发投入。这两种情形的"前期研发投入"性质是不同的。对于企业而言，可以理解为是对科技成果后续试验、开发的投入，因为企业的研发活动本质上是成果转化活动；对于国家财政而言，财政科技投入主要投资基础研究、应用基础研究，具有较强的探索性。

《教育部　科技部关于加强高等学校科技成果转移转化工作的若干意见》（教技〔2016〕3号）和《国家卫生和计划生育委员会等5部门关于加强卫生与健康科技成果转移转化工作的指导意见》（国卫科教发〔2016〕51号）都规定，净收入可由高等学校、医疗卫生机构和科研院所等单位制定科技成果转化奖励和收益分配办法。

一般来说，净收入是指总收入减去业务成本、折旧、利息、税款及其他开支以后的所得或收入余额。而科技成果转让或许可的净收入是指科技成果转让或许可的合同收入，即技术转让合同（包括实施许可）成交额，减去科技成果转让或许可中发生的知识产权维护、科技中介、法律顾问、文件翻译、价值评估、交易谈判、合同履行监管等服务的费用、税金和其他与该成果转让或许可相关的费用。

净收入是否要扣除研发成本？《促进科技成果转化法释义》认为，企业科技成果转化净收入是指技术合同成交额扣除完成本次交易发生的直接成本、税金和前期研发投入后的余额；研究开发机构、高等院校的科技成果转化净收入是指技术合同成交额扣除完成本次交易发生的直接成本，不扣除前期研发投入。

财政部、科技部、国资委《关于印发〈国有科技型企业股权和分红激励暂行办法〉的通知》（财资〔2016〕4号）第二十三条第三款规定，"转让、许可净收入为企业取得的科技成果转让、许可收入扣除相关税费和企业为该项科技成果投入的全部研发费用及维护、维权费用后的金额。企业将同一项科技成果使用权向多个单位或者个人转让、许可的，转让、许可收入应当合并计算"，即净收入应当扣除项目的全部研发费用。

科技成果许可的净收入是技术合同许可总收入减去科技成果许可的直接成本、税金后的余额，无论是事业单位还是企业，均不涉及前期的研发投入，这一点与科技成果转让净收入的计算有所不同。

如果一项科技成果在转让或许可时，需要进行后续的试验、开发，以便科技成果进一步完善或成熟，则后续的试验、开发费用是否要扣除？后续的试验、开发费用属于转化该科技成果的直接成本，在计算净收入时应当作为直接成本予以扣除。否则，科技成果转化不是造血而是输血，是不可持续的，高校院所不会有动力和能力投资科技成果转化。

3. 奖酬金比例的确定方式。根据《促进科技成果转化法》第四十四条和第四十五条规定，奖酬金比例可采取以下3种方式之一确定：一是科技成果完成单位做出规定，即在单位的科技成果转化制度中做出规定。二是单位与科技人员约定。单位可以在科研项目任务书、协议书，或其他协议中约定奖酬金比例；三是既没有约定也没有规定的情况下，适用《促进科技成果转化法》第四十五条第一款第1项和第二款的规定。

4. 奖酬金分配比例。该比例的确定要避免以下两种误解。

一是奖酬金分配比例与科技成果转化效率成正比，以为提高奖酬金分配比例就可以提高科技成果转化效率。其实，科技成果转化受多种因素影响，科技人员的积极性、创造性只是其中一个影响因素。实践表明，一味提高奖酬金分配比例并没有相应地提高科技成果转化效率。

二是将奖酬金分配比例作为衡量重视科技成果转移转化的程度。不能简单地把奖酬金分配比例与对科技成果转移转化的重视程度相对应，而是应综合考虑多种因素确定分配比例。

《促进科技成果转化法》已经将国家设立的高校院所的奖酬金分配比例提高到不低于50%，地方是否要进一步提高这一比例，要综合考虑。其原则之一，是为了方便高校院所根据科技成果转化项目的具体情况做出规定或约定，处理好单位、部门和科技人员之间的利益分配关系，以及单位内部基础研究（公益研究）、应用研究、科技成果转化之间的关系。例如，根据《中国科技成果转化年度报告2019》提供的案例，为促进科技成果在省内转化，哈尔滨医科大学规定，在省内转化的，奖酬金提取比例为转化净收入的90%；在省外转化的，为75%。

根据《中国科技成果转化年度报告2018》披露，2017年高校院所科技成果转化现金收入为46.3亿元，科研人员获得的现金奖励金额为22.2亿元，占比47.9%，比2016年的44.2%提高了3.7个百分点。初看起来，47.9%的比例不足50%，但它是现金收入的比例，不是净收入的比例。这一比例已经很高了，充分说明现金奖励政策落实得比较好。不过，仍有不少高校院所在执行现金奖励政策时存在困惑。为此，建议高校院所制定的科技成果转化制度或奖酬金分配制度对奖酬金分配比例、净收入计算、成本的扣除范围、成本核算办法等在单位内部形成共识，并做出规定。

二、以科技成果作价投资的奖酬金分配

科技成果完成单位利用科技成果作价投资，从该项科技成果形成的股份或者出资中提取一定比例给予科技人员作为奖励和报酬，给予的数额是该项科技成果形成的股份或者出资的一定比例。如果单位没有规定，也没有与科技人员约定，则该比例应不低于50%。如果科技成果完成单位是国家设立的高校院所，该比例不得低于50%。根据《中国科技成果转化年度报告2018》披露，2017年高校院所给予科研人员的股权奖励为54.3%，略低于2016年的58.4%，均高于50%。科研人员的受益面比2016年翻倍，表明股权奖励政策也落实得比较好。

股权奖励与科技成果转让、许可一样，也会发生税费、知识产权维护费等成本，但没有扣除渠道，因为无法从股权中予以扣除，这些费用只能由单位支出。

其实，股权奖励的比例不一定要与转让、许可方式的奖酬金提取比例一样。例如，北京理工大学规定，以转让、许可方式转化科技成果的，以净收入的70%奖励科研团队；作价投资的，以股权的60%奖励科研团队。科技成果评估费、税费、知识产权维护费等成本不能从股权中扣除，只能通过其他途径解决。

股权奖励比例往往更受关注，许多地方、单位往往通过调高股权奖励比例，以显示更加重视科技成果转化，更加重视激发科研人员的积极性。但过高的比例反而是畸形的，是不遵循科技成果转化规律的。

三、自行投资实施转化和与他人合作转化的奖酬金分配

根据《促进科技成果转化法》第四十五条第一款第3项规定，科技成果完成单位未规定、也未与科技人员约定奖励和报酬的方式和数额的，将该项职务科技成果自行实施或者与他人合作实施的，应当在实施转化成功

投产后连续 3~5 年，每年从实施该项科技成果的营业利润中提取不低于百分之五的比例，对为完成、转化职务科技成果做出重要贡献的人员给予奖励和报酬。从这一规定看，科技成果完成单位自行实施、与他人合作实施科技成果转化，有 3 个关键词。

1. 时限，即从该项科技成果在实施转化成功投产后的一定年限内，如 3~5 年，也可更长时间，或更短时间。

2. 数额，即每年从实施该项科技成果的营业利润中提取一定比例给予科技人员作为奖励和报酬，即营业利润的一定比例，可以是 5%，可以高于 5%。

3. 方式，即从营业利润中提取一定比例，当然，如果是约定的话，也可以约定按照销售收入、销售量，或净利润的一定比例提取。

无论是时限、数额，还是方式，都可以做出约定或规定。科技成果完成单位有规定，或与科技人员约定，则按规定或约定执行。如果单位没有规定，也没有与科技人员约定，则时限为 3~5 年，数额为不低于营业利润的 5%。

如果科技成果完成单位是国家设立的高校院所，往往就高不就低，即提取时限为 5 年，并按营业利润的至少 5% 提取。

四、技术开发、技术咨询和技术服务的奖酬金分配

《国务院关于印发实施<中华人民共和国促进科技成果转化法>若干规定》（国发〔2016〕16 号）第一部分第（六）条第 4 项规定，"对科技人员在科技成果转化工作中开展技术开发、技术咨询、技术服务等活动给予的奖励，可按照《促进科技成果转化法》和本规定执行"。中共中央办公厅、国务院办公厅印发的《关于实行以增加知识价值为导向分配政策的若干意见》（厅字〔2016〕35 号）规定，"技术开发、技术咨询、技术服务等活动的奖酬金提取，按照《中华人民共和国促进科技成果转化法》及《实施〈中华人民共和国促进科技成果转化法〉若干规定》执行"。《教育部　科技部关于加强高等学校科技成果转移转化工作的若干意见》（教技

〔2016〕3号）规定，"高校科技人员面向企业开展技术开发、技术咨询、技术服务、技术培训等横向合作活动，是高校科技成果转化的重要形式，其管理应依据合同法和科技成果转化法"。《中国科学院、科学技术部关于印发〈中国科学院关于新时期加快促进科技成果转移转化指导意见〉的通知》（科发促字〔2016〕97号）规定，"科技人员为企业提供技术开发、技术咨询、技术服务、技术培训等服务，是科技成果转化的重要形式"。《国家卫生和计划生育委员会等5部门关于加强卫生与健康科技成果转移转化工作的指导意见》（国卫科教发〔2016〕51号）规定，"科技人员面向社会和企业开展研究开发、技术咨询与服务、技术培训等横向合作活动，是科技成果转化的重要形式，其管理应依据合同法和科技成果转化法执行"。上述文件都很明确地规定技术开发、技术咨询、技术服务、技术培训等就是科技成果转化。教技〔2016〕3号文还提出"对科技人员承担横向科研项目与承担政府科技计划项目，在业绩考核中同等对待"，即将横向科研活动与纵向科研活动等同起来。其实，奖酬金提取，应当先按照《合同法》规定签订技术合同，并办理技术合同认定登记，才能享受不受工资总额限制、不纳入工资总额基数等政策。

高校院所、医疗卫生机构的科技人员为企业提供技术开发、技术咨询、技术服务（含技术培训）等服务，都是科技成果转化活动。

1. 技术开发、技术咨询和技术服务等活动都是科技知识的应用活动。根据《促进科技成果转化法》对科技成果的定义，这些科技知识都是科技成果。

2. 技术开发、技术咨询和技术服务等活动的结果都能提高生产力水平，即可以提高劳动者素质，改进劳动工具和劳动对象。

3. 技术开发、技术咨询和技术服务等活动既可以是对科技成果进行后续试验，也可以是开发新产品、新技术、新工艺等，还可以是对科技成果的应用、推广。

4. 技术开发、技术咨询和技术服务等活动，对受托方来说，只是科技成果的直接应用，但其直接结果，对委托方来说，就是新技术、新工艺、新材料、新产品。

5. 技术开发、技术咨询和技术服务等活动的最终结果，可能引发新产业的发展。

总之，技术开发、技术咨询和技术服务等活动基于科技知识，都属于科技知识的应用、推广活动，将其纳入科技成果转化，有助于高校院所、医疗卫生机构激发科技人员更好地为社会提供服务。需要注意的是，技术开发、技术咨询和技术服务毕竟不同于科技成果转让、许可，其奖酬金提取比例、净收入的计算方式等，应由单位做出明确的规定。

科技成果转化奖酬金分配主要是上述4种情形，其中，科技成果转让、许可、作价投资、与他人共同转化、技术开发、技术咨询、技术服务（含技术培训、技术中介）均要签订技术合同，办理技术合同认定登记。这是科技成果转化奖酬金分配的前置条件。

从国家有关规定来看，科技成果转化奖酬金分配都是政策规定的重点。究其原因有以下几个方面：一是奖酬金分配关系到科技人员的切身利益，是科技人员激励政策的重点内容；二是奖酬金分配是《促进科技成果转化法》修订的重点和亮点；三是奖酬金政策受传统观念的影响较大，落实难度较大，需要加大落实力度。地方科技部门、高校院所的主管部门和人力资源社会保障部门需加强指导和服务。

第二节　奖酬金受益人管理

奖酬金分配中，受益人管理的政策性比较强。根据《促进科技成果转化法》规定，科技成果转化奖酬金受益人一是职务科技成果完成人，二是为转化职务科技成果做出重要贡献的人员。

一、科技成果完成人

《合同法》第三百二十六条、《专利法实施细则》和最高人民法院《关于审理技术合同纠纷案件适用法律若干问题的解释》（法释〔2004〕20号）第六条都对科技成果完成人及其权益做出了规定。综合这些规定，科技成果完成人应满足以下要求。

1. 科技成果完成人是对科技成果的取得或完成做出了创造性贡献的人。所谓创造性贡献，是指对科技成果的实质性构成所做出的贡献。科技成果应是在现有技术基础之上有所创造的结果，该结果应比现有技术更先进。每一项科技成果应当具有一项或若干项创造发明，且每一项创造发明都比现有同类技术更先进，则每一项创造发明就构成该项科技成果的必要技术特征，或称为科技成果的实质性构成。如果在一项科技活动中没有任何创造发明，或者没有任何创造性或创新性，就不会产生科技成果。该项科技活动不能被称为研究开发活动，而是常规性科技活动。

2. 凡是对科技成果的完成做出了创造性贡献的人，都是科技成果完成人。科技活动的复杂性决定了其往往不能由一人完成，而需要多人分工完成。一项科技成果有多项创造性，凡是对任何一项创造性做出了贡献的人，都可列为科技成果完成人。若一项科技成果由若干人做出了创造性贡献，则所有这些做出了创造性贡献的人，都是科技成果完成人。

相反，如果某人在科技活动中只是承担辅助性工作，对科技成果的完成没有做出创造性贡献，则不能将他列入科技成果完成人。

在为完成科技成果做出了贡献的人员中起主要作用的，被称为科技成果主要完成人，即对科技成果的完成起主要作用的人，或者按照贡献大小排序排在前几位的完成人，一般是项目组或课题组中的主要研发人员。

3. 科技成果中任何一项创造发明都是由科技人员完成的，科技成果完成人是对科技成果单独或共同做出创造性贡献的人，有的人提出技术构思并实现该技术构思，有的人只提出技术构思，由另外的人实现该构思，这些人均是做出创造性贡献的人。判断一名科技人员是否是科技成果完成人，主要看他是否做出了创造性贡献。

4. 主要贡献人员、重要贡献人员与主要完成人。从贡献的角度对科技成果完成人进行分类，可以分为：主要贡献人员是指贡献程度很高的人，主要指科技项目的负责人、牵头人等；重要贡献人员是从创造性贡献的重要性程度而言的；主要完成人是指按照贡献大小排序排在前几位的完成人。

二、科技成果完成人的认定办法

科技成果完成人的判定程序是：一是判定一项科技成果取得了哪些创造发明；二是判定每项创造发明是否比现有技术更先进，其先进性程度如何；三是判定比现有技术先进的创造发明是由谁提出或（和）由谁实现的；四是创造发明的提出或（和）实现者都可以认定为科技成果完成人。

根据《专利法实施细则》和法释〔2004〕20号文规定，不从事创造性工作的人，都不是成果完成人，包括：一是只负责组织工作的人；二是为物质技术条件的利用提供方便的人，如提供资金、设备、材料、试验条件等；三是从事其他辅助工作的人，如协助绘制图纸、整理资料、翻译文献等人员。

确认科技成果完成人应该有充分的依据。科技成果完成人应在以下文档中署名（不局限于以下文档）。

一是科技成果取得专利、集成电路布图设计等知识产权的，应该在专利权、集成电路布图设计专有权等证书上署名为发明人或设计人等；

二是科技成果是在单位立项的科技项目或者向国家或地方申请并获批准立项的科技计划项目取得的，应该在科技计划项目中列入主要研究人员名单；

三是在科技成果验收证书中列入主要完成人名单；

四是在科技成果登记证书中列入主要完成人名单；

五是通过技术开发、技术转让、技术咨询、技术服务等技术合同取得技术性收入的，应是在有关技术成果文件上署名的科技人员。

总之，科技成果完成人应该是科技项目立项文件、有关技术成果证明材料上署名的人员。

三、科技成果转化奖酬金受益人

《促进科技成果转化法》第四十三条、第四十四条和第四十五条规定，对完成、转化职务科技成果做出重要贡献的人员给予奖励和报酬。即达到"重要贡献"程度的人员才可享受奖酬金分配，但"重要贡献"是很难衡量的，一般来说，上述署名人员获得了单位和项目主要负责人认可，因而是成果转化奖酬金受益人。

教育部教技厅函〔2017〕139号文规定,"成果转化受益人应是在与科技成果转化相关科研任务的正式合同、计划任务书或论文、专利及奖励证书上署名的机构和人员,或是在成果转化服务合同中约定的第三方机构和人员。成果转化受益人按规定或约定参与科技成果转化收益的初次分配"。这里的受益人主要是指科技成果完成人,要求科技成果完成人的确定应有迹可循。这也就要求高校加强科研管理,在科研过程中确认科技人员的创造性贡献,并以此为据确定科技成果完成人。

当然,有些科技项目比较复杂,由于人数比较多,在项目立项时,可能只列出了该项目的主要研究人员。有时,原属科研项目研究人员的,因离职、调动等原因流动,不再是科技成果的完成人。有的没有列入科研项目研究人员名单,但后来参与了项目的研发,成为该成果的完成人。无论哪种情形,应该办理项目人员调进调出的手续,并留下调整过程的痕迹,在有关成果材料上,如科技成果登记证书、科技成果验收证书、专利申请文件等上面署名,以证明科技人员是科技成果的完成人。

《合同法》第三百二十八规定,完成技术成果的个人有在有关技术成果文件上写明自己是技术成果完成者的权利和取得荣誉证书、奖励的权利。

《最高人民法院关于审理技术合同纠纷案件适用法律若干问题的解释》(2004年11月30日最高人民法院审判委员会第1335次会议通过,法释〔2004〕20号)第六条规定,合同法第三百二十六条、第三百二十七条所称完成技术成果的"个人",包括对技术成果单独或者共同做出创造性贡献的人,即技术成果的发明人或者设计人。人民法院在对创造性贡献进行认定时,应当分解所涉及技术成果的实质性技术构成。提出实质性技术构成并由此实现技术方案的人,是做出创造性贡献的人。

提供资金、设备、材料、试验条件,进行组织管理,协助绘制图纸、整理资料、翻译文献等人员,不属于完成技术成果的个人。

《专利法实施细则》第十三条规定,专利法所称发明人或者设计人,是指对发明创造的实质性特点做出创造性贡献的人。在完成发明创造过程中,只负责组织工作的人、为物质技术条件的利用提供方便的人或者从事其他辅助工作的人，不是发明人或者设计人。

《计算机软件保护条例》第三条第（三）项规定，软件开发者，是指实际组织开发、直接进行开发，并对开发完成的软件承担责任的法人或者其他组织；或者依靠自己具有的条件独立完成软件开发，并对软件承担责任的自然人。

四、科技成果转化人员及其认定

科技成果转化人员是指对科技成果进行后续试验、开发、应用、推广等的人员，主要包括：一是对科技成果进行后续试验的人员；二是对科技成果进行后续开发的人员；三是科技成果应用人员；四是科技成果推广人员；五是科技成果转化服务人员；六是新产品（服务）营销人员等。

科技成果转化人员的认定也应有迹可循，包括在科技成果转化合同或其他相关文件或材料上署名。有的单位将谈成项目的人，或促成项目合作的人，列为转化人员。

认定转化人员的程序：一是确定是否为转化成果做出重要贡献的人；二是判断是否履行技术转移管理职责；三是如是履行管理职责，则不列入奖酬金受益人，如不是则认定为受益人。也可以采取以下两种办法：一是由单位确认技术转移人员是否对科技成果转化有重要贡献，如有则给予奖酬金分配；二是单位不做规定，由科技人员内部处理，只要依据充分，单位给予认可。

《中共上海市委办公厅　上海市人民政府办公厅印发〈关于进一步深化科技体制机制改革增强科技创新中心策源能力的意见〉的通知》（沪委办发〔2019〕78号）提出，"科技成果转移转化后，可在科技成果转化净收入中提取不低于10%的比例，用于机构能力建设和人员奖励"。这里的"人员"应该是指高校院所的技术转移人员。这些技术转移人员被认为就是科技成果转化人员。

在科技成果转化过程中，应当建立健全相关文档，使对转化科技成果做出重要贡献的人员有据可查，且确保相关证明材料完整，自洽性强，以充分保障科技成果转化人员获得奖酬金的权利。

五、科技成果完成人与科技成果转化人员之间的关系

为完成职务科技成果做出重要贡献的人员与为转化职务科技成果做出重要贡献的人员之间，即完成人与转化人之间，存在有以下 4 种关系。

1. 两者完全重合，即由完成人转化该成果。

2. 两者完全分开，即科技成果完成人是一拨人，科技成果转化人是另一拨人，两者之间不存在交叉重合。

3. 部分重合，即一部分科技成果完成人参与了该成果的转化，而一部分科技成果转化人没有参与该成果的研发。

4. 分属不同的单位，即将科技成果转化外包给第三方机构。科技成果完成单位与第三方机构签订科技成果转化合同，或科技成果转化中介合同，并支付相关费用。

完成科技成果是前提，转化科技成果也很重要。既要重视科技成果的取得，也要重视科技成果的转化，两者同等重要。既要充分保障科技成果完成人获得奖酬金的权利，也要充分保障科技成果转化人员获得奖酬金的权利。目前，高校院所有一种错误的做法，只规定了科技成果完成人的奖酬金分配比例，没有规定科技成果转化人员的奖酬金分配，影响了科技成果转化人员的积极性。

第三节　奖酬金分配方式

按照《促进科技成果转化法》和国家相关文件规定，科技成果转化奖酬金分配可分为以下几个层次。

一、单位与科技人员之间的分配

《促进科技成果转化法》规定了 3 种确定奖酬金的分配方式。

1. 单位做出规定。高校院所、企业可以制定职务科技成果转化的奖励和报酬的分配办法，或者制定科技成果转化的有关规定，其中规定对为

完成、转化职务科技成果做出重要贡献的人员给予奖励和报酬的方式、数额和时限。由于涉及科技人员的切身利益，《促进科技成果转化法》第四十四条要求单位在制定相关规定时，充分听取本单位科技人员的意见，并在本单位公开相关规定。一些单位将相关规定提交职工代表大会审议，表决通过后发布执行。

2.与科技人员约定。约定充分体现了单位和科技人员的意思自洽，体现了双方之间的平等，一般适用于特定的项目，或者科技成果转化项目比较少的单位。如果一家单位的科技成果转化项目少，又没有制定相关规定，可以由单位和科技人员约定科技成果转化的奖励和报酬的方式、数额和时限。如果单位制定了相关规定，对某类项目有例外规定的，在出现例外情形时，可以由单位和相关科技人员进行约定。

3.既没有规定也没有约定的，依照法定执行。《促进科技成果转化法》第四十五条分3种情形给出了奖励和报酬的最低比例。这一规定倒逼科技成果完成单位做出规定，或者与科技人员约定奖励和报酬的方式、数额和时限。既不规定也不约定，就要承担对单位很不利的法律后果。这实际上给国有企业、外资企业、民营企业的经营者提示，必须做出规定，或者与科技人员约定，否则就要承担对其不利的法律后果。

《促进科技成果转化法》没有对单位、单位与科技人员约定奖励和报酬的最低数额或者最低比例进行规定，《专利法实施细则》规定了实施专利技术的最低奖酬金比例。

由于科技人员获得的奖励和报酬属于工资薪金，而且科技人员与科技成果完成单位之间存在劳动关系，因此单位以规定或者约定的方式确定奖励和报酬，应符合《劳动法》和《劳动合同法》的规定，即法律之间需要衔接好，避免发生冲突。科技成果完成单位制定的有关科技成果转化的奖励和报酬的规定，属于劳动报酬的规定。根据《劳动合同法》第四条第二款规定，有关劳动报酬的规定是直接涉及劳动者切身利益的规章制度或重大事项，可经职工代表大会或全体职工讨论。根据《劳动合同法》第八条规定，单位在招用科技人员时，应当如实告知科技人员有关科技成果转化的奖励和报酬的规定，科技人员有权了解。

二、科技成果完成人与转化人之间的分配

单位与科技人员之间的分配比例确定以后,科技人员得到的奖酬金需在完成人与转化人之间进行分配。一般来讲,两者之间的分配,可分为以下4种情形。

1. 两者重合。目前对于金额较小,或转化潜力有限的成果,许多高校院所鼓励科技人员转化其完成的成果。

2. 两者完全分开。《上海市人民政府办公厅关于印发〈关于进一步促进科技成果转移转化的实施意见〉的通知》(沪府办发〔2015〕46号)第四条对此做出规定,"科技成果完成团队和转化团队之间及内部的收益分配方式和数额,由团队自行协商确定"。协商的前提是完成团队与转化团队同属一个单位,而且应当是在科技成果转化之前就协商好,协商不成的,由单位出面协调解决。

一些高校院所设立了技术转移机构,配备了专职的技术转移人员,负责推进重大科技成果的转化,但目前很多高校院所没有考虑科技成果转化人员的奖酬金分配。其直接后果是科技成果转化人员没有积极性,不愿在科技成果转化投入时间和精力。有的高校院所采取分别规定奖酬金比例的办法来解决这个问题,即规定科技成果完成人的奖酬金分配比例,也规定对科技成果转化有重要贡献的人员的奖酬金分配比例。

3. 部分重合。这种情况应由科技成果完成团队从获得的奖励和报酬中,分配一部分给其他参与科技成果转化的科技人员。

4. 科技成果完成人与转化人分属两个不同的单位。只需在计算净收入时将科技成果转化的支出扣除。例如,高校院所委托另一个机构进行后续的试验、开发,或者委托第三方技术转移服务机构开展技术转移服务,虽然另一个机构、第三方技术转移服务机构对科技成果转化做出了重要贡献,但其支出都计入了科技成果转化的成本,科技成果完成人从科技成果转化收入中扣除这部分成本后的余额的一定比例提取奖励和报酬。

科技成果完成是基础,转化是关键,转化是在完成基础上进行的。既要重视对科技成果完成人的分配,也要重视对成果转化人员的分配。对此,科技成果转化制度或奖酬金分配制度需要做出明确的规定。

三、科技成果转化项目或课题组内部的分配

职务科技成果是由若干子课题或子项目构成的，则需根据各子课题或子项目在整个项目中的贡献大小，由该成果的主要负责人协调确定各子课题组或子项目组的分配比例。各子课题组或子项目组负责人协调确定各子课题组或子项目组的各完成人应当得到的奖酬金数额。

总体来看，可由课题组负责人或者主要贡献人员提出分配方案，包括提出分配依据、拟定每个人的分配比例和具体金额，经公示无异议，报经单位同意后，按照工资收入进行分配，保障奖酬金分配公平合理。

四、对离职人员的分配

《促进科技成果转化法》等法律对是否给予离职人员分配没有做出专门规定。对离职人员分配奖酬金是认可他们所做出的创造性贡献。不给离职人员奖酬金也有一定理由：一是可视为离职人员主动放弃；二是因为奖酬金是工资性收入，离职人员不可再领取工资了。也有的单位区分情况，离职人员到关联单位的，仍分配奖酬金；到与本单位无任何关联关系单位的，不再分配奖酬金。

新的《个人所得税法》施行以后，因实行综合所得征税，离职人员获得现金奖励的，仍然可以享受科技成果转化现金奖励减计50%计入个人应纳税所得额征收个人所得税政策；获得股权奖励的，应可享受递延纳税政策。

五、对主要贡献人员的分配

《国务院关于印发实施〈中华人民共和国促进科技成果转化法〉若干规定的通知》（国发〔2016〕16号）规定，"在研究开发和科技成果转化中做出主要贡献的人员，获得奖励的份额不低于奖励总额的50%"。"主要贡献"是指在研究开发和科技成果转化中的贡献程度很高，按照贡献与收益相匹配的原则，获得的奖酬金的比例也应该超过50%。当然，这里的贡献既包括对研究开发的贡献，也包括对成果转化的贡献。

有的单位规定，对主要贡献人员的奖励份额不低于总额的70%，辅助

性贡献的奖励份额不高于30%。其中，主要贡献与辅助性贡献不完全是相对的，只有导向作用，并没有实质性差异。

根据《中国科技成果转化年度报告2018》披露，主要贡献人员的奖酬金分配比例由2016年度的65.7%提高到90.3%。其中，以转让、许可方式对主要贡献人员的现金奖励比例由2016年的84.8%提高到85.2%；以作价投资方式对主要贡献人员的股权奖励比例由2016年的93.1%提高到94.8%。这些数字表明，奖酬金更强化了对主要贡献人员的激励。

六、对主要完成人是领导干部的奖酬金分配

领导干部是科技成果主要完成人的，按照贡献与收益相匹配原则，也可获得奖酬金。《国务院关于印发实施〈中华人民共和国促进科技成果转化法〉若干规定的通知》（国发〔2016〕16号）规定，"国务院部门、单位和各地方所属研究开发机构、高等院校等事业单位（不含内设机构）正职领导，以及上述事业单位所属具有独立法人资格单位的正职领导，是科技成果的主要完成人或者对科技成果转化做出重要贡献的，可以按照促进科技成果转化法的规定获得现金奖励，原则上不得获取股权激励。其他担任领导职务的科技人员，是科技成果的主要完成人或者对科技成果转化做出重要贡献的，可以按照促进科技成果转化法的规定获得现金、股份或者出资比例等奖励和报酬"。这一规定中有4个关键词需要说明。

一是"正职领导"，是指事业单位的主要负责人，包括行政负责人和党组织负责人，即高校的校长、党委书记，科研院所的院长、所长、党委书记或党总支书记、支部书记。正职领导与其级别没有关系，只与其职责有关。

二是"其他担任领导职务的科技人员"，是指高校院所副职领导和内设机构负责人，包括副校长、副所长、副院长、副书记，其他班子成员，部门的正副职负责人等。其他领导是因为他们拥有职责，与行政级别无关，与是否按照行政级别管理无关。

三是"科技成果的主要完成人"，是指对科技成果的研究开发做出重

要贡献的人员，包括做出主要贡献的科技人员和其他重要贡献的科技人员。主要完成人不只等于做出主要贡献的人员，还包括做出重要贡献的人员。重要贡献是指所解决问题的重要性程度，而主要贡献是指贡献度，即贡献度超过 50%。不是主要完成人的领导干部就不能获得奖酬金分配了。

四是正职领导"原则上不得获取股权激励"。中共中央办公厅、国务院办公厅印发的《关于实行以增加知识价值为导向分配政策的若干意见》（厅字〔2016〕35 号）规定，"科研机构、高校的正职领导和领导班子成员中属中央管理的干部，所属单位中担任法人代表的正职领导，在担任现职前因科技成果转化获得的股权，任职后应及时予以转让，逾期未转让的，任期内限制交易。限制股权交易的，在本人不担任上述职务一年后解除限制。相关部门、单位要加快制定具体落实办法"。科技人员在担任正职领导期间，其完成的科技成果转化作价投资取得股权的，不可以获得股权奖励。之所以做这一限制，是避免权力寻租，影响权力运行的廉洁性。

国发〔2016〕16 号文还规定，"对担任领导职务的科技人员的科技成果转化收益分配实行公开公示制度，不得利用职权侵占他人科技成果转化收益"。其中，"担任领导职务的科技人员"是指事业单位的正职领导、副职领导和各部门负责人。目前，不少高校院所对科研部门负责人去行政化，研究室主任、学院院长、系主任等不按行政级别管理，这些职务也属于担任领导职务的科技人员。他们拥有行政权力，他们获得的转化收益分配需公开公示。公开公示的目的就是接受监督，避免利用行政权力侵占他人科技成果转化收益。国发〔2016〕16 号文没有规定公示的内容，一般应公示获得奖酬金分配情况，包括科技成果名称、科技成果转化方式、做出的贡献、分配比例、分配时限、获得的现金或股权等。《教育部 科技部关于加强高等学校科技成果转移转化工作的若干意见》（教技〔2016〕3 号），规定了公示内容是"在成果完成或成果转化过程中的贡献情况及拟分配的奖励、占比情况等"。

奖酬金分配是科技成果转移转化中非常重要的一环，分配合理则能充分调动科技人员的积极性和创造性，分配不合理则会挫伤其积极性，适得其反。为此，中国航天科工集团第二研究院二〇六所发放成果知本券，将科技人员对完成、转化职务科技成果的贡献进行量化评价。

中国航天科工集团第二研究院二〇六所发放成果知本券的主要做法有以下几个方面。

一是建议总额100万份，按照原理样机：工程产品：商业化量产=20：20：60的比例发放；

二是由项目负责人根据项目完成情况和贡献度确定本期成果知本券额度（可参考层次分析法，定性+定量，如突出贡献者每期3万份，核心成员每期1万份，重要成员2000~5000份），并在项目团队内部公示后，发放成果知本券；

三是发放范围是成果完成阶段的技术人员、转化阶段的技术人员，以及与转化直接相关的战略支持团队；

四是发放周期从项目立项到转化完成整个时段；

五是成果知本券发放情况经项目团队全体成员及见证人签字确认，报该所产业处备案后，在单位内部公示。

经过上述各步骤，核实团队各成员的贡献比例，并按此比例发放奖酬金。整个过程公开透明，公平合理，既解决了完成与转化两个阶段的分配关系，也解决了各成员之间的分配关系。

第四节 奖酬金分配监督管理

科技成果转化的奖酬金分配，因可以不受单位工资总额限制，不纳入工资总额基数，也是一项政策性很强的工作，需遵循一定的程序，并做到公平公正。

一、奖酬金性质

从国家有关规定可以判断科技成果转化奖酬金有以下性质。

1. 工资薪金。科技人员获得的奖励和报酬是劳动所得，既不是财产性收入，也不是偶然所得，而是受雇于一个单位的非独立劳动取得的，在性质上属于工资薪金，应符合《劳动法》和《劳动合同法》的规定。

2. 奖励和报酬。《促进科技成果转化法》第四十四条规定，"职务科技成果转化后，由科技成果完成单位对完成、转化该项科技成果做出重要贡献的人员给予奖励和报酬"。单位对科技人员进行奖励是单位调动科技人员积极性的一种激励手段，是焕发科技人员荣誉感和进取心的重要措施，也是最大限度地挖掘科技人员创造性潜能的管理方法。这表明，奖励和报酬具有较强的激励作用，单位给予科技人员科技成果转化收益的奖励和报酬，对单位来说是一种激励性支出，对科技人员来说是一种激励性收入。

《促进科技成果转化法》第四十五条第三款规定，"国有企业、事业单位依照本法规定对完成、转化职务科技成果做出重要贡献的人员给予奖励和报酬的支出计入当年本单位工资总额"。这一规定表明，对科技人员给予的奖励和报酬属于工资性收入，应该按照工资薪金发放，并缴纳个人所得税。

3. "三元收入"的第三元收入。根据中共中央办公厅、国务院办公厅印发的《关于实行以增加知识价值为导向分配政策的若干意见》（厅字〔2016〕35号）规定，高校院所落实科技成果转化奖励给予科技人员的奖酬金既不属于基本工资，也不属于绩效工资。这也决定了科技成果转化奖酬金可上不封顶，下不保底，进而可最大限度地激励科技人员积极投身到科技成果转移转化中。

有一位研究所所长困惑，在该所核定的绩效工资总额中，是否包括科技成果转化奖励？根据《促进科技成果转化法》第四十五条第三款和中共中央办公厅、国务院办公厅印发的《关于实行以增加知识价值为导向分配政策的若干意见》（厅字〔2016〕35号）的规定，科技成果转化奖励不属于绩效工资，当然不受绩效工资总额限制。

二、主管部门对奖酬金分配的监督

根据《促进科技成果转化法》第四十五条第三款规定的国有企业、事业单位给予科技人员奖酬金"不受当年本单位工资总额限制、不纳入本单位工资总额基数",主管部门对国有企业、事业单位给予科技人员的奖酬和报酬的监督事项包括以下 3 个方面。

1. 监督奖酬金的计算是否符合政策规定。以转让、许可方式转化科技成果的,净收入的核算政策性较强,转让与许可有所不同,企业和事业单位存在较大差异,而且与会计核算的净收入是不同的。以转让方式和以许可方式转化的,扣除的费用构成有所不同。属国有企业的,应扣除前期研发投入;属事业单位的,不扣除前期研发投入。因此,净收入的核算必须符合国家政策规定和本单位规定。净收入核算以后,再根据本单位确定的奖酬金提取比例计算奖酬金。

以自行投资转化和合作转化科技成果的,营业利润的核算应符合国家会计制度,或根据本单位制度规定计算奖酬金。

2. 除自行投资实施转化外,以转让、许可、作价投资、合作等方式转化科技成果,或签订技术开发、技术咨询、技术服务合同的,应根据《技术合同认定登记管理办法》办理技术合同认定登记。办理登记的技术合同应依据《技术合同认定规则》判定技术合同类型。

3. 科技成果转化奖酬金的受益人应是科技成果完成人和为转化科技成果做出重要贡献的人员。国有企业、事业单位应有相关证据证明奖酬金的受益人是科技成果完成人或转化人员。

经过监督检查发现奖酬金计算不正确的,应当责令改正;没有进行技术合同认定登记的,或经认定登记的技术合同不符合《技术合同认定规则》的,或既不属于科技成果完成人,也不属于科技成果转化人员的,获得的奖酬金不可享受《促进科技成果转化法》规定的"不受当年本单位工资总额限制、不纳入本单位工资总额基数"政策。

三、主管部门的监督管理办法

高校院所的主管部门和国有企业的监管部门可选择以下方式进行监管。

1. 先备案后发放方式。国有企业、事业单位按照国家规定和本单位的制度规定计算科技成果转化奖酬金,提出分配方案和分配人员名单,并在本单位公示以后,报国有企业的投资监管部门、事业单位主管部门备案。经审核,符合国家政策规定和本单位制度规定的,允许各单位按照分配方案和分配名单进行分配。审核中发现有不符合规定情形的,要求改正后发放。这种做法的好处是先确保合规再执行,改正的压力小,可减轻国有企业、事业单位对政策执行偏差所产生的压力。

2.先发放再监督检查。国有企业、事业单位按照国家规定和本单位的制度规定计算科技成果转化奖酬金,提出分配方案和分配人员名单,并在本单位公示以后,向科技人员兑现奖酬金。国有企业的投资监督部门、事业单位的主管部门再进行抽查或全面检查。在检查中发现有不符合规定情形的,要求改正。但政策执行容易,改正起来却很困难。这种做法要求国有企业、事业单位吃透相关政策。

当然也可先采取第一种方式,在有关单位吃透了奖酬金分配政策以后,再实行第二种方式。

四、监督科技成果转化收入的使用

对于高校院所来说,科技成果转化收入全部留归单位,由单位处置分配。这是《促进科技成果转化法》做出的一项重要改革。对于这一项改革,事业单位的主管部门可进行以下监督。

1.纳入单位预算,统一管理。《促进科技成果转化法》没有规定科技成果转化收入是否要纳入预算管理,但《中共中央 国务院关于深化体制机制改革加快实施创新驱动发展战略的若干意见》(中发〔2015〕8号)规定"科技成果转移转化所得收入全部留归单位,纳入单位预算,实行统一管理,处置收入不上缴国库"。《国务院关于印发实施〈中华人民共和国促进科技成果转化法〉若干规定的通知》(国发〔2016〕16号)也规定"国家设立的研究开发机构、高等院校转化科技成果所获得的收入全部留归单位,纳入单位预算,不上缴国库"。《事业单位国有资产管理暂行办法》也规定应当纳入单位预算。

2. 科技成果转移转化收入优先对为完成、转化职务科技成果做出重要贡献的人员给予奖励和报酬。

3. 奖酬金分配后剩余部分主要用于科学技术研究开发与成果转化等相关工作。其中的"主要用于"和"等相关工作"是有比较大的弹性的,"主要用于"应是至少一半,"等相关工作"应是与科学技术研究开发、成果转化相关的人才培养、知识产权管理等工作。虽然事业单位对科技成果转化收入使用有自主权,也不排除将其用于其他用途,包括发放绩效奖金等,但此处发放的绩效奖金要纳入单位工资总额。

留归单位的部分还可作进一步的分配。《上海市促进科技成果转化条例》规定,"提取一定比例用于支持本单位科技成果转化专门机构的运行和发展"。中共上海市委办公厅、上海市人民政府办公厅印发的《关于进一步深化科技体制机制改革增强科技创新中心策源能力的意见〉的通知》(沪委办发〔2019〕78号)进一步提出,"科技成果转移转化后,可在科技成果转化净收入中提取不低于10%的比例,用于机构能力建设和人员奖励"。这是对留归单位部分的使用做出的进一步规定。

第五节 奖酬金政策法规摘编

1.《中共中央 国务院关于深化体制机制改革加快实施创新驱动发展战略的若干意见》(中发〔2015〕8号):

"五(十四)提高科研人员成果转化收益比例

完善职务发明制度,推动修订专利法、公司法等相关内容,完善科技成果、知识产权归属和利益分享机制,提高骨干团队、主要发明人受益比例。……

修订相关法律和政策规定,在利用财政资金设立的高等学校和科研院所中,将职务发明成果转让收益在重要贡献人员、所属单位之间合理分配,对用于奖励科研负责人、骨干技术人员等重要贡献人员和团队的收益比例,可以从现行不低于20%提高到不低于50%。

国有企业事业单位对职务发明完成人、科技成果转化重要贡献人员和团队的奖励，计入当年单位工资总额，不作为工资总额基数。"

"（十五）加大科研人员股权激励力度

鼓励各类企业通过股权、期权、分红等激励方式，调动科研人员创新积极性。

对高等学校和科研院所等事业单位以科技成果作价入股的企业，放宽股权奖励、股权出售对企业设立年限和盈利水平的限制。

建立促进国有企业创新的激励制度，对在创新中做出重要贡献的技术人员实施股权和分红权激励。"

2. 中共中央办公厅、国务院办公厅《关于实行以增加知识价值为导向分配政策的若干意见》（厅字〔2016〕35号）：

"二（一）加大对做出突出贡献科研人员和创新团队的奖励力度，提高科研人员科技成果转化收益分享比例。"

"二（三）……财政资助科研项目所产生的科技成果在实施转化时，应明确项目承担单位和完成人之间的收益分配比例。"

"三（一）赋予科研机构、高校更大的收入分配自主权，科研机构、高校要履行法人责任，……建立与岗位职责目标相统一的收入分配激励机制，合理调节教学人员、科研人员、实验设计与开发人员、辅助人员和专门从事科技成果转化人员等的收入分配关系。……对从事应用研究和技术开发的人员，主要通过市场机制和科技成果转化业绩实现激励和奖励。"

"四（二）……技术开发、技术咨询、技术服务等活动的奖酬金提取，按照《促进科技成果转化法》及《实施〈中华人民共和国促进科技成果转化法〉若干规定》执行。

强化科研机构、高校履行科技成果转化长期激励的法人责任。坚持长期产权激励与现金奖励并举，探索对科研人员实施股权、期权和分红激励，加大在专利权、著作权、植物新品种权、集成电路布图设计专有权等知识产权及科技成果转化形成的股权、岗位分红权等方面的激励力度。科研机构、高校应建立健全科技成果转化内部管理与奖励制度，自主决定科技成果转化收益分配和奖励方案，单位负责人和相关责任人按照《促进科技成果转化法》及《实施〈中华人民共和国促进科技成果转化法〉若干规定》予以免责，构建对科技人员的股权激励等中长期激励机制。以科技成果作价入股作为对科技人员的奖励涉及股权注册登记及变更的，无须报科研机构、高校的主管部门审批。"

"五（二）完善科研机构、高校领导人员科技成果转化股权奖励管理制度。科研机构、高校的正职领导和领导班子成员中属中央管理的干部，所属单位中担任法人代表的正职领导，在担任现职前因科技成果转化获得的股权，任职后应及时予以转让，逾期未转让的，任期内限制交易。限制股权交易的，在本人不担任上述职务一年后解除限制。相关部门、单位要加快制定具体落实办法。"

"五（三）完善国有企业对科研人员的中长期激励机制。尊重企业作为市场经济主体在收入分配上的自主权，完善国有企业科研人员收入与科技成果、创新绩效挂钩的奖励制度。……符合条件的国有科技型企业，可采取股权出售、股权奖励、股权期权等股权方式，或项目收益分红、岗位分红等分红方式进行激励。"

3.《国务院办公厅关于推广第二批支持创新相关改革举措的通知》（国办发〔2018〕126号）：

"改革举措：技术股与现金股结合激励的科技成果转化相关方利益捆绑机制

主要内容：转制院所和事业单位管理人员、科研人员，在按有关规定履行审批程序后，以"技术股+现金股"组合形式持有股权，与孵化企业发展捆绑在一起，提升科技成果转化效率和成功率。

指导部门：科技部、国务院国资委

推广区域：全国"

4.《国务院办公厅关于抓好赋予科研机构和人员更大自主权有关文件贯彻落实工作的通知》（国办发〔2018〕127号）：

"四（二）明确科研人员获得科技成果转化收益的具体办法。各高校、科研院所要按照《促进科技成果转化法》的规定，制定本单位转化科技成果的专门管理办法，完善评价激励机制，对科技成果的主要完成人和其他对科技成果转化做出重要贡献的人员，区分不同情况给予现金、股份或者出资比例等奖励和报酬。请人力资源社会保障部会同有关部门按照《国务院关于优化科研管理提升科研绩效若干措施的通知》精神，落实"科研人员获得的职务科技成果转化现金奖励计入当年本单位绩效工资总量，但不受总量限制，不纳入总量基数"的要求，制定出台具体操作办法，推动各单位落实到位。"

5.《科技部等6部门印发〈关于扩大高校和科研院所科研相关自主权的若干意见〉的通知》（国科发政〔2019〕260号）：

"四（十一）……高校和科研院所正职和领导班子中属中央管理的干部要严格执行中央有关规定，内设研发机构负责人可依法依规获得科技成果转化现金和股权奖励……"

第十九章 科技成果转化宏观管理

推进科技成果转化，不仅要推进高校院所、企业实施科技成果转化，也要把握科技成果转化的总体情况和影响科技成果转化的相关因素，从宏观角度了解科技成果转化政策落实情况及政策实施效果，把握总体态势，以更好地制定相关战略、规划和政策，并提供相关服务。

第一节 政府促进科技成果转化的主要策略

科技成果转化比较复杂，有众多的参与者，包括高校院所、企业、政府、投资机构、社会组织、中介机构、服务机构、科学家、工程师、律师、税务师、会计师、天使投资人、技术经理人、技术经纪人等，涉及人才、资金、产业、环境等因素。

政府如何促进科技成果转化？仁者见仁，智者见智。科技成果转化是围绕消费者的价值进行的，而消费者的价值又受到多方面的因素影响，包括市场需求、政府政策和社会环境，如图19-1所示。

从图19-1可知，政府可从战略、规划、政策和服务4个方面来支持研究开发，统筹研究开发与成果转化，同时，通过制定公共政策和加强基础设施建设来引导消费者的消费需求，通过加强市场监管促进消费者增加消费需求，支持市场主体实施科技成果转化等。

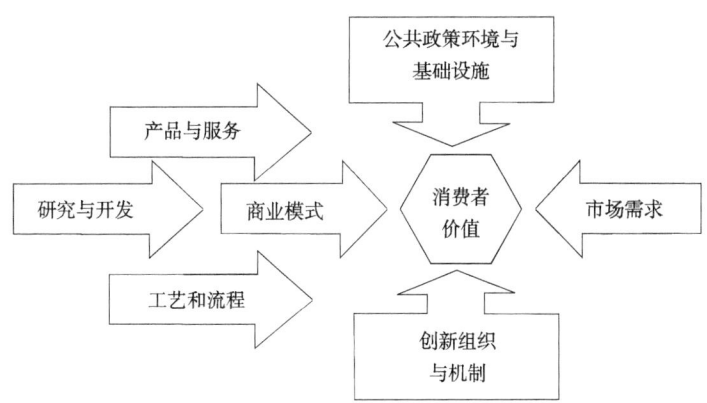

图 19-1 科技成果转化影响因素

一、对消费者价值的认识与判断

科技成果转化应紧紧围绕消费者价值进行。消费者价值是指消费者从产品或服务中获得的利益或好处,主要包括以下几个方面。

1.经济性,即科技成果转化带来的经济收益,减少支出。如企业采用新技术,可以降低生产成本,提高生产效率;企业开发新产品,开拓新市场,可以创造利润等。

2.便利性,即科技成果转化可给人际交往、家庭生活、工作、学习等带来便利。便利可创造更多的需求。

3.安全性,即科技成果转化可使人们免受侵害,包括来自环境、人际、气候等偶发性事件的侵害,即使受到侵害,也可及时得到救护。

4.体验性,即科技成果转化可为人们带来更多精神上的愉悦,随着生活水平的提高,这方面的需求越来越多。

5.知识性,即科技成果转化可帮助人们获得更多的信息、增长见识、扩大视野等。

这些价值是通过一定的产品或服务获得的,即科技成果必须转化为产品或服务,经由消费者消费,才能为消费者带来价值。消费者价值可以是现实的,也可以是潜在的,还可以被创造出来。科技成果转化主体(包括企业、高校院所、社会组织和个人等)通过进行深入细致的市场调查并做出研判，用新的产品或服务去满足消费者未被满足的价值，或激发其潜在的价值需求，创造出新的需求。这个判断一开始并不一定准确，但随着科技成果转化的逐步深入，通过消费者的试用试销，对消费者价值的认识也会不断深入。因此，对消费者价值的认识是否深入、判断是否准确，会影响科技成果转化的进程与效果。

二、促进科技成果转化四要素管理

科技成果转化是对研究与开发所取得的科技成果，进行产品开发、工艺开发和商业模式开发等，政府可促进高校院所、企业强化对这些过程的有效管理。

1.促进研究与开发管理。科技成果是研究与开发的结果，研究与开发的科学性、创新性、实用性、系统性的程度，即科技成果的技术成熟度，会直接影响到科技成果转化的有效性。这就是科技成果转化的技术因素，包括技术的风险性和可实现的效益两个方面。科技成果转化主体可根据自身的技术能力和技术条件，选择合适的转化模式。因此，科技成果的技术成熟度是科技成果转化的一个重要因素。促进研究与开发的有效管理，就是要提高科技成果的技术成熟度，使之适于转化。

2.促进产品与服务开发管理。消费者通过消费所购买的产品与服务来实现其价值、满足其需要。产品与服务能否满足消费者需求，取决于科技成果转化主体对消费者需求的把握程度，以及产品与服务的核心功能、附加功能等品质是否达到要求。产品开发要从生产、经营中发现创意，或在日常生活中发现创意，这样的创意比较接地气，也就是找准了消费者。一旦找准了消费者，就是将科技成果与消费者需求结合在一起，就等于找准了成果转化的切入点，成果转化就会向前迈进一大步。能否找准消费者，直接影响到科技成果的有效转化。

产品和服务开发管理的核心是其价值管理，通过有效管理提高产品和服务的使用价值和交换价值，即提高消费者剩余。消费者剩余越高，市场竞争力越强。

3.促进工艺和流程管理。工艺和流程管理的核心,一是使产品与服务的成本尽可能低;二是供应链必须安全可靠。成本的高低取决于工艺流程的优化程度和能否达到一定的批量。供应链安全就是确保产品与服务能够持续提供。

找准了消费者,开发出了产品与服务,这些产品是能否批量生产,服务能否持续提供,产品与服务的品质是否足够好,成本高低,价格是否有竞争力,取决于生产产品、提供服务的工艺和流程是否优化,即科技成果的商品化(也称商业化)。如果产品与服务的质量好,价格低廉,则很有竞争力,消费者乐于消费,也就容易实现商品化。否则,即使产品与服务功能强大,技术先进,消费者也会因价格太高、质量不稳定而放弃消费,因为价格太高会抵消一部分消费者价值,也就难以实现商品化。因此,产品与服务的价格因素,即成本和预期收益因素也是影响科技成果转化的一个重要因素。

4.促进商业模式管理。好的产品如何被消费者接受,包括产品与服务能否有效地传播到目标消费者,能否被目标消费者接受,这就涉及商业模式。好的商业模式能加快科技成果转化。相反,一些优秀的科技成果,因为没有找到合适的商业模式,转化受阻,甚至半途夭折。商业模式的设计,必须换位思考,站在消费者的角度,以一种代价最小、最方便的方式消费产品与服务,满足其需要,解决其问题。这就要求科技成果转化主体对消费者研究透彻,精准抓住消费者的痛点、痒点,进而精准施策。因此,商业模式也是科技成果转化的一个重要因素。

政府要加强社会治理,增加透明度,降低商务成本,让市场机制在合理的区间发挥资源配置的决定性作用,而在合理区间外要更好地发挥政府的作用,为科技成果转化创造良好的商务环境。

三、促进转化主体完善成果转化的组织与机制

同一成果由不同主体实施转化,其结果会相差很大。好的组织机制就是能够择优筛选出最有利于该成果转化的主体。不同类型的主体有不同

的特征和诉求，因此科技成果转化模式的选择也不同。

1. 不同转化主体核心职能的差异性。企业是营利组织，要通过科技成果转化追求更高的利润水平，因而在选择科技成果转化模式时，会权衡投资能力、投资风险和预期收益，不会单纯追求技术水平的高低。高校的核心职能是人才培养，科学研究、成果转化应该服从并服务于人才培养，成果转化应该有助于人才培养和知识创造，不应该过于追求经济收益，因此倾向于选择将科技成果转移到企业，或者与企业共建科技成果转化的经济实体。科研院所的核心职能是科学研究与技术开发，而科研的目的是满足国家战略需求，解决经济社会中的瓶颈问题，科技成果转化就是科研的延伸，既是检视科研的效果如何，也是科研的目的所在。但科技成果转化不是科研院所的主要职能，应该转移到企业，由企业实施转化，或与企业共建经济实体实施转化。因此，科技成果转化主体主要是企业，企业是否有能力和条件转化科技成果，以及采取怎样的组织和机制，直接关系到科技成果转化的程度和效果。

政府可采取以下政策措施完善成果转化的组织机制：一是落实企业科研费用加计扣除、高新技术企业税收优惠政策等，支持企业实施科技成果转化，促进企业提高市场竞争力；二是引导高校院所采用转让、许可、作价投资等方式向企业转移科技成果。政府可通过多种形式的服务，包括培训、论坛、对接会等，促进产学研结合，并协调解决产学研结合中出现的问题。

2. 影响主体实施成果转化的因素。这些因素构成了科技成果转化的支撑条件，包括人力、资金、设备、管理、信息等。其中，人才是核心要素，需通过有效的激励，激发科技人员的积极性和创造性；资金、设备是基础，也是必要条件，企业要有足够的投资能力和融资能力；设备是物化劳动，能满足成果转化的需要；信息是最活跃的要素，通过传递、交互、开发和利用技术信息、市场信息、生产过程信息、资金信息等，可加快进程、降低不确定性，进而提高转化的效率和成功率；管理是使科技成果转化有序进行的要素，包括引导、组织、促进、控制等职能，可确保科技成果转化有序进行。这些要素的综合影响，决定了科技成果转化主体的转化能力。

四、完善公共政策与基础设施

公共政策与基础设施是影响科技成果转化的环境因素，又是政府的主要职能。公共政策既会影响消费者价值，也会直接或间接地影响科技成果转化。有的政策可激发消费者需求，对消费者价值起增强作用；有的会抑制消费者需求，对消费者价值起抑制作用。例如，国家对电动车进行补贴，上海取消电动车的车牌拍卖等政策，鼓励人们购买电动车。再如，国家提高燃油排放标准，会抑制对燃油汽车的需求。目前，国家出台了一系列促进科技成果转化的政策，激励高校院所向企业转移科技成果，鼓励企业实施科技成果转化。同样，基础设施，包括社会管理，也会影响消费者价值，进而直接或间接地影响科技成果转化。例如，共享单车需要解决停放问题，停放问题不解决，共享单车就不可能普及。

政府需研究并制定有利于科技成果转化的公共政策，配合和支持企业实施科技成果转化。同时，针对成果转化所需的基础设施，一是加强建设，二是引导社会资源投入基础设施建设，为成果转化营造良好的外部条件。

五、健全机制激活市场需求

市场需求是影响消费者价值的一个重要因素，激烈的市场竞争，会激励企业实施科技成果转化，通过科技成果转化，以更新的产品与服务，以更低的价格，更高的品质，更优质的服务，参与市场竞争。市场中出现的互补性产品，会增加产品与服务的价值，促进市场繁荣，进而促进科技成果转化。相反，市场中出现的替代品，或更新颖的产品与服务，会抑制现有产品与服务的需求，进而阻碍科技成果转化。

政府的市场监管部门需要加强市场监管，引导市场健康发展，为成果转化创造一个良好的市场环境。

总之，科技成果转化的影响因素比较多，政府、高校院所、企业和个人等形成合力，利用好有利的条件与因素，加强谋划，提前布局，化解因政策、市场等因素给成果转化带来的不利影响，加快实施科技成果转化。

第二节 加强科技成果转化情况年度报告管理

科技成果转化情况年度报告是反映国家设立的研究开发机构和高等院校开展科技成果转化总体情况的报告。[①] 科技成果转化年度报告是主管部门、科技部门和财政部门分别从点上和面上掌握科技成果转化的总体情况、成果转化政策落实情况,以及督促高校院所实施科技成果转化的一项重要管理工具。

一、政策导读

为更好地反映国家设立的高校院所的科技成果转化情况,国家多个文件对此做出了规定。

1.《中共中央 国务院关于深化体制机制改革加快实施创新驱动发展战略的若干意见》(中发〔2015〕8号)第(二十)条第三款提出,"建立完善高等学校、科研院所的科技成果转移转化的统计和报告制度"。这是国家参考、借鉴发达国家促进技术转移的经验提出的新制度。

2.《促进科技成果转化法》第二十一条提出,"国家设立的研究开发机构、高等院校应当向其主管部门提交科技成果转化情况年度报告","该主管部门应当按照规定将科技成果转化情况年度报告报送财政、科学技术等相关行政部门"。提交科技成果转化情况年度报告是国家设立的高校院所应承担的一项义务,"如未按照本法规定提交",包括未提交、未如实提交,根据该法第四十六条第二款规定,"由其主管部门责令改正;情节严重的,予以通报批评"。这一规定将执法权授予主管部门。不提交、未如实提交是否属于情节严重,由主管部门根据具有情况确定。主管部门收到高校院所提交的科技成果转化情况年度报告,应履行监督审查责任,并报送财政、科技等相关行政部门。

---

① 《中华人民共和国促进科技成果转化法释义》第83页。

3.《国务院关于印发实施〈中华人民共和国促进科技成果转化法〉若干规定的通知》（国发〔2016〕16号）提出，"国家设立的研究开发机构、高等院校应当按照规定格式，每年3月30日前向其主管部门报送本单位上一年度科技成果转化情况的年度报告，主管部门审核后于每年4月30日前将各单位科技成果转化年度报告报送至科技、财政行政主管部门指定的信息管理系统"。这一规定需把握以下5个要点。

一是"规定格式"由科技部和财政部制定。自2017年以来，财政部、科技部连续3年发布报送科技成果转化情况年度报告的通知，每年对年度报告格式都有微调，并在不断完善之中。因为这是开创性工作，在摸索中进行，只有经过一段时间的填报，才能形成相对固定的格式。

二是报送时间分两个时间节点。高校院所在每年3月30日前向主管部门报送，每年4月30日前向科技、财政部门报送。科技部、财政部每年发出报送科技成果转化年度报告有关工作事项的通知，对报送时间都会做出具体规定。例如，科技部办公厅、财政部办公厅于2019年6月11日发出的《科技部办公厅　财政部办公厅关于研究开发机构和高等院校报送2018年度科技成果转化年度报告工作有关事项的通知》（国科办区〔2019〕53号）提出，各研究开发机构、高等院校于2019年6月20日后登陆填报网站；于2019年7月30日前完成本单位的科技成果转化年度报告网上填报工作，并将填报系统生成的正式版年度报告打印盖章后，报主管部门；中央主管部门严格审核所属单位年度报告有关材料，并进行信息汇总与监督检查，于2019年8月30日前以厅函形式报送科技部、财政部；省科技、财政主管部门梳理形成本地方科技成果转化年度总结报告，于2019年8月30日前将本地方科技成果转化年度总结报告报送科技部、财政部。这两个时间节点均比国发〔2016〕16号文规定的时间推迟了4个月。

三是报送主体不同，高校院所向主管部门报送，主管部门审核后向科技、财政部门报送。

四是主管部门负责审核，审核高校院所报送的科技成果转化情况年度报告是否符合《促进科技成果转化法》规定，是否真实。

五是高校院所报送的科技成果转化情况年度报告最终都要汇交到指定的信息管理系统。该系统应是《促进科技成果转化法》第十一条提出的科技成果信息系统。

二、主管部门负有监督管理责任

从国家有关文件来看，主管部门对所属高校院所报送的科技成果转化情况年度报告负有以下管理职责。

1. 履行执法职责。主管部门对"未依照本法规定提交科技成果转化情况年度报告的"高校院所依法做出处理。据《中国科技成果转化 2018 年度报告（高等院校与科研院所篇）》汇总，2018 年有 2766 家高校院所提交了 2017 年度科技成果转化情况年度报告。

2. 履行审核职责。国科办区〔2019〕53 号文提出，研究开发机构与高等院校应对年度报告的真实性负责，并要求主管部门"严格审核所属单位年度报告有关材料"。国发〔2016〕16 号文要求主管部门对所属高校院所提交的科技成果转化情况年度报告进行审核，对其真实性、完整性把好关。仅审核只可发现成果转化情况年度是否完整，很难判断是否真实，为此国科办区〔2019〕53 号文要求主管部门对研究开发机构、高等院校全年科技成果转化情况进行监督检查。在审核或监督检查中发现成果转化情况年度报告不真实、不完整的，应要求相关的高校院所改正。发现有弄虚作假情形的，可视为属于《促进科技成果转化法》第四十六条第二款规定的"情节严重"，可做出"通报批评"的处分。

3. 履行汇总职责。从科技部、财政部近年发布的文件看，都要求主管部门汇总形成本部门、本地区的科技成果转化年度报告。例如，国科办区〔2019〕53 号文要求主管部门"对研究开发机构、高等院校全年科技成果转化情况进行信息汇总"，并要求中央各主管部门"应梳理形成部门科技成果转化年度总结报告"。同理，地方也可要求相关主管部门对所属高校院所科技成果转化情况进行信息汇总，并形成本部门的成果转化情况年度总结报告，在此基础上形成本地区的科技成果转化情况年度总结报告。

4.履行考核评价职责。《促进科技成果转化法》第二十条提出"研究开发机构、高等院校的主管部门及财政、科学技术等相关行政部门应当建立有利于促进科技成果转化的绩效考核评价体系"。这表明,主管部门应当履行考核评价职责。主管部门如何进行考核评价?可根据高校院所报送的科技成果转化情况年度报告设计评价指标体系,从定性和定量两方面,对高校院所进行考核评价。从国科办区〔2019〕53号文要求的科技成果转化情况年度报告格式,高校院所报送的科技成果转化情况分"科技成果转移转化总体情况"、"科技成果转化清单"和"成果转化收入及分配情况"共33个数据,还有"取得的成效与经验"和"成果转化典型案例"两个方面的定性情况。这些数据信息比较丰富,来源可靠,且相对稳定,不必再采集数据,用于设计考核评价指标体系,可以较好地对高校院所的科技成果转化的绩效进行考核评价。

三、科技部门、财政部门负有管理职责

根据《促进科技成果转化法》及国家有关文件规定,特别是国科办区〔2019〕53号文,科技部门、财政部门主要负有以下3项管理职责。

1.对高校院所报送的科技成果转化情况年度报告实施抽查,确保年度报告所报送的情况是真实的。通过抽查,可以了解高校院所填报科技成果转化情况年度报告的情况,以及年度报告如实、全面反映科技成果转化的情况。

2.科技成果转化相关信息将纳入"国家科技管理信息系统",由科技部负责管理和维护。

3.汇总形成科技成果转化情况年度总报告。科技部相关部门组织编制了《中国科技成果转化年度报告2018(高等院校与科研院所篇)》[①],对2766家研究开发机构、高等院所2016年、2017年的科技成果转化情况进行了汇总。2020年,对2019年度的科技成果转化年度报告进行编制。

---

① 2019年2月,科学技术文献出版社出版。

四、科技成果转化情况年度报告的价值

科技成果转化情况年度报告作为一项管理工具，可以发挥以下价值。

1. 多层次反映高校院所的科技成果转化情况。随着填报对象的全覆盖，可全面反映全国高校院所科技成果转化年度情况、年度变动情况，以及分部门和地区反映各部门、各地区高校院所科技成果转化年度情况及年度变动情况，进而判断出其发展趋势。

因年度报告填报的指标比较多，包括知识产权、成果转化、政策落实等情况，所以经过深入分析可得出有关科技成果转化比较丰富的信息。

2. 可以进行部门间、区域间、省际比较分析，发现部门间、区域间、省际科技成果转化、政策落实等方面的差异，并分析产生差异的原因，进而可以分析评价科技成果转化政策措施的实施效果和影响成果转化的环境因素、政策因素等，为完善促进科技成果转化的政策措施提供依据。

3. 经过多年积累，可分析全国性、地区性、有关部门的科技成果转化的变动情况，通过分析评估，找到影响科技成果转化的宏观因素，可深化对科技成果转化规律的认识。

4. 通过分析高校院所科技成果转化成功案例和典型做法，总结出促进科技成果转化的成功因素，既可深化对科技成果转化规律的认识，也对高校院所推进科技成果转化具有指导作用，对制定和完善科技成果转化政策有参考价值。

5. 主管部门可以利用高校院所填报的科技成果转化年度报告，制定考核评价指标体系，并以此考核高校院所科技成果转化绩效。对于绩效突出的，在科研项目承担、经费投入、考核评价、绩效工资等方面给予倾斜。

总之，各级科技、财政部门、高校院所的主管部门可充分发挥科技成果转化情况年度报告的作用，加强数据分析和经验做法的提炼，采取有效措施推进本地区、本部门的科技成果转化工作，指导并督促所属高校院所完善科技成果转化制度、优化转化流程，形成政府各部门之间、政府与高校院所之间促进科技成果转化的合力。

第四篇
科技成果转移转化行政管理与政策法规体系

科技成果转移转化既需要政策的大力支持,也需要法律法规的规范。改革开放以后,国家高度重视科技成果转移转化,建立了比较完善的行政管理体系,先后出台了一系列政策举措和法律法规。

本篇分3章,第二十章梳理国家科技成果转移转化行政管理体系;第二十一章梳理科技成果转移转化政策法规体系;第二十二章从高校院所和企业等角度介绍科技成果转移转化政策法规的适用。

第二十章　科技成果转移转化行政管理体系

《促进科技成果转化法》及相关法律法规对科技成果转移转化行政管理做出了规定，从这些规定可以梳理出中央和地方科技成果转移转化行政管理体系。

第一节　中央科技成果转移转化行政管理体系

中央政府行政管理体系由国务院和中央各部门的职责分工构成。根据国家法律法规规定，可以梳理出中央科技成果转移转化行政管理体系。

一、国务院

宪法规定国务院是最高行政机关，领导和管理经济、科学等工作。《促进科技成果转化法》规定了国务院的法定职责，第五条规定国务院"应当加强科技、财政、投资、税收、人才、产业、金融、政府采购……等政策协同，为科技成果转化创造良好环境"；第九条规定国务院"应当将科技成果的转化纳入国民经济和社会发展计划，并组织协调实施有关科技成果的转化"。从上述两条规定看，国务院的职责：一是加强政策协同；二是将成果转化纳入国民经济和社会发展计划；三是组织协调实施成果转化。

自《促进科技成果转化法》修正案于 2015 年 10 月 1 日施行以来，国务院发布了《实施〈促进科技成果转化法〉若干规定》《国家技术转移体系建设方案》，以国务院办公厅的名义发布了《促进科技成果转移转化行动方案》，并发布通知推广 4 项科技成果转化激励举措，对落实《促进科技成果转化法》、推进科技成果转移转化做出部署，在加强创新创业、科研管理等文件中都涉及科技成果转移转化，充分体现了政策协同。

二、科技部

《促进科技成果转化法》是科技领域的法律，科技部的职能基本上都与科技成果转化有关。该法第八条规定，国务院科学技术行政部门"依照国务院规定的职责，管理、指导和协调科技成果转化工作"。中共中央办公厅、国务院办公厅发布的《科学技术部职能配置、内设机构和人员编制规定》（厅字〔2018〕56 号）规定，科技部"牵头国家技术转移体系建设，拟订科技成果转移转化和促进产学研结合的相关政策措施并监督实施"，并设立了成果转化与区域创新司负责推进科技成果转移转化工作。科技部"推动企业科技创新能力建设"、"推动多元化科技投入体系建设"、"牵头组织重大技术攻关和成果应用示范、组织拟订高新技术发展及产业化、科技促进农业农村和社会发展的规划、政策和措施"和"建立健全科技人才评价和激励机制"等职能都与科技成果转移转化密切相关。该文件还规定了科技部的职能转变，即"加强、优化、转变政府科技管理和服务职能"，"加强宏观管理和统筹协调，减少微观管理和具体审批事项"。科技成果转移转化的一些具体事务由科技部直属机构承担。

根据《促进科技成果转化法》规定，结合科技部"三定方案"，科技部需履行以下促进科技成果转移转化的行政职能。

1.科技部在履行"协调管理中央财政科技计划（专项、基金等）并监督实施"职责时，属于"应用类科技项目和其他相关科技项目"的，要落实《促进科技成果转化法》第十条规定的"在制订相关科技规划、计划和编制项目指南时应当听取相关行业、企业的意见"，并"明确项目承担者的科技成果转化义务"。

2. 负责国家科技报告工作统筹管理。根据《国务院办公厅转发科技部关于加快建立国家科技报告制度指导意见的通知》（国办发〔2014〕43号）提出的"科技部负责科技报告工作的统筹规划、组织协调和监督检查"，《促进科技成果转化法》第十一条提出的"国家建立、完善科技报告制度"，应由科技部负责落实，并委托相关专业机构承担国家科技报告日常管理工作。

3. 负责科技成果信息系统管理和维护。根据科技部"三定方案"，《促进科技成果转化法》第十一条提出的科技成果信息系统，由科技部负责管理和维护。这一点在《科技部办公厅 财政部办公厅关于研究开发机构和高等院校报送2018年度科技成果转化年度报告工作有关事项的通知》（国科办区〔2019〕53号）做出了明确规定。

4. 负责"科技成果转化情况年度报告"的组织、接收、汇总、抽查等统筹管理。《促进科技成果转化法》及其实施规定提出的科技成果转化情况年度报告，由科技部会同财政部负责落实，包括组织发动国家设立的高校院所填报，并对填报的真实性进行抽查，对年度报告进行统计分析，并将相关信息共享和公开。

5. 负责指导技术市场发展。《促进科技成果转化法》第三十条第一款规定的"国家培育和发展技术市场，鼓励创办科技中介服务机构"由科技部负责落实，这是科技部"三定方案"规定的职责。

6. 负责公共研究开发平台建设。《促进科技成果转化法》第三十一条提出了"国家支持根据产业和区域发展需要建设公共研究开发平台"，因公共研究开发平台属于科技部的职责，应由科技部负责落实。

7. 负责指导科技中介组织发展。《促进科技成果转化法》第三十一条提出了"国家支持科技企业孵化器、大学科技园等科技企业孵化机构发展"，因科技企业孵化机构属于科技中介组织，应由科技部负责落实。

8. 负责科技成果转化基金的管理。根据《国家科技成果转化引导基金管理暂行办法》（财教〔2011〕289号）规定，《促进科技成果转化法》第三十九条提出的"国家鼓励设立科技成果转化基金"由科技部与财政部分工负责，其中科技部负责建立科技成果转化项目库，并负责该基金的运作管理。

9. 负责推进《促进科技成果转化法》的贯彻落实。《促进科技成果转化法》是由科技部牵头起草的，也由科技部负责推进落实。国家多个部门会同科技部制定了贯彻落实意见。

10. 根据国务院授权，归口管理和协调指导全国国家高新技术产业开发区。《国家高新技术产业开发区管理暂行办法》（国科发火字〔1996〕061号）规定，国家高新区的主要任务是"促进高新技术与其他生产要素的优化组合，创办高新技术企业，运用高新技术改造传统产业，加速引进技术的消化、吸收和创新，推进高新技术成果的商品化、产业化、国际化"。根据这一规定，国家高新区是科技成果转化的重要载体。

11. 负责组织推进国家技术创新中心、工程技术研究中心、重点实验室等科技成果转化载体建设。

三、发展改革委

从发展改革委"三定方案"看，其职责是做好科学技术与国民经济发展的衔接平衡，并设立创新与高技术发展司。在创新与高技术发展司的具体职责中，与科技成果转移转化有关的有以下几个方面。一是组织拟订推进创新创业和高技术产业发展的规划和政策；二是推进创新能力建设和新兴产业创业投资；三是推动技术创新和相关高新技术产业化；四是组织重大示范工程；五是统筹推进战略性新兴产业和数字经济发展。发展改革委还负有"管理、指导和协调科技成果转化工作"的职责，并负责落实投资等相关政策，还负责相关的载体建设，如国家产业创新中心、国家工程研究中心、国家认定企业技术中心等也强化科技成果转移转化。

四、工业和信息化部

工业和信息化部的多项职责与科技成果转移转化有关，主要包括以下几个方面。一是拟订行业技术规范和标准并组织实施；二是组织实施生物医药、新材料、航空航天、信息产业等的规划，指导行业技术创新和技术进步，推进相关科研成果产业化，推动软件业、信息服务业和新兴产业发展；三是组织拟订重大技术装备发展和自主创新规划、政策，推进重大技术装备国产化，指导引进重大技术装备的消化创新；四是负责中小企业发展的宏观指导；五是参与拟订能源节约和资源综合利用、清洁生产促进规划，组织协调相关重大示范工程和新产品、新技术、新设备、新材料的推广应用。

《促进科技成果转化法》第五条提出的产业政策、第十三条提出的"提倡和鼓励采用先进技术、工艺和装备，不断改进，限制使用或者淘汰落后技术、工艺和装备"；第十四条第一款提出的"国家加强标准制定工作，对新技术、新工艺、新材料、新产品依法及时制定国家标准、行业标准"等规定，都与主管工业和信息化的部门直接相关。此外，工业和信息化部还要指导、支持企业落实《促进科技成果转化法》，加强科技成果转化。

另外，工业和信息化部系统高校院所比较多，作为这些高校院所的主管部门，负有指导、促进这些高校院所实施科技成果转化的职责。

五、财政部

在财政部的各项职能中，以下职责与科技成果转移转化直接相关。一是负责管理中央各项财政收支；二是负责组织起草税收法律、行政法规草案及实施细则和税收政策调整方案；三是负责制定政府采购制度并监督管理；四是拟订行政事业单位国有资产管理规章制度并组织实施；五是依法管理资产评估有关工作。

从上述职能来看，《促进科技成果转化法》的很多条文都涉及财政部职能，例如：

1. 第四条规定的财政资金投入。
2. 第五条提出的财政、税收、政府采购政策。
3. 第十条提出的"利用财政资金设立应用类科技项目和其他相关科技项目"。
4. 第十二条提出的"对下列科技成果转化项目，国家通过政府采购、研究开发资助、发布产业技术指导目录、示范推广等方式予以支持"。
5. 第十八条提出的"国家设立的研究开发机构、高等院校对其持有的科技成果，可以自主决定转让、许可或者作价投资，但应当通过协议定价、在技术交易市场挂牌交易、拍卖等方式确定价格"。这一规定涉及3个要点：一是落实高校院所"可以自主决定"的自主权；二是落实高校院所对科技成果的定价权，是否需要进行资产评估，由高校院所"自主决定"；三是以"作价投资"的，将所取得的股权纳入国资管理。

6. 第二十条提出的"建立有利于促进科技成果转化的绩效考核评价体系"。这属于事业单位的绩效管理范畴。

7. 第二十一条提出的"科技成果转化情况年度报告"。

8. 第二十四条提出的"对利用财政资金设立的具有市场应用前景、产业目标明确的科技项目"应发挥企业的主导作用。

9. 第三十三条提出的科技成果转化财政经费。

10. 第三十四条规定的"对科技成果转化活动实行税收优惠"，这涉及一系列税收优惠政策。

11. 第三十九条提出的"国家鼓励设立科技成果转化基金或者风险基金"。

12. 第四十三条规定的"国家设立的研究开发机构、高等院校转化科技成果所获得的收入全部留归本单位"。这属于事业单位国有资产管理。

13. 第四十五条规定的对科技人员股权奖励，也属于国有资产管理范畴。

近年来，财政部为贯彻《促进科技成果转化法》，会同国家税务总局、科技部出台了多项与科技成果转化有关税收优惠政策文件，如《财政部关于修改〈事业单位国有资产管理暂行办法〉的决定》（财政部令第100号），并印发了《关于进一步加大授权力度 促进科技成果转化的通知》（财资〔2019〕57号）等一系列文件。

六、人力资源社会保障部

在人力资源社会保障部的职能中，以下职能与科技成果转化有密切的关系。一是拟订人力资源市场发展规划和人力资源服务业发展、人力资源流动政策，促进人力资源合理流动、有效配置；二是拟订养老、失业、工伤等社会保险及其补充保险政策和标准；三是牵头推进深化职称制度改革;四是会同有关部门拟订事业单位人员工资收入分配政策。

对照《促进科技成果转化法》规定,与人力资源社会保障相关的条文有以下几个方面。一是第五条提出的人才政策;二是第二十条第二款提出的"国家设立的研究开发机构、高等院校应当建立符合科技成果转化工作特点的职称评定、岗位管理和考核评价制度,完善收入分配激励约束机制";三是第二十七条提出的"国家鼓励研究开发机构、高等院校与企业及其他组织开展科技人员交流",研究开发机构、高等院校"支持本单位的科技人员到企业及其他组织从事科技成果转化活动";四是第四十四条规定的对科技人员的奖酬金分配,奖酬金属于科技人员的工资性收入,应符合《劳动合同法》有关规定;五是第四十五条第三款规定的"国有企业、事业单位依照本法规定对完成、转化职务科技成果做出重要贡献的人员给予奖励和报酬的支出计入当年本单位工资总额,但不受当年本单位工资总额限制、不纳入本单位工资总额基数"。

对于科技成果转化的职称评审问题,贯彻落实《中共中央办公厅 国务院办公厅关于深化职称制度改革的意见》(中办发〔2016〕77号)。《人力资源社会保障部关于支持和鼓励事业单位专业技术人员创新创业的指导意见》(人社部规〔2017〕4号)规定了科技人员兼职、离岗创业转化科技成果的申请程序和享受的政策措施等。国家也出台了相关规定,对人才进行分类评价,树立正确的人才使用导向。

人力资源社会保障部需指导、协调高校院所、企业落实《促进科技成果转化法》有关职称评审、奖酬金分配、科技人员兼职与离岗创业等规定。

七、教育部

《促进科技成果转化法》规定的一个重要的科技成果转化主体是高等学校,而教育部作为高等学校的主管部门,需履行主管部门的以下职责:一是组织、推动和指导高等学校的科技成果转化工作;二是组织部属高等学校填报科技成果转化情况年度报告,并对报告的真实性进行审核;三是制定绩效考核评价体系,对高等学校的科技成果转化绩效进行考核。

作为主管部门，教育部还要履行指导高等学校实施成果转化的以下职责：一是促进高等学校贯彻落实《促进科技成果转化法》有关规定，加强科技成果转移转化；二是指导高等学校与企业开展科研合作；三是指导高等学校落实第二十八条规定的"联合建立学生实习实践培训基地和研究生科研实践工作机构"等；四是负责推进第三十二条规定的大学科技园建设等。

国家科技成果转化三部曲出台之后，教育部与科技部联合于 2016 年 8 月 3 日印发了《关于加强高等学校科技成果转移转化工作的若干意见》（教技〔2016〕3 号），推动高校加快科技成果转移转化。自那以后，教育部印发了《高等学校科技成果转化和技术转移基地认定暂行办法》（教技〔2018〕7 号），以教育部办公厅名义先后发布了《关于印发〈促进高等学校科技成果转移转化行动计划〉的通知》（教技厅函〔2016〕115 号）、《关于进一步推动高校落实科技成果转化政策相关事项的通知》（教技厅函〔2017〕139 号）等文件，指导和推动高校的科技成果转移转化。

八、中国科学院

中国科学院是我国科学技术方面的最高学术机构，也是院属研究开发机构的主管部门。国家科技成果转化三部曲颁布施行以后，中国科学院于 2016 年 3 月 18 日印发了《中国科学院促进科技成果转移转化专项行动实施方案》（科发促字〔2016〕37 号），于 2016 年 8 月 22 日联合科技部印发了《中国科学院、科学技术部关于印发〈中国科学院关于新时期加快促进科技成果转移转化指导意见〉的通知》（科发促字〔2016〕97 号）等文件，指导、推进中国科学院院属科研机构的科技成果转移转化。中国科学院还出台了一系列措施促进科技成果转移转化。

九、国家市场监督管理总局

从国家市场监督管理总局的职责来看，以下 3 项职责与落实《促进科技成果转化法》密切相关：一是负责市场主体统一登记注册，包括指导各类企业等市场主体的登记注册工作；二是负责监督管理市场秩序，包括指导查处反不正当竞争、侵犯知识产权等行为；三是负责统一管理标准化工作，包括"依法承担强制性国家标准的立项、编号、对外通报和授权批准发布工作。制定推荐性国家标准。依法协调指导和监督行业标准、地方标准、团体标准制定工作"。

在落实《促进科技成果转化法》方面，与国家市场监督管理总局相关的方面包括：第十四条第一款规定的标准制定工作；以作价投资方式进行科技成果转化，按照《公司法》规定办理企业注册登记工作；第四十二条规定的技术秘密保护等。另外，科技成果转化还会涉及计量、检验检测等事项。

十、国家知识产权局

根据国家知识产权局的职能配置，以下3项职责与科技成果转移转化有关。一是负责保护知识产权，包括研究鼓励新领域、新业态、新模式创新的知识产权保护、管理和服务政策。二是负责促进知识产权运用，包括拟订知识产权运用和规范交易的政策，促进知识产权转移转化；规范知识产权无形资产评估工作；负责专利强制许可相关工作；制定知识产权中介服务发展与监管的政策措施。三是负责知识产权的审查注册登记，包括实施商标注册、专利审查、集成电路布图设计登记。

根据上述职责，落实《促进科技成果转化法》与国家知识产权局职责相关的条款包括：第五条第一款的政策中包括知识产权政策；第十六条规定的转化方式，涉及专利权、集成电路布图设计专有权转让、许可、作价投资的，需到国家知识产权局办理变更或备案登记手续；第三十条规定的科技中介组织中，属于知识产权中介服务的，由国家知识产权局负责指导、推进；第十八条规定的科技成果定价，属于知识产权成果的，为知识产权定价提供指导和协调服务。另外，国家知识产权局促进知识产权转移转化的，需遵守《促进科技成果转化法》的规定。

国家税务总局、国家统计局、国家审计局等部门需依照各自的职责，落实《促进科技成果转化法》的规定。

国资委、农业农村部、卫生健康委、自然资源部、水利部等部门负责推动本系统本部门的科技成果转化工作，指导所属高等学校、研究开发机构和企业的科技成果转化工作。

国务院及国家有关部门的职责分工共同构成中央科技成果转移转化行政管理体系。

第二节　地方科技成果转移转化行政管理体系

地方的科技成果转移转化与中央的行政管理体系是相对应的，《促进科技成果转化法》对地方的科技成果转化工作也进行了相关规定。

一、中央与地方的事权划分

《国务院办公厅关于印发科技领域中央与地方财政事权和支出责任划分改革方案的通知》（国办发〔2019〕26号）规定，"对通过风险补偿、后补助、创投引导等财政投入方式支持的科技成果转移转化，确认为中央与地方共同财政事权"，其中："中央财政主要通过发挥相关国家级基金的引导和杠杆作用"。如《国家科技成果转化引导基金管理暂行办法》（财教〔2011〕289号）提出，中央财政设立国家科技成果转化引导基金，其资金来源为中央财政拨款、投资收益和社会捐赠；"地方财政主要结合本地区实际，通过自主方式引导社会资本加大投入，支持区域重点产业等科技成果转移转化，中央财政通过转移支付统筹给予支持"。如《国务院关于推动创新创业高质量发展、打造"双创"升级版的意见》（国发〔2018〕32号）提出："鼓励有条件的地方按技术合同实际成交额的一定比例对技术转移服务机构、技术合同登记机构和技术经纪人（技术经理人）给予奖补"，这里的"奖补"由地方财政投入。

二、地方人民政府

《宪法》规定，县级以上地方各级人民政府依照法律规定的权限，管理本行政区域内的科学等工作。《促进科技成果转化法》赋予地方人民政府以下权限。

1. 第五条第一款提出："地方各级人民政府应当加强科技、财政、投资、税收、人才、产业、金融、政府采购……等政策协同，为科技成果转化创造良好环境"。各项政策由不同的部门负责落实，需要地方政府进行协调，实现各项政策的协同。

2. 第五条第二款提出："地方各级人民政府根据本法规定的原则，结合本地实际，可以采取更加有利于促进科技成果转化的措施"。一些地方实行有利于科技成果转化的政策措施，如上海市实行高新技术成果转化项目认定制度，并对经认定的高新技术成果转化项目实行财政扶持政策。

3. 第八条第二款规定："地方各级人民政府负责管理、指导和协调本行政区域内的科技成果转化工作"。科技成果转化涉及科技、经济、产业、财政、人才等多方面工作，需要地方人民政府进行协调。

4. 第九条提出："地方各级人民政府应当将科技成果的转化纳入国民经济和社会发展计划，并组织协调实施有关科技成果的转化"。

5. 第十五条提出："各级人民政府组织实施的重点科技成果转化项目，可以由有关部门组织采用公开招标的方式实施转化。有关部门应当对中标单位提供招标时确定的资助或者其他条件"。这里的各级人民政府包括国务院和地方人民政府。地方人民政府可结合本地实际，组织实施重点科技成果转化项目。这些转化项目可包括第十二条规定的6项内容。

从上述规定看，地方人民政府可根据本地实际和财政能力，出台促进科技成果转移转化的政策措施。

三、地方人民政府有关部门

与国家有关部门相对应，地方人民政府科学技术行政部门、经济综合管理部门和其他有关行政部门参照《促进科技成果转化法》第八条第一款规定，按照地方人民政府规定的职责行使管理、协调和服务职责。

《促进科技成果转化法》第二十二条第二款规定："县级以上地方各级人民政府科学技术行政部门和其他有关部门应当根据职责分工，为企业获取所需的科技成果提供帮助和支持"，属于科技部门立项研发产生的科技成果，应由科技部门负责提供帮助和支持；属于有关部门立项研发产生的科技成果，由有关部门负责提供帮助和支持。只有建立了完善的科技报告制度和科技成果信息系统，才能更好地为企业获取有关科技成果提供帮助和支持。

由于地方人民政府规定科学技术行政部门、经济综合管理部门和其他有关行政部门的职责，各部门如何履职，可由地方做出相关规定。例如，《上海市促进科技成果转化条例》第七条规定，"市科技部门应当依照市人民政府规定的职责，做好科技成果转化的促进、协调和服务工作"；"市教育、发展改革、经济信息化、商务、财政、人力资源社会保障、审计、国有资产监督、税务、工商、知识产权等部门应当依法履行工作职责，加强协作配合，做好科技成果转化相关工作"。再如，《浙江省促进科技成果转化条例》第四条第二款规定，"科学技术行政部门和其他有关部门在各自职责范围内，管理、指导、协调和服务科技成果转化工作"；第三款规定，"乡（镇）人民政府、街道办事处应当协助有关部门做好科技成果转化相关工作"。尽管各规定有所差异，但最终目的是一致的，就是各部门都要在各自的职责范围内做好科技成果转移转化工作。

地方人民政府及其部门的职责共同构成了地方科技成果转移转化的行政管理体系。

第二十一章 科技成果转移转化政策法规体系

科技成果转移转化涉及法律法规和政策文件比较多，法律与法律之间、法律与法规之间、法律法规与政策文件之间、国务院文件与部门文件之间、中央文件与地方文件之间，形成了比较复杂的联系，共同构成促进科技成果转移转化的政策法规体系。

第一节 科技成果转移转化法律法规体系

全国人大及其常委会制定的法律和国务院制定的行政法规、国务院部门制定的规章、地方人大及其常委会制定的地方性法规、地方人民政府制定的规章共同构成法律法规体系，梳理科技成果转移转化法律法规体系，分清各自的关系，对促进科技成果转移转化很重要。

一、科技成果转移转化法律与行政法规体系

《促进科技成果转化法》第三条第三款规定，"科技成果转化活动应当遵守法律法规，维护国家利益，不得损害社会公共利益和他人合法权益"。科技成果转化需要遵守哪些法律法规？这是需要梳理清楚的。科技成果转移转化涉及面广，涉及因素多，因而涉及的法律法规也比较多，主要包括以下法律法规。

1. 要遵守《科学技术进步法》(2007年)。《科学技术进步法》是科

技术基本法，作为科技活动重要内容的科技成果转移转化活动，应当遵守该法规定的基本原则、基本制度和基本规范。

2.要遵守《促进科技成果转化法》（2015年）。《促进科技成果转化法》是规范和促进科技成果转化的专门法律，这必须是要遵守的，包括遵循成果转化的基本原则，遵守基本制度和基本规范等。

3.科技成果转移转化往往是以技术合同形式出现的，通过签订技术开发、技术转让、技术咨询和技术服务等"四技"合同，明确成果转化主体各方的权利义务。签订技术合同要遵守《合同法》（1999年）规定。

4.科技成果往往是以专利、技术秘密、计算机软件著作权、集成电路布图设计专有权、植物新品种权、国家级农作物品种、国家新药、国家一级中药保护品种等知识产权形式出现的。科技成果转移转化要遵守知识产权法律法规，即需要遵守《专利法》及其实施细则、又要遵守《反不正当竞争法》（2017年）、《著作权法》（2010年）、《计算机软件保护条例》（2013年）、《植物新品种条例》（2017年）、《集成电路布图设计条例》（2001年）等规范知识产权的法律法规。这些法律法规都规定了相关知识产权的实施及其权益保护。

5.科技成果转移转化的主体之一是企业，科技成果转移转化需要遵守规范企业的法律法规。规范企业行为的法律法规包括《公司法》（2013年）和《中小企业促进法》（2017年）等。

6.科技成果转移转化需要科技人员的深度参与，科技人员都是与高校院所签订聘用合同的职工，与企业和其他组织签订劳动合同的劳动者，因此需要遵守《劳动法》（2018年）、《劳动合同法》（2007年）、《事业单位人事管理条例》（2014年）等。

7.科技成果转移转化是国家鼓励和支持的经济活动，对于实施科技成果转化的高校院所、企业和个人来说，必然涉及相关收入分配及其法律法规规定。与收入分配有关的法律法规包括《企业所得税法》（2007年）及其实施条例、《个人所得税法》（2018年）及其实施条例、《社会保险法》（2010年）、《预算法》（2014年）。这些法律法规都需要遵守。

8.科技成果转移转化涉及科技成果资产的使用、处置等。凡是涉及资产使用、处置的法律法规、规章，包括《企业国有资产法》（2008年）、《国有资产评估管理办法》（1991年）、《事业单位资产管理暂行办法》（2019年）等都要遵守。

以上只是列举了与科技成果转移转化密切相关的法律法规，并没有完全列举，在科技成果转移转化中，无论涉及哪方面的活动、事项、因素等，都要遵守相关法律法规规定。例如，以科技成果资产提供担保的，要遵守《担保法》（1995年）规定；对委托资产评估机构评估科技成果资产的，要遵守《资产评估法》（2016年）规定；科技成果转化产品进入市场并销售，要遵守《产品质量法》（2018年）、《消费者权益保护法》（2013年）；科技成果转化为产品并进入市场涉及许可、审批等强制管理规定的，要根据相关法律法规取得许可证，如涉及计量器具的，应遵守《计量法》（2018年）规定；属于药品的，应遵守《药品管理法》规定等。

二、地方性法规

《促进科技成果转化法》修订后，上海、广西、内蒙古、重庆、天津、福建、浙江、广东、山东、四川、河北、甘肃、宁夏、陕西、安徽、贵州、河南等省市自治区都相继修订了促进科技成果转化条例。2019年11月27日，北京市第十五届人民代表大会常务委员会第十六次会议通过《北京市促进科技成果转化条例》，并自2020年1月1日起施行，这是各地方在修订促进科技成果转化条例中比较新的。

地方条例主要规定了以下内容。一是奖酬金提取比例，如上海规定允许不低于70%，北京规定可以不低于70%，安徽、黑龙江、广西、福建等地规定不低于70%，广东规定不低于60%；二是净收入的计算方式，包括可以扣除的成本，例如，安徽省条例规定"净收入，是指转让、许可收入扣除相关税费、单位维护该科技成果的费用，以及交易过程中的评估等直接费用后的余额"；三是奖酬金分配及其受益人，如安徽省条例规定"完成、转化职务科技成果做出重要贡献的人员，包括职务科技成果完成人和为科技成果转化做出重要贡献的科技人员、科技中介服务机构工作人员以及相关管理人员"；四是落实勤勉尽责，包括怎样才算履行了勤勉尽责义务。例如,安徽条例规定"以投资方式实施转化的,对已履行勤勉尽责义务且没有牟取非法利益仍发生损失的情况,不纳入研究开发机构、高等院校和国有企业资产增值保值考核范围"。

地方条例也体现了地方特色,例如,四川条例对职务科技成果权属混合所有制改革进行了规定,广西条例规定"支持与东盟国家开展技术转移活动,完善面向东盟国家的技术转移协作网络和信息对接平台"等。

另外,国务院部门和地方人民政府可以制定部门规章,如《事业单位国有资产管理暂行办法》是以财政部令第100号发布的部门规章,也属于科技成果转移转化法规体系范围。

第二节 科技成果转移转化政策体系

由于科技成果转化涉及面广、涉及因素和环节较多,需要适用的政策文件也较多。党的十八大提出实施创新驱动发展战略以来,中共中央、国务院先后出台了一系列政策文件。由于促进科技成果转移转化是创新驱动发展战略的重要内容,因而有关创新驱动方面的文件都会涉及科技成果转移转化。

一、中共中央文件

近年来,为实施创新驱动发展战略,党中央发布了一系列的文件,主要包括:《中共中央 国务院关于深化体制机制改革加快实施创新驱动发展战略的若干意见》(中发〔2015〕8号)、《中共中央 国务院关于印发〈国家创新驱动发展战略纲要〉的通知》(中发〔2016〕4号)、《中共中央关于深化人才发展体制机制改革的意见》(中发〔2016〕9号)、《中共中央办公厅 国务院办公厅关于实行以增加知识价值为导向分配政策的若干意见》(厅字〔2016〕35号)、《中共中央办公厅 国务院办公厅关于深化职称制度改革的意见》(中办发〔2016〕77号)、《中共中央办公厅 国务院办公厅关于深化审评审批制度改革鼓励药品医疗器械创新的意见》(厅字〔2017〕42号)、《中共中央办公厅 国务院办公厅关于深化教育体制机制改革的意见》(中办发〔2017〕46号)、《中共中央办公厅　国务院办公厅印发〈关于深化项目评审、人才评价、机构评估改革的意见〉》(中办发〔2018〕37号)等文件,都不同程度地包含了促进科技成果转化的政策规定。

对于中央文件所作出的决策部署,有的需要各部门制定指导意见或实施办法予以贯彻落实;中央文件有明确具体规定的,高校院所、国有企业可以适用于制定本单位的规定,予以贯彻落实。

二、国务院文件

近年来,国务院作为最高行政机关,为贯彻落实《促进科技成果转化法》,推进科技成果转化,先后发布了《国务院关于印发实施〈中华人民共和国促进科技成果转化法〉若干规定的通知》(国发〔2016〕16号)、《国务院办公厅关于印发促进科技成果转移转化行动方案的通知》(国办发〔2016〕28号)和《国务院关于印发国家技术转移体系建设方案的通知》(国发〔2017〕44号)等促进科技成果转移转化的专门规定。

国务院还先后发布了《国务院关于加快科技服务业发展的若干意见》(国发〔2014〕49号)、《国务院关于印发〈中国制造2025〉的通知》(国发〔2015〕28号)、《国务院关于大力推进大众创业万众创新若干政策措施的意见》(国发〔2015〕32号)、《国务院关于强化实施创新驱动发展战略进一步推进大众创业万众创新深入发展的意见》(国发〔2017〕37号)、《国务院关于优化科研管理提升科研绩效若干措施的通知》(国发〔2018〕25号)、《国务院关于推动创新创业高质量发展打造"双创"升级版的意见》(国发〔2018〕32号)等文件,推进科技成果转移转化是这些政策文件的重要内容。

以国务院办公厅的名义也发布了一系列文件,包括《国务院办公厅关于发展众创空间推进大众创新创业的指导意见》(国办发〔2015〕9号)、《国务院办公厅关于推广第二批支持创新相关改革举措的通知》(国办发〔2018〕126号)、《国务院办公厅关于抓好赋予科研机构和人员更大自主权有关文件贯彻落实工作的通知》(国办发〔2018〕127号)、《国务院办公厅关于支持国家级新区深化改革创新加快推动高质量发展的指导意见》(国办发〔2019〕58号)等,近年来这些文件都包含了推进科技成果转移转化。

从以上可知，国务院推进科技成果转移转化的政策力度之大，覆盖面之广，出台文件的频率之高，前所未有。

三、中央部委文件

对于党中央、国务院出台的上述一系列政策文件，国务院有关部门先后出台了几十个文件。中央部委文件主要分以下5种类型。

1. 落实中央政策。贯彻中央决策部署，促进科技成果转移转化。例如，《财政部、科技部、国资委关于印发〈国有科技型企业股权和分红激励暂行办法〉的通知》（财资〔2016〕4号）、《科技部等6部门印发〈关于扩大高校和科研院所科研相关自主权的若干意见〉的通知》（国科发政〔2019〕260号）等都是落实中央的决策部署。

2. 协调推进某一领域某一部门与科技成果转移转化的相关工作。例如，《农业部 科技部 财政部 教育部 人力资源和社会保障部关于扩大种业人才发展和科研成果权益改革试点的指导意见》（农种发〔2016〕2号）。

3. 推进区域性科技成果转移转化。例如，《科技部等9部门关于印发振兴东北科技成果转移转化专项行动实施方案的通知》（国科发创〔2018〕17号）。

4. 部署本领域本部门的科技成果转移转化。例如，《国家卫生和计划生育委员会等5部门关于加强卫生与健康科技成果转移转化工作的指导意见》（国卫科教发〔2016〕51号）、《食品药品监管总局 科技部关于加强和促进食品药品科技创新工作的指导意见》（食药监科〔2018〕14号）、《中共国家林业和草原局党组关于实施激励科技创新人才若干措施的通知》（林发〔2019〕22号）。中共自然资源部党组先后发布了《关于深化科技体制改革提升科技创新效能的实施意见》（自然资党发〔2018〕31号）和《关于激励科技创新人才的若干措施》（自然资党发〔2019〕2号）。

5. 部署科技成果转移转化的专项工作。例如，《科技部 教育部关于印发〈国家大学科技园管理办法〉的通知》（国科发区〔2019〕117号）、《科技部关于印发国家科技成果转移转化示范区建设指引的通知》（国科发创〔2017〕304号）和《交通运输部办公厅关于建立交通运输重大科技创新成果库的通知》（交办科技〔2018〕37号）等。

四、地方文件

各地人民政府及其部门为推进本地区科技成果转移转化，也出台了一系列文件。以上海为例，为推进科技成果转化，上海先后发布了《中共上海市委 上海市人民政府关于加快建设具有全球影响力的科技创新中心的意见》（2015）、《上海市人民政府办公厅关于印发〈关于进一步促进科技成果转移转化的实施意见〉的通知》（沪府办发〔2015〕46号）、《中共上海市委办公厅 上海市人民政府办公厅印发〈关于进一步深化科技体制机制改革增强科技创新中心策源能力的意见〉的通知》（沪委办发〔2019〕78号）等。

中央和地方出台的有关科技成果转化政策文件的总和，就构成了科技成果转移转化政策体系。

第三节 科技成果转移转化政策法规之间的关系

科技成果转移转化政策法规文件多，关系复杂，在适用时需根据冲突规则和涉及关系来处理。

一、冲突处理规则

同一事项涉及多个法律法规或多个政策文件，需根据《立法法》第五章规定进行处理。如果发现法律法规、政策文件的规定有不一致情形的，应该适用效力高的规定。如果是同等效力的，则分以下3种情形分别适用：一是在各自规定的范围内适用相关规定；二是特别规定与一般规定不一致的，适用特别规定；三是新的规定与旧的规定不一致的，适用新的规定。

二、政策法规适用的注意事项

在科技成果转移转化过程中，适用政策法规时，需注意以下事项。

1. 在科技成果转移转化过程中，技术转出与技术转入是两个相反的过程，高校院所是以技术转出为主，而企业是以技术转入为主。也就是说，高校院所的成果转化过程和企业的成果转化过程有很大的不同，适用的政策法规也有所不同（详见下一章）。

2. 在科技成果转化过程中遇到问题或障碍时，应先查阅法律法规、政策文件是否有规定，如何规定。如涉及投资、人才等方面，应查阅对应方面的规定。如涉及多个方面的，则需要查看每个方面如何规定，彼此间是否有冲突或出入。存在冲突或出入的，要考虑如何避免，找到合理解决方案。

3. 当同一事项或同一政策术语出现在不同文件且有不同的定义时，要适用该政策法规文件的规定。仅科技成果、职务科技成果、科技人员等概念，不同的文件所作出的定义或解释就有差异，不同文件的适用范围也不同。究其原因有以下几个方面。一是不同部门对同一术语的内涵有不同的理解；二是这些术语是为该文件服务的。因此，在适用相关文件时，要根据该文件的规定理解相关术语，界定其内涵及其适用范围，切忌张冠李戴。

三、政策法规适用需考虑的因素

在科技成果转移转化中，政策法规适用需考虑以下5个方面的因素。

1. 动力从何而来？动力来自国家的放权，减少对科技成果转移转化的管制；来自对高校院所的考核评价方式的改变，国家有关部门通过考核评价激励高校院所加大实施科技成果转化的力度；来自科技成果权属制度的改革，以激励科技人员实施科技成果转化。

2. 科技成果转化一般是以项目形式出现的。无论采取哪种转化方式，都是以成果转化项目形式实施，都要签订技术合同，基本上是属于产学研结合。因而可以分别适用科技项目、"四技"合同和产学研结合的政策法规。

3. 科技成果转化需要科技人员深度参与，并兑现对科技人员的奖酬激励。涉及科技人员实施科技成果转化的，要从上述3个方面适用政策法规。

4. 科技成果转化涉及税收优惠政策，包括技术合同税收优惠、研发费用加计扣除、高新技术企业认定及其税收优惠、科技人员个人所得税优惠等政策。

5. 国家保障和促进科技成果转化的政策。抓住科技成果转化的关键环节、关键因素，正确适用成果转化政策法规文件，就会事半功倍。

第二十二章　科技成果转移转化政策法规落实

科技成果转移转化政策法规比较多，高校院所以输出成果为主，企业以输入成果为主，两者落实政策法规是不同的，可以从高校院所和企业两个角度来落实好相关政策法规。

第一节　从高校院所角度落实政策法规

高校院所输出科技成果大致经历以下几个过程，在每个环节需要熟悉并落实有关政策。

一、在职务发明披露时落实政策法规

发明披露本身就是落实《国务院关于印发国家技术转移体系建设方案的通知》提出的"建立职务发明披露制度"。发明披露要符合国家科研项目管理规定，加强技术秘密保护，防止在披露前泄露有保密价值的技术信息。

二、在申请知识产权时落实政策法规

在申请知识产权时，可以根据知识产权法律法规规定提交申请并享受有关扶持政策。申请专利的，应按照专利法及实施细则提出专利申请，并

判断能否享受专利申请费、维持费等有关费用减免政策，能否申请加快专利审查政策，并争取尽可能多的保护范围和权利。

申请计算机软件著作权、植物新品种权、集成电路布图设计专有权等知识产权的，需要按照有关规定提出申请，申请减免有关申请费。

同时，地方实行知识产权资助政策的，包括专利申请费、代理费资助，软件著作权登记费减免政策，可以申请享受有关资助政策。

在申请知识产权时，可根据科研项目的实际情况决定是否进行知识产权分析评议。国办发〔2016〕28号文提出"开展重大科技经济活动知识产权分析评议"，高校院所在进行知识产权布局时，可以利用好知识产权分析评议成果。

三、在制定科技成果转化方案时落实政策法规

高校院所在制定科技成果转化方案时，需进行有关科技成果转移转化政策的分析评价，判断能够享受哪些政策，如何享受政策，并依据国家和地方相关政策法规选择或决定科技成果转化方式。

科技成果转化方案包括是否允许科技人员自主创业（包括兼职创业、离岗创业），是否允许选择转化方式，即自行投资实施转化、合作转化，或者选择转让、许可、作价投资等方式。不同的转化方式可以享受的政策是不同的，制定转化方案时要梳理以下政策。

1. 科技创业政策。选择科技创业方式的，需认真梳理国家和地方的科技创业政策、科技创业载体政策及当地科技创业资源。可以参加科技创新创业大赛，申请创新券；入驻当地众创空间、创业苗圃、创业孵化器等；创办企业可以享受企业注册登记的便利程序；享受创业资金资助、创业补贴、创业贷款、减免税费等政策。

2. 采取自行投资实施转化方案的，需分析梳理财政资助政策、税收优惠政策、金融政策、新产品政策和市场政策等，以判断哪些政策可以享受，是否具备享受政策的条件。

3. 采取合作转化方案的，不仅要判断合作方的条件与能力，还要分析可以享受哪些政策，并按照《合同法》和《促进科技成果转化法》的规

定，约定合作各方的权利义务。

4.科技人员兼职创业政策。如果采取科技人员兼职创办企业的，科技人员可以享受兼职创业政策，与单位签订兼职创业协议，约定知识产权归属和兼职期间科技人员可享有的权利和应承担的义务。

5.科技人员离岗创新创业政策。如果采取科技人员离岗创办企业的，科技人员离岗期间可享受相关的离岗创业政策，并与单位签订离岗创新创业协议，约定在离岗期间，科技人员可以享受工资福利、社会保险、劳动保护、知识产权归属等政策。

四、科技成果推介

科技成果推介的目的是找到成果的需求方。在科技成果推介中，要提高科技成果的价值，增强成果的吸引力，需要认真梳理科技成果所属领域的产业政策、成果转化政策、产品（服务）政策、人才政策、市场准入政策等，对可以享受的政策做到心中有数。

公共政策可以影响消费者的行为，也会影响企业的行为。科技资源是否丰富及其开放共享度，科技资源基础条件、相关技术配套等情况，也会影响企业对科技成果的需求。

政策与资源等情况明晰，并善加运用，可增大成果的吸引力，增加科技成果推介的效果与成功率。

需选择合适的方式推介科技成果。通过行业研究，了解行业企业，并通过行业协会、政府机构等组织，向行业企业推荐成果；委托科技中介机构推介成果的，需梳理中介机构可以享受哪些扶持政策；通过技术交易会、展览会推介科技成果的，需选择合适的交易会、展会参加，并了解是否可以享受参展费用减免政策等。

五、科技成果转移转化方式选择

高校院所可以采取转让、许可或作价投资方式转化科技成果。

采取转让方式转化科技成果的，需要办理科技成果权属转移手续，可享受减免企业所得税、增值税优惠政策。对于受让方而言,科技成果的转让费及直接发生的费用可以结转为企业无形资产。如果转让给境外机构的,需根据《科学技术进步法》和《国务院办公厅关于印发〈知识产权对外转让有关工作办法(试行)〉的通知》(国办发〔2018〕19号),决定是否需要报批。

采取许可方式转化科技成果的,需要办理知识产权备案手续,可享受减免企业所得税、增值税优惠政策。对于被许可方而言,许可使用费可以列支当期成本费用。

对于以转让、许可方式转化科技成果的,科技人员获得的奖酬金可以享受个人所得税政策。

以科技成果作价投资的,需要办理科技成果权属转移手续,投资方可以享受减免企业所得税政策,也可选择递延纳税,只需报主管税务机关备案即可。

以转让、许可、作价投资转化科技成果,开具增值税普通发票的,可以免征增值税。企业取得科技成果的金额及发生的直接费用,可结转为企业无形资产,可以按月摊销列支成本。

六、科技成果定价

定价是科技成果转移过程中很重要的一个环节。定价方式的选择、成交价格的确定,政策性很强。根据《促进科技成果转化法》规定,高校院所可以采取协议定价、在技术交易市场挂牌交易、拍卖等方式。根据新修订的《事业单位国有资产管理暂行办法》第三十九条和第四十条规定,决定是否有必要进行资产评估。

以科技成果作价投资,要适用《公司法》第二十七条第二款规定,即"对作为出资的非货币财产应当评估作价,核实财产,不得高估或者低估作价。法律、行政法规对评估作价有规定的,从其规定"。对照这两个规定来看,以科技成果作价投资成立有限责任公司的,还是要进行资产评估。这是因为《事业单位国有资产管理暂行办法》是部门规章,不是行政法规,不能适用"法律、行政法规对评估作价有规定的,从其规定"。

以科技成果作价投资,且进行资产评估的,根据《财政部关于〈国有资产评估项目备案管理办法〉的补充通知》(财资〔2017〕70号）规定，要办理科技成果资产评估备案手续。

七、技术合同条款谈判及签约

高校院所应按照《合同法》规定，技术合同条款应完备，对技术合同条款进行谈判，达成共识，并签订技术合同。签订技术合同时，既要符合《合同法》规定，并根据《技术合同认定规则》选择技术合同类型，根据所选定的技术合同类型选择技术合同示范文本，也要符合《技术合同认定登记管理办法》（国科发政字〔2000〕063号）的要求。在技术合同签订以后，需要办理技术合同认定登记。根据《财政部 国家税务总局关于居民企业技术转让有关企业所得税政策问题的通知》（财税〔2000〕111号）规定，"境内的技术转让须经省级以上（含省级）科技部门认定登记，跨境的技术转让须经省级以上（含省级）商务部门认定登记"。技术合同登记是享受财税、金融、奖酬金等政策必经的程序。

八、转化收益分配

履行技术合同，必须符合《合同法》规定的要求。高校院所收到转让、许可收入，需要开具增值税发票，企业凭发票入账。在开具增值税发票时，要确定发票类型。开具增值税普通发票的，可以免征增值税。开具增值税专用发票的，相当于放弃免征增值税。根据《财政部 国家税务总局关于居民企业技术转让有关企业所得税政策问题的通知》（财税〔2010〕111号）、《财政部 国家税务总局关于将国家自主创新示范区有关税收试点政策推广到全国范围实施的通知》（财税〔2015〕116号）和《国家税务总局关于技术转让所得减免企业所得税有关问题的通知》（国税函〔2009〕212号）规定，年度转让、许可所得500万元以内的，免征企业所得税，超过500万元部分，减半征收企业所得税。

高校院所以科技成果作价投资的，投资收入也要开具增值税发票。开具增值税普通发票的，可以免征增值税。开具增值税专用发票的，相当于放弃免征增值税。根据《财政部 国家税务总局关于完善股权激励和技术入股有关所得税政策的通知》(财税〔2016〕101号)规定,可以选择减免企业所得税,也可凭经省级科技部门(技术合同市场)认定登记的技术转让合同到主管税务机关备案,享受递延纳税优惠。

九、兑现科技人员奖酬金

1. 以科技成果转让、许可方式转化科技成果的,根据《财政部、税务总局和科技部关于科技人员取得职务科技成果转化现金奖励有关个人所得税政策的通知》(财税〔2018〕58号)规定,科技人员获得的现金奖励可以享受减按50%计入科技人员当月"工资、薪金所得"缴纳个人所得税优惠。

2. 以科技成果作价投资方式转化科技成果的,根据《财政部 国家税务总局关于促进科技成果转化有关税收政策的通知》(财税字〔1999〕45号)和《国家税务总局关于促进科技成果转化有关个人所得税问题的通知》(国税发〔1999〕125号)规定,科技人员可以享受股权奖励递延纳税优惠政策。

3. 根据《促进科技成果转化法》第四十五条规定,给予科技人员的奖酬金不受工资总额限制,不纳入工资总额基数,即其发放渠道是畅通的。

政府科技、财政、人力资源社会保障、知识产权及有关主管部门需根据高校院所的科技成果转移转化流程,提供政策法规指导与服务,帮助高校院所正确适用法律法规、享受有关扶持政策,助推科技成果转移转化。

第二节 从企业角度落实政策法规

企业引进科技成果大致经历以下几个过程,在每个环节需要熟悉并享受有关政策。

一、企业提出技术需求

企业从适应市场竞争,或完善内部管理,或降本增效、提高创新能力等角度，梳理问题，分析问题，并提出技术需求。在提出技术需求时，需要从企业的战略定位、科技创新的发展趋势等方面提出问题，发现需求。从政策的角度，可以考虑国家和地方扶持企业创新发展的财税扶持政策和人才支持政策。结合支持企业科技创新政策，包括高新技术企业认定、科技人员服务企业等，提出技术需求。

二、技术需求评价

企业可以从以下多个角度来评价技术需求：一是判断所要解决的问题是否真实存在，技术需求与所要解决问题的相关度；二是评价技术需求与国家、地方确定的科技创新规划、计划的契合度，能否申请国家和地方科技计划的支持；三是判断技术需求与企业自身经济实力、技术基础的匹配度，一般来说，应适当超前部署；四是自主研发还是委托高校院所研发，或从高校院所引进科技成果，或委托高校院所提供技术咨询、技术服务等。

企业在评价技术需求时，需要梳理国家和地方科技创新规划、计划，国家和地方重点支持的领域，以及相关政策扶持的条件。通过评价判断能否得到国家和地方的扶持政策，做出更好的决策。

三、制定技术方案

技术方案需切合实际，不仅技术上可行，经济上合算，还要具备投资能力，有相应的人才队伍，并合理控制风险。

在制定技术方案时，企业可采取自主研发、委托研发、合作研发，或者部分自主研发、部分委托研发等多种方式。

选择自主研发的，要判断企业是否有可胜任的研发人才，科研条件是否具备，是否可利用研发服务平台或大型科研仪器共享平台。这就需要了解科研仪器共享、科技创新券等政策。需要购买科研仪器设施的，或引进人才的，需咨询、了解相关政策。

选择委托研发的，需要熟悉《合同法》规定和签订技术合同的政策，如委托研发费用可享受哪些政策等。

根据高新技术企业认定和企业研发费用税前加计扣除等政策的要求，无论是自主研发还是委托研发或合作研发，需要进行科研项目立项，申请知识产权等。这又要求梳理科研项目立项政策和知识产权政策。

四、制定技术转移方案

企业选择从高校院所、其他企业或国外引进技术的，需要制定技术转移方案，准确界定技术需求的技术要点、技术指标，编制预算。此时，企业需梳理高校院所向企业转移科技成果的政策法规，包括高校院所是否有权转移科技成果、科技成果定价方式、科技人员奖酬金政策、科技人员兼职兼薪政策、离岗创业政策等。同时，无论采用哪种技术转移方式，都要签订技术合同，为此要梳理技术合同政策。政策明了，则所制定的技术转移方案可有的放矢，针对性强，增加谈判筹码。

五、技术搜索

企业要广泛搜索技术，包括从科技文献、专利文献中搜索，委托技术转移服务机构（科技中介机构）搜索，通过合作伙伴或专家等渠道搜索。无论通过哪种途径搜索技术，都要梳理相关政策。

通过科技文献、专利文献搜索的，可以利用科技文献资源共享政策，或者利用科技创新券政策。

委托技术转移服务机构搜索的，一般要与技术转移服务机构签订技术中介合同。可以梳理一下国家和当地扶持技术转移服务机构的政策，用好科技中介扶持政策。同时，可以学习《合同法》、《技术合同认定规则》和《技术合同认定登记管理办法》（国科发政字〔2000〕063号）等文件，依法依规签订技术中介合同。

六、技术转移方式选择

采用转让、许可、作价投资方式转移科技成果的，可以要求科技成果的让与方、许可方、投资方开具增值税专用发票，企业可以作为进项税予以抵扣，但承担的风险不同，让与方、许可方、投资方适用的政策有所不同。

企业以转让方式引进科技成果的，可以不进行资产评估，企业取得了该成果的知识产权，这些知识产权作为无形资产，在高新技术企业认定时，可以予以认定。科技成果资产可以摊销，并可享受研发费用加计扣除政策。让与方可以享受转让收入减免企业所得税政策，非营利科研机构的科技人员可以享受奖酬金减计50%计入应纳税所得额优惠。

企业以许可方式引进科技成果的，企业取得了该成果的使用权，在高新技术企业认定时，不予认定。引进费用列支产品或服务的生产成本，可能不可享受研发费用加计扣除政策。许可方可以享受许可收入减免企业所得税政策，非营利科研机构的科技人员可以享受奖酬金减计50%计入应纳税所得额优惠。

企业以作价投资方式引进科技成果的，与科技成果转让一样，企业取得了该成果的知识产权，可以用于高新技术企业认定，其摊销费列入可加计研发费用，因而可享受研发费用加计扣除政策，但根据《公司法》规定，需要进行资产评估。科技成果投资方获得的技术股权可以享受减免企业所得税政策或递延纳税政策。

七、科技成果定价

从企业的角度，要充分了解科技成果定价政策，既要保障交易安全，不为今后企业上市留下隐患，又要尽可能降低交易费用。

八、技术合同条款谈判并签订技术合同

这方面的政策前面已经介绍，建议根据《合同法》、《技术合同认定规则》和《技术合同认定登记管理办法》（国科发政字〔2000〕063号）等签订技术合同，并由科技成果提供方办理技术合同认定登记。

技术合同签订以后，需履行合同，并办理科技成果权属转移手续。以科技成果作价投资的，办理企业成立或变更的登记手续。

九、获取科技成果并实施科技成果转化

企业实施科技成果转化的政策比较多，可以充分利用财政、税收、人

才、金融等多方面的政策实施科技成果转化。在成果转化时，要梳理政府采购、市场准入等政策，进行相关检验检测，办理需要的许可证照等，扫清产品上市销售的障碍。

可以对科技成果进行后续改进，原则上，谁改进，后续改进的成果就归谁所有。合同另有约定除外。

政府及有关部门需根据企业实施科技成果转移转化的各个环节，加强政策法规服务，指导企业在实施科技成果转化中遵守法律法规规定、享受各项扶持政策。

第三节　从政府角度提供政策法规服务

高校院所和企业能否掌握并正确适用科技成果转移转化政策法规，与政府提供的政策法规服务方式方法与水平有很大关系。地方人民政府及相关部门应加强政策法规服务，营造良好的科技成果转移转化环境。

一、适用科技成果转移转化政策法规的意义

科技成果转移转化政策法规对推进科技成果转移转化可以起到以下积极的效果。

1. 有助于高校院所和企业在实施科技成果转移转化时找对方向，找准路径。高校院所和企业依照法律法规和政策规定实施科技成果转移转化，其合法权益才有充分的保障。

2. 有助于科技成果转移转化不走弯路，或少走弯路。一般来说，任何一项法律法规和政策文件的出台，不是凭空想象的，而是在总结已有的经验教训的基础上集众智形成的，是将好的经验和失败的教训升级为法律法规和政策文件规范，因此依照国家法律法规和政策文件规范实施科技成果转移转化，可以少走弯路。

当然，也不可否认，因法律法规和政策文件在出台之前调研研究不够充分，对有关制度、政策论证不够充分，出台过程中审查不够严密等，也

存在有关规定不够合理之处，法律法规之间、政策文件之间有存在冲突的情形。尽管存在这样的情形，但通过政策法规文件的比较分析，可以识别出来，因而不大会影响科技成果转化项目的有效实施。

3. 有助于高校院所、企业、科技人员、技术转移人员等保护自身合法权益。无论是《促进科技成果转化法》及其实施规定，还是《合同法》及其配套文件，都是充分激发高校院所、企业、科技人员实施科技成果转化的积极性、创造性，保障技术交易各方的合法权益的。依法依规实施科技成果转移转化、签订技术合同、办理技术合同认定登记等，各方的权益可以得到保障，相关政策可以得到有效落实。

4. 有助于科技人员遵纪守法。《促进科技成果转化法》《合同法》《专利法》等法律法规，都规定了科技人员的行为规范，哪些行为是国家鼓励和支持的，哪些是严格禁止的。有些行为虽然都支持，但综合在一起时可能发生冲突。一旦发生冲突该如何选择，国家法律法规和政策文件都做出了规定。科技人员遵守这些规定，其合法权益才能得到保护，才能适用这些政策法规。

5. 在科技成果转化过程中，正确适用国家法律法规和政策文件，充分享受政策扶持，可加快科技成果转化进程，并可降低风险，提高成果转化成功率。

6. 在科技成果转移过程中，技术转移机构和技术转移人员熟悉法律法规和政策文件，并引导服务对象遵从法律法规和政策文件规定，不仅可提高自身的专业素养，还可促进交易各方形成共识，进而有助于促成技术交易。

7. 有助于高校院所和企业引导科技人员学习政策法规，树立正确的科技创新观念和科技成果转化导向，进而可激发科技人员自觉实施成果转化的积极性、主动性。

总而言之，熟悉并熟练运用科技成果转移转化法律法规和政策文件，是做好科技成果转化工作的前提和基础，可提高科技成果转移转化的针对性，促进科技成果转移，加快科技成果转化进程。这就需要政府及有关部门加强政策法规服务，并根据政策法规落实情况修订、完善相关政策法规。

二、提高各类科技人员科技成果转移转化政策法规水平

科技成果转移转化的各方参与人员需要认真学习并用好科技成果转化

政策法规。

1.各级政府的科技行政部门和其他部门负责科技成果转化和政策法规的工作人员。无论各级政府出台的科技成果转化文件还是其他部门出台的科技成果转化文件，基本上出自科技行政部门及其他部门负责科技成果转化工作的工作人员和法规部门的工作人员。他们对国家科技成果法律法规和政策文件的准确把握和深入理解决定了所出台的文件能否有效落实、能否达到预期效果。由于对国家法律法规和政策文件理解不透彻，加之调研不充分，论证不严密，文件规定不科学、不严密的情况时有出现，影响该文件的有效落实。这个群体是需要加强科技成果转化法律法规和政策文件的学习的。

无论是支持高校院所、企业创新发展，还是支持科技研发、布局科研项目，地方科技部门的主要职能是科技成果转移转化，因此地方科技部门需要加强科技成果转移转化政策法规的学习，要达到融会贯通，并贯彻到科技创新工作的方方面面。

2.高校院所的科技人员、科研管理人员和技术转移人员。科技人员是决定一项科技成果能否转化的关键因素，既是主要参与者，又是主要受益者。科技人员学好用好科技成果转移转化政策法规，可树立正确的成果转化观念，提出合理的诉求，进而可与科技成果转移转化的投资人、科技成果转化人员、科技中介服务人员等达成共识，同心同德，结成紧密的成果转化合作共同体。

科研管理人员学好用好成果转化政策法规，有助于在科研管理中强化成果转化导向，加强科研、科研管理和技术转移等多方协同，进而可加快成果转化。

对于技术转移人员来说，学好用好科技成果转化政策法规是一项基本功，也是其专业能力的重要组成部分。

3.企业政策人员、开放式创新人员或技术转移人员。这个群体的主要职责是获取科技成果，并将取得的科技成果嫁接到企业的研发、生产、经营和管理中。学好用好科技成果转移转化政策法规，有助于与高校院所科技人员、科研管理人员、技术转移人员、科技中介服务人员加强交流合作，进而有助于获取相关技术。

4.技术转移机构、技术经纪机构等中介机构的从业人员。不掌握科技成果转移转化政策法规，是无法为高校院所、企业提供技术转移服务的。学好用好科技成果转化政策法规，是承接高校院所和企业技术转移业务的一块敲门砖，是基本功，也是做好中介服务机构的基础。

5. 知识产权服务人员。知识产权服务是为科技成果转移转化服务的。学好用好科技成果转化政策法规，可增强其服务能力，提高其专业素养。

强化科技成果转移转化政策法规的学习，不只是为了更好地贯彻落实国家科技成果转化政策法规，而是科技成果转移转化政策法规的学习并不是一件很容易的事情，必须花时间和功夫。其难点有三：一是政策法规文件量大面广，难免会有遗漏，遗漏的也许就是最重要的；二是政策法规文件之间相互关联性强，需要将相关文件结合起来学习，同时还要将有关文件进行比较分析，才可更好地学习并适用政策法规文件；三是要具备科技成果转化知识，了解科技成果转化规律，才能更好地领悟科技成果转化政策法规的规定。

总之，推进科技成果转移转化，要强化科技成果转移转化政策法规意识，加强政策法规学习，将国家出台的科技成果转移转化法律法规和政策落实到位。这是贯彻中央决策部署的需要，是推进科技成果转化的需要，是高校院所增强研发创新的需要，是企业增强市场竞争力的需要。

三、加强科技成果转移转化政策培训

政府提供政策法规服务的有效办法是组织开展政策法规培训，但在政策法规培训中要注意以下问题。

政策法规培训的主要问题包括以下几个方面。一是不注重对科研人员进行培训，只重视对技术经纪人的培训；二是成果转化政策培训比较零散，不系统；三是有培训无辅导。

1. 政策法规培训应达到的目标，概括起来是3个字。第一个字是"全"：一是科技成果转移转化政策法规文件齐全，不遗漏；二是科技成果转移转化政策法规体系全，各要素、各环节、各政策点要讲全；三是覆盖面要全，政策执行者、受益者、其他参与者都应覆盖到。第二个字是

"透"：一是政策点讲透，条件讲透，流程讲透，可能的"堵点"讲透，使各参与者对政策法规理解透彻，且形成共识，避免误读误导；二是科技成果转移转化规律讲透，包括主体、要素、环节、过程等都要讲透；三是政策法规与转化规律之间的关系要讲透。第三个字是"合"：政府、企业、高校院所、科技人员、科技中介等形成合力，相互配合，优化政策条件与流程，共同实现政策的目标。

2. 政策法规培训应注重以下 5 个环节。一是做好培训策划，要对培训目标、拟解决的问题、培训对象、培训内容、培训时间、师资力量、培训资料、经费预算等进行谋划，尽可能细致周全。二是做好培训组织工作，组织者应提出培训目标，明确培训要求，提供培训费用等。三是培训的承办机构应有能力、有条件承办，可以由各类培训机构、中介服务机构等承办。四是培训的参与者包括培训对象、师资、组织者、承办者等，其中，培训对象定位要准确，培训师资一般应是精通科技成果转化及其政策法规的专家。五是教材或辅导材料应完备，包括讲课 PPT、政策文本、政策解读文章或书籍等事先要配备好。

3. 政策法规培训应达到 4 个目的：讲全政策法规文件、讲清政策法规体系、讲透政策法规要点、讲明政策间法律法规间相互关联。

4. 政策培训要解决以下 6 个问题：一是认识科技成果转化规律；二是政策法规必须全，不遗漏；三是政策法规要及时更新，跟踪最新的政策变化；四是政策法规认知到位，理解准确；五是政策法规适用得当，处理好政策法规之间的适用关系；六是政策法规落实必须解决实操中的问题。

政策法规培训要树立以培训促落实落地的观念，提高政策法规培训的针对性和有效性。政府有关部门推进科技成果转移转化，要重视科技成果转化政策法规的培训，以此作为切入点和重要抓手。因此，在开展政策法规培训时，重心要下沉，要根据不同的对象，制定培训大纲，根据科技成果转移转化的需求和各自关切，设计培训课程，遴选授课老师，组织有关科技人员参加培训，并做好培训的组织工作。各个环节都环环相扣，需做好衔接。

参考文献

[1] 中共中央文献研究室. 习近平关于科技创新论述摘编 [M]. 北京：中央文献出版社，2016.

[2] 阚珂，王志刚. 中华人民共和国促进科技成果转化法释义 [M]. 北京：中国民主法制出版社，2015.

[3] 阮永振，王宏理，陈敏玲. 技术经纪理论与实务 [M]. 杭州：浙江科学技术出版社，2017.

[4] 吴寿仁. 企业技术创新手册：从技术研发到成果转化的188个问题解读 [M]. 上海：上海科学普及出版社，2008.

[5] 首都科技发展战略研究院，科学技术部火炬高技术产业开发中心. 中国创业孵化发展报告2018[M]. 北京：科学技术文献出版社，2018.

[6] 上海市高新技术成果转化服务中心. 上海高新技术成果转化实证研究 [M]. 上海：上海科技文献出版社，2005.

[7] 吴寿仁. 科技成果转化操作实务 [M]. 上海：上海科学普及出版社，2016.

[8] 吴寿仁. 科技成果转化疑解 [M]. 上海：上海科学普及出版社，2018.

[9] 吴寿仁. 科技成果转化政策导读 [M]. 上海：上海交通大学出版社，2019.

[10] 袁建中. 科技管理 [M]. 台北：台湾双叶书廊有限公司，2007.

[11] 张昌财. 科技管理 [M]. 3版. 新北：台湾全华图书股份有限公司，2012.

[12] 马丁. 商业设计：通过设计思维构建公司持续竞争优势 [M]. 李志刚，于晓蓓，译. 北京：机械工业出版社，2015.

[13] 中国科技成果管理研究会，国家科技评估中心，中国科学技术信息技术研究所. 中国科技成果转化2018年度报告（高等院校与科研院所篇）[M]. 北京：科学技术文献出版社，2019.

[14] 经济合作与发展组织（OECD），科学技术部发展计划司，中国科学技术指标研究会. 弗拉斯卡蒂丛书：研究与发展调查手册 [M]. 北京：新华出版社，2000.

[15] 科学技术部人才中心. 现代科技创新管理概论 [M]. 北京：科学出版社，2018.

[16] 岳红琴. "知识分子是工人阶级一部分"论断两度提出的历史回顾 [J]. 河南社会

科学,2008,5(3):125-127.

[17] 宫厚英.从"科学技术是第一生产力"到建设创新型国家[J].东岳论丛,2012(5):102-106.

[18] 杨栩,于渤.中国科技成果转化模式的选择研究[J].学习与探索,2012(8):106-108.

[19] 高峰.论技术转移理论与我国科技成果的转化[J].技术经济与管理研究,2005(3):20-22.

[20] 何浩,钱旭潮.科技成果及其分类探讨[J].科技与经济,2007(6):14-17.

[21] 王亚.撰写科技论文的一般规则[J].焊接学报,2007(10):109-112.

[22] 陈晴.我国技术市场发展历程与展望[J].科技与法律,2009(1):8-12.

[23] 孙平,任毅.科研诚信建设制度措施的可操作性问题探析[J].科技管理研究,2017(1):262-266.

[24] 杜鹏.觅母的力量:关于科研环境与科研诚信治理[J].科学与社会,2017(1):1-9.

[25] 韩孔礼.高校科技成果转化方式分析及选择[J].科技·人才·市场,2001(1):60-62.